"十三五"江苏省高等学校重点教材（编号：2020-2-116）

普通高等教育电气工程与自动化（应用型）系列教材

工业现场总线及应用技术

主　编　张　乐　匡　程
副主编　吉顺平　孙承志
参　编　朱　智　武　康

U0380575

机械工业出版社

本书紧贴现场总线的应用实践，以 PROFIBUS-DP 和工业以太网为主，重点介绍了使用方法和应用场景，最后还加入了工业互联网的内容。本书作者以新工科人才培养体系为导向，以"立足基本理论，注重创新方法，体现综合应用"为指导思想，以"强化动手能力、激发创新意识、培养工程素养"为落脚点，编写了全书的内容。第 1 章介绍了现场总线的基本概念；第 2 章主要介绍了工业串行通信的基础知识，特别介绍了 EIA485 的内容；第 3 章介绍了现场总线 PROFIBUS 的协议体系和工作原理；第 4 章主要介绍了西门子博途软件的基本使用方法；第 5 章以 PROFIBUS-DP 为主，介绍了 PROFIBUS 的组网技术；第 6 章详细介绍了西门子公司工业以太网及 PROFINET 技术的原理；第 7 章介绍了西门子公司工业以太网的组网技术；第 8 章介绍了西门子公司 OPC 技术；第 9 章介绍了基于现场总线的人机界面技术；第 10 章介绍了现场总线应用系统的设计方法和设计过程，并给出了两个案例；第 11 章主要介绍了工业互联网的体系结构及常见的工业互联网平台。

本书可作为普通高校电气、自动化、物联网等专业的教材，也可供自动控制工程等领域的工程技术人员阅读使用。

本书配有电子课件和习题答案，欢迎选用本书作教材的老师登录 www.cmpedu.com 注册下载，或发 jinacmp@163.com 索取。

图书在版编目（CIP）数据

工业现场总线及应用技术/张乐，匡程主编. —北京：机械工业出版社，2022.12（2025.1 重印）

"十三五"江苏省高等学校重点教材

ISBN 978-7-111-71735-5

Ⅰ.①工⋯ Ⅱ.①张⋯ ②匡⋯ Ⅲ.①总线-技术-高等学校-教材 Ⅳ.①TP336

中国版本图书馆 CIP 数据核字（2022）第 184353 号

机械工业出版社（北京市百万庄大街 22 号 邮政编码 100037）
策划编辑：吉 玲　　　　责任编辑：古 玲 王 荣
责任校对：肖 琳 张 薇　封面设计：张 静
责任印制：常天培
北京中科印刷有限公司印刷
2025 年 1 月第 1 版第 3 次印刷
184mm×260mm·17.25 印张·438 千字
标准书号：ISBN 978-7-111-71735-5
定价：55.00 元

电话服务　　　　　　　　　　网络服务
客服电话：010-88361066　　机 工 官 网：www.cmpbook.com
　　　　　010-88379833　　机 工 官 博：weibo.com/cmp1952
　　　　　010-68326294　　金 书 网：www.golden-book.com
封底无防伪标均为盗版　　机工教育服务网：www.cmpedu.com

前　言

新一轮科技和产业革命以及新技术、新产品、新业态与新模式的快速发展，对工程科技人才提出了更高要求。2017 年 2 月以来，教育部积极推进新工科建设，先后形成了"复旦共识""天大行动"和"北京指南"，并发布了《关于开展新工科研究与实践的通知》《关于推进新工科研究与实践项目的通知》，全力探索形成领跑全球的工程教育。梳理新工科专业的核心知识体系、基础课程体系和课程基本内容是新工科建设的重中之重，需要将最新科技成果落实到教材知识体系上，反映到教材内容中。在此背景下，如何将新工科与自动化专业人才的培养模式相互融合已成为相关高校人才培养改革的热点问题，建立满足新型工业化发展需求的自动化课程体系是提高人才培养质量亟待探索的问题。

随着"工业 4.0"及"中国制造 2025"的提出，传统制造企业正在加速向智能制造转型，智能制造需要海量数据的支撑，工业现场总线作为智能制造中数据采集与控制的一个重要环节，有着举足轻重的地位。本书主要针对西门子工业现场总线、工业互联网做了介绍与实例分析，读者可以通过本书快速掌握西门子现场总线的使用方法。

本书由张乐和匡程担任主编及统稿。本书第 2 章、第 3 章和第 7 章由张乐编写；第 4 章、第 5 章和第 11 章由匡程编写；第 1 章和第 9 章由吉顺平编写；第 6 章由孙承志编写；第 10 章由朱智编写；第 8 章由武康编写。本书针对当前市面上广泛使用的西门子公司的 PLC（S7-200、S7-200SMART、S7-300、S7-400、S7-1200 和 S7-1500）通信及控制方式做了介绍，并列举了不少组网实例，突出了应用性，最后对工业互联网做了介绍，突出了工业智造的重要性。

感谢国家中长期科技发展规划战略研究重要贡献专家、国家重大科技专项论证专家、科技部战略研究咨询专家、享受国务院政府特殊津贴专家、东南大学博士生导师李廉水教授对本书的内容和结构提出了很多宝贵的意见。

感谢教育部高教司协同育人项目（201901274037、201902179054）的支持和帮助。感谢西门子自动化教育合作项目（SCE）的支持和帮助。感谢无锡太湖学院钱银、李漫漫等协助完成了实验和审校工作。

尽管经过了反复斟酌与修改，但因时间仓促、能力有限，书中难免存在疏漏与不足，敬请广大师生及工程技术人员批评指正。

编　者

二维码对应的实例组态一览表 >>>>>>>>>>

目　录

第 1 章

现场总线技术概述

1.1 现场总线的诞生

1.1.1 自动化技术的发展历程

自动控制是人类的梦想。自动化技术历史悠久。我国古代的能工巧匠们制造了很多自动机，比如我国古代的指南车；1788 年，瓦特发明了离心式调速器，使蒸汽机具备了工业使用价值，被人们称为蒸汽机发明者。而自动化科学的建立却是近代的事情，从 1932 年，奈奎斯特（Nyquist）建立频率域稳定判据；到 1942 年，H. Harris 引入传递函数的概念；20 世纪 50~60 年代，经典控制理论逐步发展成熟。经典控制理论的建立，标志着自动控制科学的产生。

在 20 世纪 50 年代航天技术的推动下，从 60 年代开始，诞生了现代控制理论，它的重要标志是 R. E. Kalman 把状态空间法引入到自动控制理论中来，并提出了能控性和能观测性两个重要概念。经过半个多世纪的发展，目前现代线性控制理论已发展成熟。而非线性控制、智能控制等分支科学，也得到了很大发展，并在控制工程中发挥了重要作用。

控制科学是为控制工程服务的，随着在工程中的应用，逐步形成了控制技术。控制技术的发展在历史上是先于控制科学的，随着控制科学的进步，目前出现了控制科学先于控制技术的状况。20 世纪 60~70 年代，控制的实现基本都是采用模拟装置来实现的。

20 世纪 70 年代之后，随着计算机技术的发展，迎来了自动化技术的第一次革命，即数字控制技术的诞生和大规模的使用。数字控制技术就是人们熟知的计算机控制。它最大的特点是变连续系统为离散系统。采样开关的存在，使得系统多了采样环节。设计数字控制系统时，通常采用两种办法：一种是在连续域内进行设计，然后再离散化；另一种是直接在离散域（比如 Z 域）内进行设计。数字控制技术作为机器人技术、CAD/CAM（计算机辅助设计/计算机辅助制造）和 PLC（可编程序控制器）技术的基础，是现代工业自动化的重要技术。

20 世纪 90 年代以来，自动化行业又迎来了第二次革命，那就是工业控制网络的诞生和发展。智能的传感器、智能的执行器与智能的数字控制器，通过工业控制网络交换数据，使得不同的控制单元和控制细胞之间建立通信联系，克服了不同控制单元之间的"孤岛"效应，这就是工业控制网络技术的主要特点。

目前工业控制网络技术正在逐步发展，并取得了一些成果。然而从工业控制网络技术的长远来看，这只是一个开始。目前基于工业控制网络的研究和应用，仍然是个热点，该领域的成果必将推动自动化行业的迅猛发展，开创自动化行业崭新的未来。

1.1.2 现场总线的定义

现场总线是 20 世纪 80 年代中后期在工业控制中逐步发展起来的。随着微处理器技术的发展，它的功能不断增强，而成本不断下降。计算机技术飞速发展，同时计算机网络技术也迅速发展起来了。计算机技术的发展为现场总线的诞生奠定了技术基础。

另一方面，智能仪表也出现在工业控制中。在原模拟仪表的基础上增加具有计算功能的微处理器芯片，在输出的 4~20mA 直流信号上叠加了数字信号，使现场输入/输出（I/O）设备与控制器之间的模拟信号转变为数字信号。智能仪表的出现为现场总线的诞生奠定了应用基础。

将专用微处理器置入传统的测量控制仪表，使它们各自具有了数字计算和数字通信能力，采用可进行简单连接的双绞线等作为总线，把多个测量控制仪表连接成网络系统，并按公开、规范的通信协议，在位于现场的多个微机化测量控制设备之间及现场仪表与远程监控计算机之间，实现数据传输与信息交换，这样就形成了各种适应实际需要的现场总线控制系统。现场总线可实现整个企业的信息集成，实施综合自动化，形成工厂底层网络，完成现场自动化设备之间的多点数字通信，实现底层现场设备之间以及生产现场与外界的信息交换。

IEC（International Electrotechnical Commission，国际电工委员会）对现场总线（Fieldbus）的定义为一种应用于生产现场，在现场设备之间、现场设备和控制装置之间实现双向、串行、多节点通信的数字通信网络。

1.1.3 现场总线的概念

现场总线的概念有广义与狭义之分。狭义的现场总线就是指基于 EIA485 的串行通信网络。广义的现场总线泛指用于工业现场的所有控制网络。广义的现场总线包括狭义现场总线和工业以太网。

工业以太网是用于工业现场的以太网，一般采用交换技术，即交换型以太网技术。工业以太网以 TCP/IP（传输控制协议/互联网协议）为基础，与串行通信的技术体系是不同的。

在工业控制中，现场总线的概念因场合不同而不同。例如本书书名中的"现场总线"是广义的，包括现场总线和工业以太网；而本书后面的内容中，现场总线的概念又是狭义的。读者应根据不同场合加以区别。

1.2 企业网的结构与网络化控制的功能模型

企业网是对工业企业的计算机与控制网络的统称。企业网从结构上可以分为信息网络和控制网络两个层次，如图 1-1 所示。

信息网络是指用于企业内部的信息通信与管理的局域网。信息网络目前的主要应用是办公自动化。信息网络是接入互联网的，并且很多应用也是基于互联网技术的。

控制网络是指工业企业生产现场的通信网络。控制网络既可以是现场总线，也可以是工业以太网。控制网络主要实现现场设备之间、现场设备与控制器之间、现场设备与监控设备之间的通信。

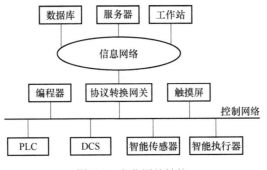

图 1-1 企业网的结构

网络化控制的功能模型是从功能的角度对基于网络的自动控制系统进行分层的，简称网络控制模型。网络控制模型分为现场设备层、监控层和管理层，如图 1-2a 所示。

现场设备层是网络控制模型的最底层。现场设备层的主要设备为 PLC、智能传感器和智能执行器。在现场设备层，由现场总线连接现场设备，如图 1-2b 所示。这里的现场总线一般为基于 EIA485 的串行总线，也可以是其他串行总线。随着工业以太网技术的发展，智能传感器和智能执行器等已开始集成以太网接口，因此这里的现场总线也可以是工业以太网。在一个工厂或车间里，往往会存在多个独立的现场总线系统，每个系统在现场设备层一般是不能直接交换数据的，但可以通过监控层对多个现场总线系统进行协调与管理。

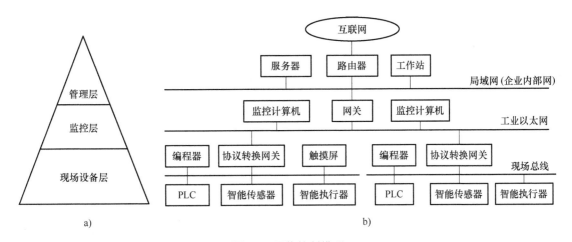

图 1-2 网络控制模型

监控层位于网络控制模型的中间位置。监控层的主要设备为监控计算机，通过工业以太网进行组网。协议转换网关负责与现场设备层建立连接，或与上层的局域网进行通信。监控层主要负责对现场设备层进行监控与管理，接收管理层的生产任务并实施以及对生产过程的数据进行管理与分析等。现场设备层多个子网之间的协调工作也是由监控层完成的。由于监控层常用于对一个生产车间的控制，监控层也常称为车间层。

网络控制模型的最高层是管理层。管理层的主要设备为服务器和工作站。在网络结构上，一般是基于信息网络来实现的。管理层主要负责进行预测、决策与经营、生产计划和销售等，通过信息集成，达到缩短产品生产周期、提高经济效益和提高企业应变能力的目标。管理层负责对整个生产过程进行规划与管理。

4

网络控制模型只是工业控制网络体系的整体思想，在具体应用中，网络系统的组建要根据需要和现实条件进行综合考虑。目前在工业控制中，现场设备层最为常见。

1.3 现场总线的主流技术与 IEC 61158

1.3.1 IEC 61158

IEC 61158 是现场总线的国际标准和国际规范。

由于各个国家、各个公司的利益之争，虽然早在 1984 年国际电工委员会/国际标准协会（IEC/ISA）就开始制定现场总线的标准，然而统一的标准至今仍未完成。很多公司推出各自的现场总线技术，但彼此的开放性和互操作性难以统一。

经过 15 年的讨论修改，终于在 1999 年年底通过了 IEC 61158 现场总线标准，这个标准容纳了 8 种互不兼容的总线协议。后来又经过不断讨论和协商，在 2003 年 4 月，IEC 61158 现场总线标准第 3 版正式成为国际标准，确定了 10 种类型的现场总线为 IEC 61158 现场总线。由于实时工业以太网的技术发展很快，各大公司或有关国家标准化组织又推出了各种工业以太网实时性的解决方案，出现了 IEC 61158 第 4 版，并于 2007 年正式成为国际标准。IEC 61158 第 4 版中的现场总线见表 1-1。

表 1-1　IEC 61158 第 4 版中的现场总线

类型编号	名称	类型编号	名称
Type 1	TS61158 现场总线	Type 11	TC-net 实时以太网
Type 2	ControlNet 和 Ethernet/IP 现场总线	Type 12	EtherCAT 实时以太网
Type 3	PROFIBUS 现场总线	Type 13	Ethernet Power Link 实时以太网
Type 4	P-NET 现场总线	Type 14	EPA 实时以太网
Type 5	FF HSE 现场总线	Type 15	Modbus-RTPS 实时以太网
Type 6	SwiftNet 现场总线（已撤销）	Type 16	SERCOS Ⅰ、Ⅱ实时以太网
Type 7	WorldFIP 现场总线	Type 17	V-NET/IP 实时以太网
Type 8	INTERBUS 现场总线	Type 18	CC-Link 现场总线
Type 9	FF H1 现场总线	Type 19	SERCOS Ⅲ实时以太网
Type 10	PROFINET 实时以太网	Type 20	HART 现场总线

1.3.2 主流现场总线介绍

本书将以西门子公司的 PROFIBUS 和 PROFINET 为主，介绍现场总线的原理与应用技术。在工业控制领域，除了 PROFIBUS 和 PROFINET，还有多个现场总线系统被广泛使用。

1. 基金会现场总线（Foundation Fieldbus，FF）

FF 是以美国费希尔-罗斯蒙特公司为首，联合了横河、ABB、西门子、英维斯等 80 家公司制定的 ISP（互联网服务提供商）协议和以霍尼韦尔公司为首的联合欧洲等地 150 余家公司制定的 World FIP（世界工厂仪表协议）于 1994 年 9 月合并的。该总线在过程自动化领域得到了广泛应用，具有良好的发展前景。

FF 采用国际标准化组织（ISO）的开放式系统互连（OSI）的简化模型（1 层、2 层和 7 层），即物理层、数据链路层和应用层，另外还增加了用户层。FF 分低速 H1 和高速 H2 两种通信速率：前者传输速率为 31.25kbit/s，通信距离可达 1900m，可支持总线供电和本质安全防爆环境；后者传输速率为 1Mbit/s 和 2.5Mbit/s，通信距离为 750m 和 500m，支持双绞线、光缆和无线发射，协议符合 IEC 61158-2 标准。FF 物理媒介的传输信号采用曼彻斯特编码。

2. CAN（Controller Area Network，控制器局域网）

最早由德国博世公司推出，它广泛应用于离散控制领域，总线规范已被 ISO 制定为国际标准，得到了英特尔、摩托罗拉、NEC 等公司的支持。CAN 协议分为两层：物理层和数据链路层。CAN 的信号传输采用短帧结构，传输时间短，具有自动关闭功能，具有较强的抗干扰能力。CAN 支持多种工作方式，并采用了非破坏性总线仲裁技术，通过设置优先级来避免冲突。通信距离最远可达 10km（5kbit/s），通信速率最高可达 40Mbit/s，网络节点数可达 110 个。目前已有多家公司开发了符合 CAN 协议的通信芯片。

3. LonWorks

它由美国埃施朗公司推出，并由摩托罗拉、东芝公司共同倡导。它采用 ISO/OSI 模型的全部 7 层通信协议，采用面向对象的设计方法，通过网络变量把网络通信设计简化为参数设置。支持双绞线、同轴电缆、光缆和红外线等多种通信介质，通信速率为 300bit/s ~ 1.5Mbit/s，直接通信距离可达 2700m（78kbit/s），被称为通用控制网络。LonWorks 技术采用的 LonTalk 协议被封装到 Neuron（神经元）的芯片中，并得以实现。采用 LonWorks 技术和神经元芯片的产品，被广泛应用于楼宇自动化、家庭自动化、保安系统、办公设备、交通运输、工业过程控制等领域。

4. DeviceNet

DeviceNet 既是一种低成本的通信连接，也是一种简单的网络解决方案，有着开放的网络标准。DeviceNet 具有的直接互连性不仅改善了设备间的通信，而且提供了相当重要的设备级诊断功能。DeviceNet 基于 CAN 技术，传输速率为 125 ~ 500kbit/s，每个网络的最大节点为 64 个，通信模式为生产者/用户（Producer/Consumer），采用多信道广播信息发送方式。位于 DeviceNet 网络上的设备可以自由连接或断开，不影响网上的其他设备，而且设备的安装布线成本也较低。DeviceNet 总线的组织机构是开放式设备网络供应商协会（Open DeviceNet Vendor Association，ODVA）。

5. HART

HART（Highway Addressable Remote Transducer，可寻址远程传感器高速通道开放通信）协议最早由罗斯蒙特公司开发。特点是在现有模拟信号传输线上实现数字信号通信，属于模拟系统向数字系统转变的过渡产品。它的通信模型采用物理层、数据链路层和应用层 3 层，支持点对点主从应答方式和多点广播方式。由于它采用模拟、数字信号混合，难以开发通用的通信接口芯片。HART 协议能利用总线供电，可满足本质安全防爆的要求，并可用于由手持编程器与管理系统主机作为主设备的双主设备系统。

6. CC-Link

CC-Link（Control&Communication Link，控制与通信链路）系统，在 1996 年 11 月，由

6

以三菱电机公司为主导的多家公司推出，增长势头迅猛，在亚洲占有较大份额。在 CC-Link 系统中，可以将控制和信息数据同时以 10Mbit/s 高速传送至现场网络，具有性能卓越、使用简单、应用广泛、节省成本等优点。它不仅解决了工业现场配线复杂的问题，同时具有优异的抗噪性能和兼容性。CC-Link 系统是一个以设备层为主的网络，同时也可覆盖较高层次的控制层和较低层次的传感层。2005 年 7 月，CC-Link 被中国国家标准化管理委员会批准为中国国家标准指导性技术文件。

7. WorldFIP

WorldFIP 的北美部分与 ISP 合并为 FF 以后，WorldFIP 的欧洲部分仍保持独立，总部设在法国。它在欧洲市场占有重要地位，特别是在法国占有率约为 60%。WorldFIP 的特点是单一的总线结构，适用于不同应用领域的需求，而且没有任何网关或网桥，用软件的办法来解决高速和低速的衔接。WorldFIP 与 FF HSE 可以实现"透明连接"，并对 FF 的 H1 进行了技术拓展，如速率等。在与 IEC 61158 第一类型的连接方面，WorldFIP 做得最好，走在世界前列。

8. INTERBUS

INTERBUS 是德国菲尼克斯电气公司推出的较早的现场总线，2000 年 2 月加入国际标准 IEC 61158。INTERBUS 采用 ISO 的 OSI 简化模型（1 层、2 层和 7 层），即物理层、数据链路层和应用层，具有强大的可靠性、可诊断性和易维护性。它采用集总帧型的数据环通信，具有低速度、高效率的特点，并严格保证了数据传输的同步性和周期性。该总线的实时性、抗干扰性和可维护性也非常出色。INTERBUS 广泛地应用到汽车、烟草、仓储、造纸、包装、食品等工业领域，成为国际现场总线的领先者。

此外，较有影响的现场总线还有丹麦 Process Data 公司提出的 P-NET 和美国 SHIP STAR 协会主持制定的 SwiftNet。P-NET 主要应用于农业、林业、水利、食品等行业，SwiftNet 主要使用于航空航天等领域。还有一些其他的现场总线这里就不再赘述了。

1.4 现场总线的特点、现状与发展

1.4.1 现场总线的特点与优点

现场总线系统打破了传统控制系统采用的按控制回路要求，设备一对一分别进行连线的结构形式。把原先 DCS 中处于控制室的控制模块、各 I/O 模块放入现场设备，加上现场设备具有通信能力，因而控制系统功能能够不依赖控制室中的计算机或控制仪表，直接在现场完成，实现了彻底的分散控制。

现场总线控制系统既是一个开放通信网络，又是一种全分布控制系统。它把作为网络节点的智能设备连接成自动化网络系统，实现基础控制、补偿计算、参数修改、报警、显示、监控、优化的综合自动化功能，是一项以智能传感器、控制、计算机、数字通信、网络为主要内容的综合技术。

现场总线系统在技术上具有以下特点：

1. 系统具有开放性和互用性

通信协议遵从相同的标准，设备之间可以实现信息交换，用户可按自己的需要，把不同供应商的产品组成开放互连的系统。系统间、设备间可以进行信息交换，不同生产厂家性能

类似的设备可以互换。

2. 系统功能自治性

系统将传感测量、补偿计算、工程量处理与控制等功能分散到现场设备中完成，现场设备可以完成自动控制的基本功能，并可以随时诊断设备的运行状况。

3. 系统具有分散性

现场总线构成的是一种全分散的控制系统结构，简化了系统结构，提高了可靠性。

4. 系统具有对环境的适应性

现场总线支持双绞线、同轴电缆、光缆、射频、红外线、电力线等，具有较强的抗干扰能力，能采用两线制实现供电和通信，并可以满足安全防爆的要求。

由于现场总线结构简化，不再需要DCS的信号调理、转换隔离等功能单元及其复杂的接线，节省了硬件数量和投资。简单的连线设计，节省了安装费用。设备具有自诊断与简单故障处理能力，减少了维护工作量。设备的互换性、智能化、数字化提高了系统的准确性和可靠性，还具有设计简单、易于重构等优点。

1.4.2 现场总线的现状

1. 多种现场总线并存

目前世界上存在着四十余种现场总线，如法国的FIP、英国的ERA、德国西门子公司的PROFIBUS、挪威的FINT、埃施朗公司的LonWorks、菲尼克斯电气公司的INTERBUS、博世公司的CAN、罗斯蒙特公司的HART、Carlo Garazzi公司的Dupline、丹麦Process Data公司的P-NET、Peter Hans公司的F-Mux、ASI、MODBus、SDS、Arcnet、国际标准组织-基金会现场总线FF（Field Bus Foundation，WorldFIP）、BitBus、美国的DeviceNet与ControlNet等。这些现场总线用于过程自动化、医药、加工制造、交通运输、国防、航天、农业和楼宇等领域，不到10种类型的总线占有80%左右的市场。

2. 各种总线都有应用的领域

每种总线都有应用的领域，如FF和PROFIBUS-PA适用于石油、化工、医药、冶金等行业的过程控制领域；LonWorks、PROFIBUS-FMS和DeviceNet适用于楼宇、交通运输、农业等领域；DeviceNet、PROFIBUS-DP适用于加工制造业。这些划分也不是绝对的，每种现场总线都力图将应用领域扩大，彼此渗透。

3. 每种现场总线都有国际组织和支持背景

大多数的现场总线都有一个或几个大型跨国公司为背景并成立了相应的国际组织，力图扩大自己的影响，得到更多的市场份额，如PROFIBUS以西门子公司为主要支持，并成立了PROFIBUS国际用户组织；WorldFIP以阿尔斯通公司为主要支持，成立了WorldFIP国际用户组织。

4. 多种总线成为国家和地区标准

为了加强自己的竞争能力，很多总线都争取成为国家或者地区的标准，如PROFIBUS已成为德国标准、WorldFIP已成为法国标准等。

5. 设备制造商参与多个总线组织

为了扩大自己产品的使用范围，很多设备制造商往往参与多个总线组织。

6. 各个总线彼此协调共存

由于竞争激烈，而且还没有哪一种或几种总线能一统市场，很多重要企业都力图开发接口技术，使自己的总线能和其他总线相连，在国际标准中也出现了协调共存的局面。

工业自动化技术应用于各行各业，要求也千变万化，使用一种现场总线技术也很难满足所有行业的技术要求。现场总线不同于计算机网络，人们将会面对一个多种总线技术标准共存的现实世界。技术发展在很大程度上受到市场规律和商业利益的制约。技术标准不仅是一个技术规范，也是一个商业利益的妥协产物。而现场总线的关键技术之一是彼此的互操作性，实现现场总线技术的统一是所有用户的愿望。

1.4.3　现场总线的发展

现场总线技术是控制、计算机和通信技术的交叉与集成，几乎涵盖了连续和离散工业领域，如过程自动化、制造加工自动化、楼宇自动化、家庭自动化等。它的出现和快速发展体现了控制领域对降低成本、提高可靠性、增强可维护性和提高数据采集智能化的要求。现场总线技术的发展趋势体现在 4 个方面。

1. 统一的技术规范与组态技术是现场总线技术发展的一个长远目标

IEC 61158 是目前的国际标准。然而由于商业利益的问题，该标准只做到了对已有现场总线的确认，从而得到了各大公司的欢迎，但是却给用户带来了使用的困难。当需要用一种新的总线时，学习的过程是漫长的。从长远来看，各种总线的统一是必由之路。目前主流现场总线都是基于 EIA485 技术或以太网技术，有了统一的硬件基础；组态的过程与操作是相似的，有了统一的用户基础。

2. 现场总线系统的技术水平将不断提高

随着电子技术、网络技术和自动控制技术的发展，现场总线设备将具备更强的性能、更高的可靠性和更好的经济性。

3. 现场总线的应用将越来越广泛

随着现场总线技术的日渐成熟，相关产品的性价比越来越高，更多的技术人员将掌握现场总线的使用方法，现场总线的应用将越来越广泛。

4. 工业以太网技术将逐步成为现场总线技术的主流

虽然基于串行通信的现场总线技术在一段时期之内还会大量使用，但是从发展的眼光来看，工业以太网具有良好的适应性、兼容性、扩展性以及与信息网络的无缝连接等特性，必将成为现场总线技术的主流。

1.5　西门子公司工业通信网络简介

1.5.1　西门子公司工业通信协议

西门子公司工业网络包括多种通信协议，它们是 PPI 通信协议、MPI 通信协议、自由通信协议、PROFIBUS 通信协议、PROFINET 通信协议和 ASI 通信协议等。

1. PPI 通信协议

PPI（Point to Point Interface，点到点接口）通信是 S7-200 的基本通信方式，不需要扩展模块，通过内置的 RS485 串行口（也称为 PPI）即可实现。PPI 通信协议是西门子公司专为 S7-200 系列 PLC 开发的一个通信协议，可通过普通的双绞线进行联网。PPI 通信协议的波特率为 3.6kbit/s、13.2kbit/s 和 187.5kbit/s。S7-200 系列 CPU 上集成的编程口就是 PPI。

利用 PPI 通信协议进行通信非常简单方便，只用 NETR 和 NETW 两条语句即可进行数据的传递，不需额外再配置模块或软件。在不加中继器的情况下，PPI 通信网络最多可由 31 个 S7-200 系列 PLC、TD200、OP/TP 面板或上位机（插 MPI 卡）为站点构成 PPI 网。图 1-3 所示为 S7-200 系列 PLC 通过自己的串行口实现 PPI 通信的例子。

2. MPI 通信协议

MPI（Multi Point Interface，多点接口），是 PPI 的扩展。S7-300/400 系列 PLC 通过 MPI，均可实现 MPI 通信。S7-200 系列 PLC 可以通过内置 PPI 连接到 MPI 网络上，与 S7-300/400 系列 PLC 进行 MPI 通信，波特率为 13.2kbit/s 或 187.5kbit/s。S7-200 CPU 在 MPI 网络中作为从站，它们彼此间不能直接通信。通过 EM277 也可以实现 MPI 通信。图 1-4 所示为 MPI 通信的例子。

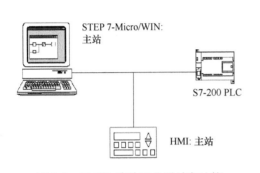

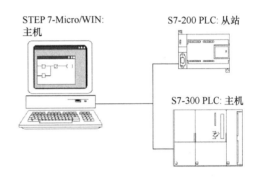

图 1-3　S7-200 系列 PLC 通过自己的串行口实现 PPI 通信

图 1-4　MPI 通信

3. 自由通信协议

自由通信方式是 S7-200 系列 PLC 的一个很有特色的功能。它使 S7-200 系列 PLC 通过 PPI 可以与任何通信协议公开的其他设备和控制器进行通信，即 S7-200 系列 PLC 可以由用户自己定义通信协议（如 ASCII 协议）。波特率最高为 38.4kbit/s（可调整）。因此可通信的范围大大增加，使控制系统配置更加灵活与方便。

任何具有串行口的外设，如打印机、条形码阅读器、变频器、调制解调器（MODEM）和上位机等，都可以用自由通信方式与 PLC 进行通信，如图 1-5 所示。自由通信方式也可以用于两个 PLC 之间简单的数据交换，用户可通过编程来编制通信协议，用来交换数据（如 ASCII 字符）。

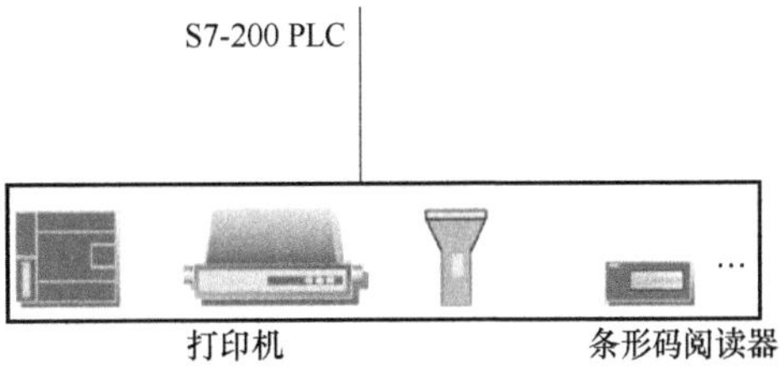

图 1-5　S7-200 通过自由通信方式与外设进行通信

4. PROFIBUS 通信协议

PROFIBUS 是西门子公司的现场总线通信协议，也是 IEC 61158 国际标准中的现场总线标准之一。

PROFIBUS-DP 的最高传输速率可达 12Mbit/s。PROFIBUS 通信协议通常用于分布式 I/O（远程 I/O）的高速通信，可以使用不同厂家的 PROFIBUS 设备。这些设备包括普通的 I/O 模块、电动机控制器和 PLC。PROFIBUS 网络通常有一个主站和若干个 I/O 从站。主站设备通过组态可以知道 I/O 从站的类型和站号。主站初始化网络使网络上的从站设备与配置相匹配。主站不断地读写从站的数据。当一个 DP 主站成功地配置了一个 DP 从站之后，它就拥有了这个从站设备。如果在网上有第二个主站设备，它对第一个主站的从站的访问将受到限制。图 1-6 所示为一个 PROFIBUS 网络的例子。

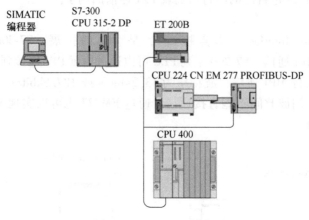

图 1-6　PROFIBUS 网络

5. PROFINET 通信协议

PROFINET 是西门子公司的工业以太网通信协议，也是 IEC 61158 国际标准中的现场总线标准之一。

PROFINET 的传输速率可达 100Mbit/s，以 TCP/IP 与其他设备交换数据。IT 模块除了以太网的基本连接，还永久将 Web 和组态文件保存在 IT 文件系统中，还有用于发送电子邮件的 SMTP 客户机和用于访问 IT 文件系统的 FTP 服务器。除了纯粹的文本信息，还可传送嵌入的变量。

6. ASI 通信协议

ASI 是指传感器执行器总线，是西门子公司的工业通信协议的一种。ASI 的优势主要在于安装的便捷性。图 1-7 所示是 PROFINET 和 ASI 网络的连接示意图。

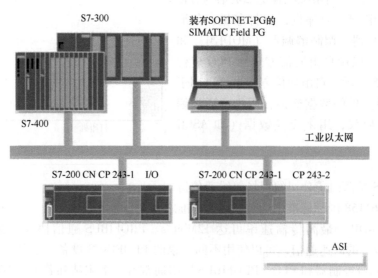

图 1-7　PROFINET 和 ASI 网络

1.5.2　西门子公司现场总线的组态软件

在工程应用中，所有通信的设置与程序的编写均需要在组态软件中完成。西门子公司的组态软件包括 STEP 7-Micro/WIN、STEP 7、SIMATIC Net、WinCC 和 WinCC Flexible 等。

1. STEP 7-Micro/WIN

STEP 7-Micro/WIN 主要用于 S7-200 系列 PLC 的通信设置和程序编写，特别是 PPI 通信的组态。

2. STEP 7

STEP 7 主要用于 S7-300/400 系列 PLC 的通信设置和程序编写。STEP 7 是西门子公司现场总线的主要组态软件。STEP 7 用于 MPI、PROFIBUS 和 PROFINET 网络的组态。

3. SIMATIC Net

SIMATIC Net 主要用于现场总线的高级组态和设置，特别是计算机站（PC Station）的设置。例如，在 OPC 应用中，设置 OPC 服务器需要使用 SIMATIC Net 进行组态。

4. TIA Portal

博途（TIA Portal）是西门子公司最新的编程软件，集成了 STEP 7、WinCC、PLCSIM、SINAMICS STARTDRIVER 等，支持的 PLC 有 S7-300、S7-400、S7-1200 和 S7-1500。

5. WinCC Flexible

WinCC Flexible 用于触摸屏的组态和程序开发。

习　　题

1.1　什么是现场总线？目前现场总线主要有哪些？

1.2　现场总线的特点和优点是什么？

1.3　现场总线的发展现状及趋势是什么？

1.4　西门子公司工业网络主要有哪些通信协议？

第 2 章

工业串行通信原理

2.1 工业串行通信简介

通信的目的是传送信息。通信中应包含有发信方、收信方、传输途径和传输方式。发信方又可称为信源，收信方又可称为信宿。简单的通信系统模型如图 2-1 所示。

通信系统可分为模拟通信系统和数字通信系统两大类。模拟信号既可以通过模拟通信系统传输，也可以通过数字通信系统传输；数字信号既可以通过数字通信系统传输，也可以通过模拟通信系统传输。

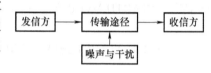

图 2-1　通信系统模型

在模拟通信系统中直接传输的一定是模拟信号。模拟通信系统的主要缺点是抗干扰能力差和保密性差。

在数字通信系统中直接传输的一定是离散数字信号。相对于模拟通信系统来说，数字通信系统明显的优越性是抗干扰性强、保密性好，且数字电路易于集成、体积缩小，所以现代通信越来越多地采用数字通信系统。现场总线系统通常是数字通信系统。

模拟通信系统和数字通信系统模型如图 2-2 所示。

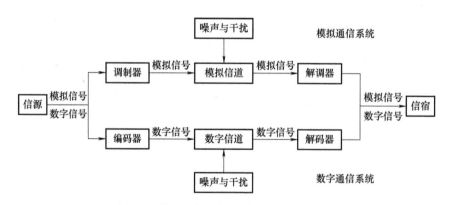

图 2-2　模拟通信系统和数字通信系统模型

不经变换的原始数据信号称为基带信号，直接利用基带信号通过传输信道进行传输的方式称为基带传输，直接传输这种基带信号的系统称为基带传输系统。基带传输是解决数字信号传输的一种方式。

在计算机系统中，CPU 和外部数字通信有两种通信方式，即并行通信和串行通信。

串行通信由于硬件结构简单、应用灵活，在自动化领域的应用日益广泛。特别是近十年来，作为串行通信应用最为广泛的现场总线技术得到了飞跃发展。

2.2 串行通信的基础知识

2.2.1 串行通信的概念

计算机网络系统的通信任务是传输数据或数据化的信息，这些数据通常以离散的二进制0、1序列的方式表示。码元是所传输数据的基本单位，在计算机网络通信中所传输的大多为二元码，它的每一位只能在0或1两个状态中取一个，每一位就是一个码元。

二进制数字数据在电路中被表示成"0"和"1"的码元形式。这些码元在传输方向上可以是多位并行排列，也可以是一位接一位地串行排列。

一条信息的各位数据被同时传输的通信方式称为并行通信。并行通信堪称"齐步走"。并行通信的特点是，各数据位同时传输，传输速度快、效率高，但有多少数据位传输就至少需多少根线，因此传输成本高，只适用于近距离（相距数米）的通信。

一条信息的各位数据被逐位按顺序传输的通信方式称为串行通信，通常，最低位 b_0 在先，依次从低到高逐位送出，当最高位（如 b_7）被送出时，该码组就被发送完成。串行传输方式只使用一条传输通道，即一条信道，外设和计算机间使用一根数据信号线（另外需要接地线，可能还需要控制线），数据在一根数据信号线上一位一位地进行传输，每一位数据都占据一个固定的时间长度。串行通信的特点是，数据按位顺序传输，最少只需一根传输线即可完成，成本低，但传输速度慢。串行通信的距离可以从几米到几千米。

并行传输与串行传输如图2-3所示。

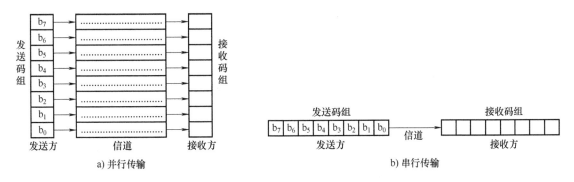

图 2-3 并行传输与串行传输

2.2.2 串行通信的数据帧

在数字通信中，数据（信号码元）应以帧的形式组织起来，以便于接收和识别处理。

串行通信的数据格式有面向字符型的数据格式，如单同步、双同步和外同步；也有面向比特型的数据格式，这以帧为单位传输，每帧由6个部分组成，分别是标志区、地址区、控制区、信息区、帧校验区和标志区。

从开始标志到结束标志之间构成一个完整的信息单位，称为一帧（Frame）。所有的信息是以帧的形式传输的，而标志字符提供了每一帧的边界。接收端可以通过搜索"标志字符"来探知帧的开头和结束，以此建立帧同步。

在网络通信中，"包"（Packet）和"帧"（Frame）的概念相同，均指通信中的一个数据块（报文）。对于某种具体通信网络，一般使用术语"帧"。一种网络的帧格式可能与另一种网络不同，通常使用术语"包"来指一般意义的帧。

2.2.3　同步通信与异步通信

并行通信中并行的各位必须是同步传输，才能保证各位被同时接收，不发生错误。而串行通信则有同步和异步两种方式。

1. 同步通信

所谓同步通信是指在约定的通信速率下，发送端和接收端的时钟信号频率和相位始终保持一致（同步），这就保证了通信双方在发送和接收数据时具有完全一致的定时关系。

同步通信把许多字符组成一个信息组，或称为信息帧，每帧的开始用同步字符来指示。由于发送和接收的双方采用同一时钟，所以在传输数据的同时还要传输时钟信号，以便接收端可以用时钟信号来确定每个信息位。串行数据流的同步传输如图 2-4 所示。

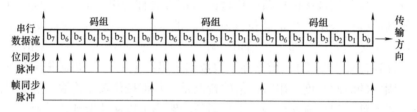

图 2-4　串行数据流的同步传输

同步通信要求在传输线路上始终保持连续的字符位流，若计算机没有数据传输，则线路上要用专用的"空闲"字符或同步字符填充。

同步通信传输信息的位数几乎不受限制，通常一次通信传输的数据有几十到几千字节，通信效率较高。但它要求在通信中保持精确的位同步、帧同步，所以发送器和接收器比较复杂，成本也较高，一般用于对传输速率要求较高的场合。

2. 异步通信

异步通信规定字符由起始位（Start bit）、数据位（Data bit）、奇偶校验位（Parity bit）和停止位（Stop bit）组成。起始位表示一个字符的开始，接收方可用起始位使自己的接收时钟与数据同步。停止位则表示一个字符的结束。这种用起始位开始，停止位结束所构成的一串信息称为帧（Frame）（注意：异步通信中的"帧"与同步通信中"帧"是不同的，异步通信中的"帧"只包含一个字符，而同步通信中的"帧"可包含几十个到上千个字符）。在传输一个字符时，由一位低电平的起始位开始，接着传输数据位，数据位为 5~8 位。在传输时，按低位在前、高位在后的顺序传输。奇偶校验位用于检验数据传输的正确性，也可以没有，可由程序来指定。最后传输的是高电平的停止位，停止位可以是 1 位、1.5 位或 2 位。停止位结束到下一个字符的起始位之间的空闲位要由高电平来填充（只要不发送下一个字符，线路上就始终为空闲位，数据帧之间的间隔大小不确定，使得传输的数据码组间没有确定时间关系，是谓异步）。

异步通信中典型的帧格式如下：1 位起始位，5~8 位数据位，1 位奇偶校验位（可选），

1~2 位停止位，如图 2-5 所示。

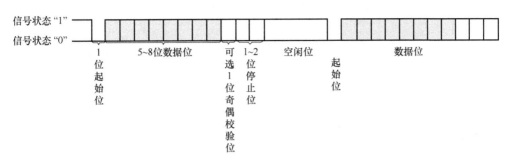

图 2-5　串行数据流的异步传输

从以上叙述可以看出，在异步通信中，每接收一个字符，接收方都要重新与发送方同步一次，所以接收端的同步时钟信号并不需要严格地与发送方同步，只要它们在一个字符的传输时间范围内能保持同步即可，这意味着对时钟信号漂移的要求要比同步信号低得多，硬件成本也要低得多，但是异步传输一个字符，要增加大约 20% 的附加信息位，所以传输效率比较低。异步通信方式简单可靠，也容易实现，故广泛地应用于各种微机系统中。

3. 典型串行异步通信的实现

由于 CPU 与接口之间按并行方式传输，接口与外设之间按串行方式传输，因此，在串行接口中，必须要有"发送移位寄存器"（并→串）和"接收移位寄存器"（串→并）。典型的串行接口的结构如图 2-6 所示。

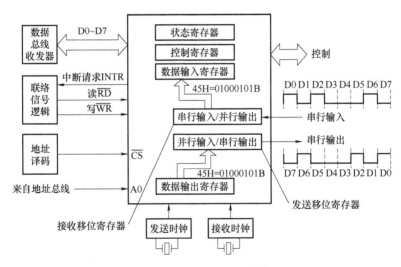

图 2-6　典型串行接口结构

在数据输出过程中，CPU 把要输出的字符（并行地）送入"数据输出寄存器"，"数据输出寄存器"的内容传输到"发送移位寄存器"，然后由"发送移位寄存器"移位，把数据一位一位地送到外设。"发送移位寄存器"的移位速度由"发送时钟"确定。

在数据输入过程中，数据一位一位地从外设进入接口的"接收移位寄存器"，当"接收移位寄存器"中已接收完 1 个字符的各位后，数据就从"接收移位寄存器"进入"数据输入寄存器"。CPU 从"数据输入寄存器"中读取接收到的字符（并行读取，即 D0~D7 同时被读至累加器中)。"接收移位寄存器"的移位速度由"接收时钟"确定。

接口中的"控制寄存器"用来容纳 CPU 送给此接口的各种控制信息,这些控制信息决定接口的工作方式。

"状态寄存器"的各位称为"状态位",每一个状态位都可以用来指示数据传输过程中的状态或某种错误。例如,可以用状态寄存器的 D5 位为"1"表示"数据输出寄存器空",用 D0 位为"1"表示"数据输入寄存器满",用 D2 位为"1"表示"奇偶检验错"等。

能够完成上述"并↔串↔并"转换功能的电路,通常称为"通用异步收发器"(Universal Asynchronous Receiver and Transmitter,UART)。

2.2.4 串行通信的全双工和半双工方式

在串行通信中,数据在两个站(如终端和微机)之间进行传输时,按照数据流的方向可分成 3 种基本的传输方式:全双工、半双工和单工。但单工目前已很少采用,下面仅介绍前两种方式。

1. 全双工(Full Duplex)方式

当数据的发送和接收分流,分别由两根不同的传输线传输时,通信双方都能在同一时刻进行发送和接收操作,这样的传输方式就是全双工方式,如图 2-7 所示。在全双工方式下,通信系统的每一端都设置了发送器和接收器,因此,能控制数据同时在两个方向上传输。全双工方式无须进行方向的切换,因此,没有切换操作所产生的时间延迟,这对那些不能有时间延误的交互式应用(例如远程监测和控制系统)十分有利。这种方式要求通信双方均有发送器和接收器,同时,需要至少两根数据线传输数据信号(可能还需要控制线和状态线,以及接地线)。

2. 半双工(Half Duplex)方式

若使用同一根传输线既接收又发送,虽然数据可以在两个方向上传输,但通信双方不能同时收发数据,这样的传输方式就是半双工方式。同一时间内,通信双方之间的数据交换只是单向的。因此,在半双工方式下,在某一具体时间数据不是发送就是接收,两者必居其一,不可能兼而有之,传输线分时复用。如图 2-8 所示,采用半双工方式时,通信系统每一端的发送器和接收器,通过收/发开关转接到通信线上,进行方向的切换,因此,会产生时间延迟。收/发开关实际上是由软件控制的电子开关。

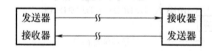

图 2-7 串行通信的全双工方式

图 2-8 串行通信的半双工方式

2.2.5 数据传输速率与传输距离

1. 波特率

在串行通信中,用"波特率"来描述数据的传输速率。当码元采用二进制时,波特率即比特率。所谓波特率,即每秒钟传输的二进制位数,单位为 bit/s。它是衡量串行数据速度快慢的重要指标。有时也用"位周期"来表示传输速率,位周期是波特率的倒数(见图 2-9)。国际

波特率 $=\dfrac{1}{T}$

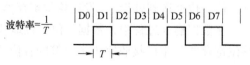

图 2-9 波特率与位周期

上规定了一个标准波特率系列：110bit/s、300bit/s、600bit/s、1200bit/s、1800bit/s、2400bit/s、4800bit/s、9600bit/s、14.4kbit/s、19.2kbit/s、28.8kbit/s、33.6kbit/s、56kbit/s。例如：9600bit/s，指每秒传输9600位，包含字符的数位和其他必需的数位，如奇偶校验位等。大多数串行口电路的接收波特率和发送波特率可以分别设置，但接收方的接收波特率必须与发送方的发送波特率相同。通信线上所传输的字符数据（代码）是逐位传输的，1个字符由若干位组成，因此每秒所传输的字符数（字符速率）和波特率是两种概念。在串行通信中，所说的传输速率是指波特率，而不是指字符速率，它们两者的关系如下：假如在异步串行通信中，传输1个字符，包括12位（其中有1位起始位，8位数据位，1位校验位，2位停止位），传输速率是1200bit/s，每秒所能传输的字符数是 $[1200/(1+8+1+2)]$ 个 = 100个。

2. 发送/接收时钟

在串行传输过程中，二进制数据序列是以数字信号波形的形式出现的，如何对这些数字波形定时发送出去或接收进来，以及如何对发/收双方之间的数据传输进行同步控制的问题就引出了发送/接收时钟的应用。

在发送数据时，发送器在发送时钟作用下将发送移位寄存器的数据按串行移位输出；在接收数据时，接收器在接收时钟作用下对来自通信线上的串行数据，按位串行移入移位寄存器。可见，发送/接收时钟是对数字波形的每一位进行移位操作，因此，从这个意义上来讲，发送/接收时钟又可叫作移位时钟脉冲。另外，从数据传输过程中，接收方进行同步检测的角度来看，接收时钟成为接收方保证正确接收数据的重要工具。为此，接收器采用比波特率更高频率的时钟来提高定位采样的分辨能力和抗干扰能力。

3. 波特率因子

指定波特率后，输入移位寄存器/输出移位寄存器在接收时钟/发送时钟控制下，按指定的波特率速度进行移位。一般几个时钟脉冲移位一次，要求：接收时钟/发送时钟是波特率的16倍、32倍或64倍。波特率因子就是发送/接收1个数据位所需要的时钟脉冲个数，单位是个/位。如波特率因子为16，则16个时钟脉冲移位1次。例如波特率为9600bit/s，波特率因子为32，则接收时钟和发送时钟频率 = 9600×32Hz = 307200Hz。

4. 传输距离

串行通信中，数据位信号流在信号线上传输时，要引起畸变，畸变的大小与以下因素有关：波特率——信号线的特征（频带范围），传输距离——信号的性质及大小（电平高低、电流大小）。当畸变较大时，接收方出现误码。在规定的误码率下，当波特率、信号线、信号的性质及大小一定时，串行通信的最大传输距离就一定。为了加大传输距离，可以加中继器。

2.2.6　差错检验

数据通信中的接收者可以通过差错检验来判断所接收的数据是否正确。冗余数据校验、奇偶校验、校验和、循环冗余校验等都是串行通信中常用的差错检验方法。

1. 冗余数据校验

发送冗余数据校验是实行差错校验的一种简单办法。发送者对每条报文都发送两次，由接收者根据这两次收到的数据是否一致来判断本次通信的有效性。当然，采用这种方法意味着每条报文都要花两倍的时间进行传输。在传输短报文时经常会用到它。许多红外线控制器就使用这种方法进行差错检验。

2. 奇偶校验

串行通信中经常采用奇偶校验来进行错误检查。校验位可以按奇数位校验，也可以按偶数位校验。许多串行口支持 5~8 个数据位再加上奇偶校验位的工作方式，是一种只有一位冗余位的校验编码方法。奇校验的约定编码规律要求编码后的校验码中"1"的个数（包含有效信息位和校验位）保持为奇数；偶校验则要求编码后的校验码中"1"的个数（包含有效信息位和校验位）保持为偶数。

接收方校验接收到的数据，如果接收到的数据违背了事先约定的奇偶校验规则，不是所期望的数值，说明出现了传输错误，则向发送方发送出错通知。

奇偶校验能够检测出信息传输过程中的部分误码（比如 1 位误码能检出，2 位误码就不能检出），同时，它不能纠错。在发现错误后，只能要求重发。但由于实现简单，仍得到了广泛使用。

3. 校验和

另一种差错校验的方法是在通信数据中加入一个差错校验字节。对一条报文中的所有字节进行数学或者逻辑运算，计算出校验和。将校验和形成的差错校验字节作为该报文的组成部分。接收端对收到的数据重复这样的计算，如果得到了一个不同的结果，就判定通信过程发生了差错，说明它接收的数据与发送数据不一致。

一个典型的计算校验和的方法是将这条报文中所有字节的值相加，然后用结果的最低字节作为校验和。校验和通常只有 1B，因而不会对通信有明显的影响，适合在长报文的情况下使用。但这种方法并不是绝对安全的，会存在很小概率的判断失误。那就是即便在数据并不完全吻合的情况下有可能出现得到的校验和一致，将有差错的通信过程判断为没有发生差错。

有些检错方法，具有自动纠错能力，如循环冗余校验（Cyclic Redundancy Checks, CRC）检错等。CRC 是串行通信中常用的检错方法，它采用比校验和更为复杂的数学计算，检验结果也更加可靠。

4. 出错的简单处理

当一个节点检测到通信中出现的差错或者接收到一条无法理解的报文时，应该尽量通知发送报文的节点，要求它重新发送或者采取别的措施来纠正。

经过多次重发，如果发送者仍不能纠正这个错误，发送者应该跳过对这个节点的发送，发布一条出错消息，通过报警或者其他操作来通知操作人员发生了通信差错，并尽可能继续执行其他任务。

接收者如果发现一条报文比期望的报文要短，应该能主动停止连接，并让主计算机知道出现了问题，而不能无休止地等待一个报文结束。主计算机可以决定让该报文继续发送、重发或者停发。不应因发现问题而让网络处于无休止的等待状态。

2.2.7 数据的编码

数据的编码研究数据在信号传输过程中如何进行编码（变换），不同类型的信号在不同类型的信道上传输有 4 种组合（见图 2-10），每一种相应地需要进行不同的编码处理。

用数字信号承载数字或模拟数据——编码；用模拟信号承载数字或模拟数据——调制。本章只讲解用数字信号承载数字或模拟数据的编码问题。

数据编码是指把需要加工处理的数据库信息，用特别的数字来表示的一种技术，是根据一定数据结构和目标的定性特征，将数据转换为代码或编码字符，在数据传输中表示数据组成，并作为传输、接收和处理的一组规则与约定。由于计算机要处理的数据信息十分庞杂，有些数据库所代表的含义又使人难以记忆。为了便于使用、容易记忆，常常要对加工处理的对象进行编码，用一个编码符号代表一条信息或一串数据。对数据进行编码在计算机的管理中非常重要，可以方便地进行信息分类、校核、合计、检索等操作。因此，数据编码就成为计算机处理的关键。即不同的信息记录应当

图 2-10　数据编码的
不同组合

采用不同的编码，一个码点可以代表一条信息记录。人们可以利用编码来识别每一个记录，区别处理方法，进行分类和校核，从而克服项目参差不齐的缺点，节省存储空间，提高处理速度。

在进行数据编码时应遵循系统性、标准性、实用性、扩充性和效率性。

常见的数据编码方案有单极性码、双极性码、归零码、不归零码、双相码、曼彻斯特编码、差分曼彻斯特编码、多电平编码等。

1. 数字数据的数字信号编码

常用的编码有 3 类：不归零码，分单极性不归零码和双极性不归零码两种；归零码，分单极性归零码和双极性归零码两种；自同步码，有曼彻斯特编码和差分曼彻斯特编码两种。

数字数据的数字信号编码，就是要解决数字数据的数字信号表示问题，即通过对数字信号进行编码来表示数据。数字信号编码的工作由网络上的硬件完成，常用的编码方法有以下 3 种：

（1）不归零码

不归零码又可分为单极性不归零码和双极性不归零码。图 2-11a 所示为单极性不归零码。在每一码元时间内，无电压表示数字"0"，有恒定的正电压表示数字"1"。每个码元的中心是取样时间，即判决阈值为 0.5，0.5 以下为"0"，0.5 以上为"1"。图 2-11b 所示为双极性不归零码。在每一码元时间内，以恒定的负电压表示数字"0"，以恒定的正电压表示数字"1"。判决阈值为零电平，0 以下为"0"，0 以上为"1"。

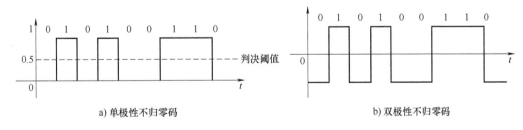

a) 单极性不归零码　　　　　　　　　b) 双极性不归零码

图 2-11　不归零码

（2）归零码

归零码是指编码在发送"0"或"1"时，在每一码元的时间内会返回初始状态（零），如图 2-12 所示。归零码可分为单极性归零码和双极性归零码。

图 2-12a 所示为单极性归零码，以无电压表示数字"0"，以恒定的正电压表示数字"1"。与单极性不归零码的区别是，"1"码发送的是窄脉冲，发完后归到零电平。图 2-12b

所示为双极性归零码，以恒定的负电压表示数字"0"，以恒定的正电压表示数字"1"。与双极性不归零码的区别是，两种信号波形发送的都是窄脉冲，发完后归到零电平。

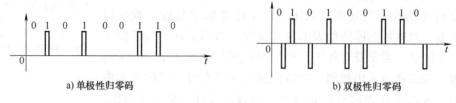

图 2-12　归零码

（3）自同步码

自同步码是指编码在传输信息的同时，将时钟同步信号（CLK）一起传输过去。这样，在数据传输的同时就不必通过其他信道发送同步信号。局域网中的数据通信常使用自同步码，典型代表是曼彻斯特编码和差分曼彻斯特编码，如图 2-13 所示。

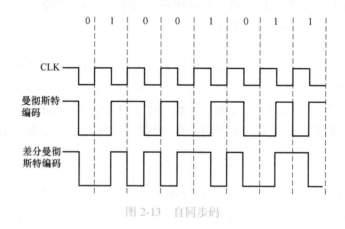

图 2-13　自同步码

曼彻斯特（Manchester）编码：每一位的中间（1/2 周期处）有一个跳变，该跳变既作为时钟信号（同步），又作为数据信号。从高到低的跳变表示数字"0"，从低到高的跳变表示数字"1"。

差分曼彻斯特（Different Manchester）编码：每一位的中间（1/2 周期处）有一个跳变，但是该跳变只作为时钟信号（同步）。数据信号根据每位开始时有无跳变进行取值，有跳变表示数字"0"，无跳变表示数字"1"。

2. 模拟数据的数字信号编码

模拟数据的数字信号编码最常用的方法是脉冲编码调制（Pulse Code Modulation，PCM）。它以香农采样定理为理论基础，对模拟信号通过采样、量化和编码转换成数字信号。

（1）理论基础（香农采样定理）

若对连续变化的模拟信号进行周期性采样，只要采样频率大于等于有效信号最高频率或带宽的两倍，则采样值便可包含原始信号的全部信息，利用低通滤波器可以从这些采样中重新构造出原始信号。

（2）PCM 工作步骤

1）采样：根据采样频率，隔一定的时间间隔采集模拟信号（见图 2-14）的值，得到一系列模拟值，如图 2-15 所示。

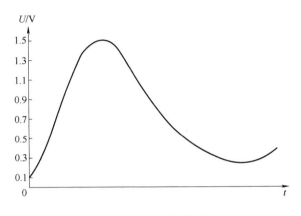

图 2-14　原始模拟信号

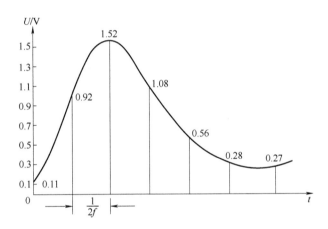

图 2-15　对模拟信号采样

2）量化：将采样得到的模拟值按一定的量化级（本例采用 16 级）进行"取整"，得到一系列离散值，如图 2-16 所示。

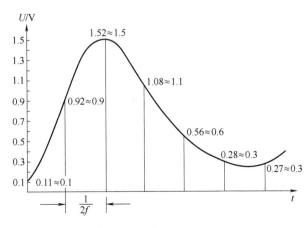

图 2-16　对采样值量化

3）编码：将量化后的离散值数字化，得到一系列二进制值，然后将二进制值进行编码，得到数字信号，如图 2-17 所示。

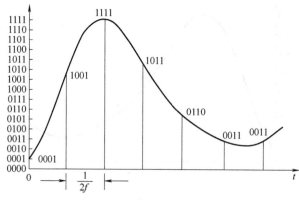

图 2-17　将量化编码

经过上面的处理过程，原来的模拟信号经 PCM 编码后得到如图 2-18 所示的一系列二进制数据。

图 2-18　模拟信号的 PCM 编码

2.3　工业串行通信与 EIA485

2.3.1　工业控制中的串行通信特点

工业控制中的串行通信的工业通信网络有如下特点：

1）数据传输的及时性和系统响应的实时性。通常，制造自动化系统的响应时间要求在 $0.01 \sim 0.5s$，过程控制系统的响应时间为 $0.5 \sim 2s$。而信息网络的响应时间则是 $2 \sim 6s$。显然，工业通信网络的实时性要求高得多。

2）高可靠性。工业通信网络强调在工业环境下数据传输的完整性，对于工作在环境恶劣的工业生产现场的通信网络，必须解决环境适应性问题。它包括电磁环境适应性或电磁兼容性（EMC）、气候环境适应性（耐温、防水、防尘）、机械环境适应性（耐冲击、耐振动）。在易爆或可燃的场合，它应具有本质安全的性能。

3）工业通信网络需要解决不同厂商的产品和系统在网络上相互兼容的问题，强调可互操作性，因此它在现代通信系统所基于的 ISO/OSI "开放系统互连的参考模型"上加了用户层，通过标准功能块和装置描述（DD）功能来解决这种完整的开放性通信问题。

4）总线供电。工业现场控制网络不仅能传输通信信息，而且要能够为现场设备传输工作电源。这主要是从线缆铺设和维护方便考虑，同时总线供电还能减少线缆，降低布线成本。

5）广播、多播与单播通信方式。工业通信网络把松散的单一用户（变送器、执行器、控制器或控制系统等）接入某个系统，通信方式常使用广播方式、多组方式或基于用户/服务器的单播方式。而在 IT 网络中一个自主系统与另一个自主系统只在需要通信时建立一对一的方式。

6）现场控制层设备间传输的信息长度都比较小。这些信息包括生产装置运行参数的测量值、控制量、开关与阀门的工作位置、报警状态、设备的资源与维护信息、系统组态、参数修改、零点与量程调校信息等。它的长度一般都比较小，通常仅为几位（bit）或几字节、十几字节、几十字节（Byte），对网络传输的吞吐量要求不高。

2.3.2　EIA485 的接口电路与电气特性

EIA485（过去叫作 RS-485 或者 RS485）是隶属于 OSI 体系物理层的电气特性规定，为二线、半双工、多点通信的标准。它的电气特性和 RS232 大不一样。用线缆两端的电压差值来表示传递信号。1 极的电压标识为逻辑 1，另一段标识为逻辑 0。两端的电压差最小为 0.2V 以上时有效，任何不高于 12V 或者不低于 −7V 的差值对接收端都被认为是正确的。

当采用 +5V 电源供电时：

1）若差分电压信号为 −2500 ~ −200mV，则为逻辑 "0"。

2）若差分电压信号为 200 ~ 2500mV，则为逻辑 "1"。

3）若差分电压信号为 −200 ~ 200mV，则为高阻状态。

EIA485 的差分平衡电路如图 2-19 所示。一根导线上的电压是另一根导线上的电压取反。接收器的输入电压为这两根导线电压的差值（$V_A - V_B$）。

差分电路的最大优点是抑制噪声。由于在它的两根信号线上传递着大小相同、方向相反的电流，而噪声电压往往在两根导线上同时出现，一根导线上出现的噪声电压会被另一根导线上出现的噪声电压抵消，因而可以极大地削弱噪声对信号的影响。

图 2-19　差分平衡电路

差分电路的另一个优点是不受节点间接地电平差异的影响。在非差分（即单端，如RS232C）电路中，多个信号共用一根接地线，长距离传输时，不同节点接地线的电压差异可能相差好几伏，甚至会引起信号的误读。差分电路则完全不会受到接地电压差异的影响。

应该指出的是，EIA485 标准没有规定连接器、信号功能和引脚分配。要保持两根信号线相邻，两根差动导线应该位于同一根双绞线内。引脚 A 与引脚 B 不要调换。

EIA485 仅仅规定了接收端和发送端的电气特性，它没有规定或推荐任何数据协议。EIA485 可以应用于配置便宜的广域网和采用单机发送、多机接收的通信链接。它提供高速的数据通信速率（平衡双绞线的长度与传输速率成反比，12m 时为 10Mbit/s；1200m 时为100kbit/s）。EIA485 和 EIA422 一样使用双绞线进行高电压差分平衡传输，它可以进行大面积长距离传输（超过 1200m）。

EIA485 推荐使用在点对点网络中，总线型，不能是星形、环形网络。在理想情况下，EIA485 需要 2 个终端电阻，阻值要求等于传输电缆的特征阻抗。若没有终端阻抗，当所有的设备都静止或者没有能量时就会产生噪声。若没有终端电阻，会使得较快速的发送端产生多个数据信号的边缘，这其中的一些是不正确的。之所以不能使用星形或者环形的拓扑，是由于这些结构有不必要的反射，过低或者过高的终端电阻可以产生电磁干扰。

EIA485 可以采用二线与四线连接方式，二线制可实现真正的多点双向通信；在采用四线制时可以和 EIA422 一样实现全双工。与 EIA422 一样只能实现点对多通信，即只能有一个主（Master）设备，其余为从（Slave）设备，但它比 EIA422 有改进，无论四线还是二线连接方式，总线上最多可接到 32 个设备。在某些限制条件下 EIA485 和 EIA422 可以实现相互的连接。在短距离传输时可不要终端电阻，即一般在 300m 以下无需终端电阻。终端电阻接在传输总线的两端。

EIA485 总线电气性能见表 2-1。

表 2-1　EIA485 总线电气性能

规范	EIA485
工作模式	差分传输（平衡传输）
允许的收发器数目	32（受芯片驱动能力限制）
最大电缆长度	4000ft[①]（1219.2m）
最高数据速率	10Mbit/s
最小驱动输出电压范围	−1.5~1.5V
最大驱动输出电压范围	−5~5V
最大输出短路电流	250mA
最大输入电流	1.0mA/12V 输入或−0.8mA/−7V 输入
驱动器输出阻抗	54Ω
输入端电容	≤50pF
接收器输入灵敏度	±200mV
接收器最小输入阻抗	12kΩ
接收器输入电压范围	−7~12V
接收器输出逻辑高电压	>200mV
接收器输出逻辑低电压	<200mV

① 1ft=0.3048m。

2.3.3　EIA485 的半双工与全双工连接

利用 EIA485 接口可以使一个或者多个信号发送器与接收器互连，在多台计算机或带微控制器的设备之间实现远距离数据通信，形成分布式测控网络系统。

1. EIA485 的半双工通信方式

在大多数应用条件下，EIA485 的端口都采用半双工通信方式。有多个驱动器和接收器共享一条信号通路。图 2-20 所示为 EIA485 端口的半双工连接图。

图 2-20 中两个 120Ω 电阻是作为总线的终端电阻存在的。当终端电阻等于电缆的特征阻抗时，可以削弱甚至消除信号的反射。特征阻抗是导线的特征参数，它的数值随着导线的直

径、在电缆中与其他导线的相对距离及导线的绝缘类型的变化而变化。特征阻抗值与导线的长度无关，一般双绞线的特征阻抗值为 $100 \sim 150\Omega$。

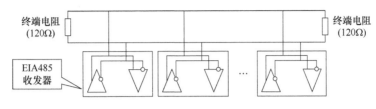

图 2-20 EIA485 端口的半双工连接

EIA485 的驱动器必须能驱动 32 个单位负载加上一个 60Ω 的并联终端电阻，总的负载包括驱动器、接收器和终端电阻，不低于 54Ω。图 2-20 中两个 120Ω 电阻的并联值为 60Ω，32 个单位负载中接收器的输入阻抗会使得总负载略微降低，而驱动器的输出与导线的串联阻抗又会使总负载增大。最终需要满足不低于 54Ω 的要求。

还应该注意的是，在一个半双工连接中，在同一时间内只能有一个驱动器工作。如果发生两个或多个驱动器同时启用，一个企图使总线上呈现逻辑 1，另一个企图使总线上呈现逻辑 0，则会发生总线竞争，在某些元器件上就会产生大电流。因此所有 EIA485 的接口芯片都必须包括限电流和过热关闭功能，以便在发生总线竞争时保护芯片。

2. EIA485 的全双工连接

尽管大多数 EIA485 的连接是半双工的，但是也可以形成全双工的 EIA485 连接。图 2-21 和图 2-22 分别表示两点和多点之间的全双工 EIA485 连接。在全双工连接中信号的发送和接收方向都有它自己的通路。在全双工、多节点连接中，一个节点可以在一条通路上向所有其他节点发送信息，而在另一条通路上接收来自其他节点的信息。

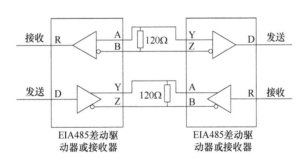

图 2-21 两个 EIA485 端口的全双工连接

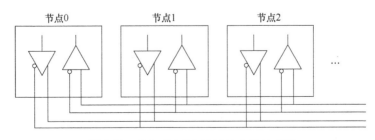

图 2-22 多个 EIA485 端口的全双工连接

两点之间全双工连接的通信在发送和接收上都不会存在问题。但当多个节点共享信号通路时，需要以某种方式对网络控制权进行管理。这是在全双工、半双工连接中都需要解决的问题。

2.4 串行通信的总线控制方式

2.4.1 串行总线的结构

网络拓扑可以分为星形、环形、总线型、树形，如图 2-23 所示。

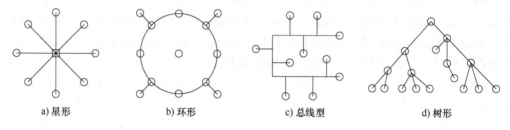

a) 星形　　　　　b) 环形　　　　　c) 总线型　　　　　d) 树形

图 2-23　常用网络拓扑

EIA485 网络拓扑一般采用终端匹配的总线型结构，不支持环形或星形网络，因此 EIA485 网络最好用一条总线串联各个节点。从总线到每个节点的引出线长度应尽量短，图 2-24 所示为实际应用中常见的一些错误连接方式（见图 2-24a ~ c）和更正的连接方式（见图 2-24d ~ f）。图 2-24a ~ c 所示的 3 种不恰当的网络连接尽管在某些情况下（短距离、低速率）仍然可以正常工作，但随着通信距离的延长或通信速率的提高，信号在各支路末端反射后与原信号叠加造成信号质量下降。

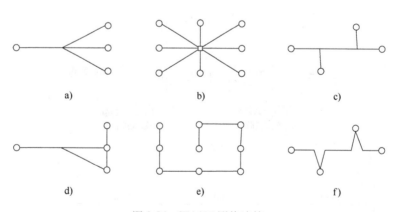

a)　　　　　　　b)　　　　　　　c)

d)　　　　　　　e)　　　　　　　f)

图 2-24　EIA485 网络连接

2.4.2 串行通信的总线控制方式

现场总线系统是工厂的底层控制网络，它把现场设备的运行参数、状态以及故障信息等送往控制室，同时又将各种控制、维护、组态命令以及工作电源等送往各相关现场设备，从而实现了生产过程现场级控制设备之间及其与操作终端和上层控制管理网络的连接与信息共享。由于现场总线所肩负的任务特殊，因而它对信息传输的实时性、可靠性要求较高。

现场总线数据链路层（DLL）位于物理层和应用层之间，DLL 一般可分为逻辑链路控制（LLC）子层和介质访问控制（Medium Access Control，MAC）子层两部分。

现场总线系统是一种广播网络，而决定广播网络实时性和可靠性的关键是 MAC 方式，它规定了信道使用权的分配方式。

1. 主从总线通信方式

主从总线通信方式又称为 1∶N 通信方式，是指在总线结构的子网上有 N 个站，其中只有 1 个主站，其他皆是从站。

1∶N 通信方式采用集中式存取控制技术分配总线使用权，通常采用轮询表法。所谓轮询表是一张从站机号排列顺序表，该表配置在主站中，主站按照轮询表的排列顺序对从站进行询问，看它是否要使用总线，从而达到分配总线使用权的目的。

对于实时性要求比较高的站，可以在轮询表中让从站机号多出现几次，赋予该站较高的通信优先权。在有些 1∶N 通信中把轮询表法与中断法结合使用，紧急任务可以打断正常的周期轮询，获得优先权。

1∶N 通信方式中当从站获得总线使用权后有两种数据传输方式：一种是只允许主-从通信，不允许从-从通信，从站与从站要交换数据，必须经主站中转；另一种是既允许主-从通信也允许从-从通信，从站获得总线使用权后先安排主-从通信，再安排自己与其他从站之间的通信。

2. 令牌总线（Token Bus）通信方式

令牌总线通信方式又称为 N∶N 通信方式，是指在总线结构的 PLC 子网上有 N 个站，它们地位平等没有主站与从站之分，也可以说 N 个站都是主站。

N∶N 通信方式采用令牌总线存取控制技术。在物理总线上组成一个逻辑环，让一个令牌在逻辑环中按一定方向依次流动，获得令牌的站就取得了总线使用权。令牌总线存取控制方式限定每个站的令牌持有时间，保证在令牌循环一周时每个站都有机会获得总线使用权，并提供优先级服务，因此令牌总线存取控制方式具有较好的实时性。

取得令牌的站有两种数据传输方式，即无应答数据传输方式和有应答数据传输方式。采用无应答数据传输方式时，取得令牌的站可以立即向目的站发送数据，发送结束，通信过程也就完成了；而采用有应答数据传输方式时，取得令牌的站向目的站发送完数据后并不算通信完成，必须等目的站获得令牌并把应答帧发给发送站后，整个通信过程才结束。后者比前者的响应时间明显增长，实时性下降。

3. 浮动主站通信方式

浮动主站通信方式又称 N∶M 通信方式，适用于总线结构的网络，是指在总线上有 M 个站，其中有 N（N<M）个主站，其余为从站。

N∶M 通信方式采用令牌总线与主从总线相结合的存取控制技术。首先把 N 个主站组成逻辑环，通过令牌在逻辑环中依次流动，在 N 个主站之间分配总线使用权，这就是浮动主站的含义。获得总线使用权的主站再按照主从方式来确定在自己的令牌持有时间内与哪些站通信。一般在主站中配置有一张轮询表，可按轮询表上排列的其他主站号及从站号进行轮询。获得令牌的主站对于用户随机提出的通信任务可按优先级安排在轮询之前或之后进行。

获得总线使用权的主站可以采用多种数据传输方式与目的站通信，其中以无应答无连接方式速度最快。

4. CSMA/CD 通信方式

CSMA/CD（Carrier Sense Mutiple Access Collision Detect，载波多路访问/冲突检测）通信方式是一种随机通信方式，总线上各站地位平等，没有主从之分，对任何工作站点都没有预约发送时间，必须在网络上争用传输介质，故称为争用技术。若同一时刻有多个站点向传输线路发送信息，则这些信息会在传输线上相互混淆而遭破坏，称为"冲突"。为尽量避免由于竞争引起的冲突，每个站点在发送信息之前，都要监听传输线上是否有信息在发送，这就是载波监听。

一个站点要发送，首先需监听总线，即"先听后讲"，以决定介质上是否存在其他站点的发送信号。如果介质是空闲的，则可以发送；如果介质是忙的，则等待一定间隔后重试。当监听总线状态后，可采用 CSMA 坚持退避算法。

由于传输线上不可避免的有传输延迟，有可能多个站同时监听到线上空闲并开始发送，从而导致冲突。故每个工作站点发送信息之后，还要继续监听线路，判定是否有其他站正与本站同时向传输线发送。一旦发现，便中止当前发送，这就是"冲突检测"，即所谓"边讲边听"。

CSMA/CD 通信方式不能保证在一定时间周期内，网络上每个站都可获得总线使用权，因此这是一种不能保证实时性的存取控制方式。但是它采用随机方式，方法简单，而且见缝插针，只要总线空闲就抢着上网，通信资源利用率高，因而在网络中 CSMA/CD 通信方式适用于上层生产管理子网。

CSMA/CD 通信方式的数据传输方式可以选用有连接、无连接、有应答、无应答及广播通信中的一种，可按对通信速度及可靠性的要求进行选择。

5. 令牌环（Token Ring）通信方式

令牌环是环形结构网络采用的一种访问控制方式。由于在环形结构网络上，某一瞬间可以允许发送报文的站点只有一个，令牌在网络环路上不断地传输，只有拥有此令牌的站点，才有权向环路上发送报文，而其他站点只允许接收报文。站点在发送完毕后，便将令牌传给网上下一个站点，如果该站点没有报文需要发送，便把令牌顺次传给下一个站点。因此，表示发送权的令牌在环形信道上不断循环。环上每个相应站点都可获得发报权，而任何时刻只会有一个站点利用环路传送报文，因而在环路上保证不会发生访问冲突。

CSMA/CD 通信方式可以看作一个没有红绿灯的十字路口的车辆，当正交方向上的车辆增多时，大家都抢着过，结果发生碰撞的可能性增加，谁都过不去。这时通信速率再高，也是无效的。主从访问是有序访问，不会发生碰撞。但是主从访问进程中，大约有一半的通信是无效的或低效的。而令牌环和令牌总线技术中，前面一个从站发送完了，下一个有数据要发送的站紧接着就发送。显然，令牌访问方式是平均效率最高的。它既能保证总线满载，又能保证不发生碰撞。

习　　题

2.1　通信系统可分为哪两类？试画出其结构图。

2.2　什么是串行通信？串行通信有哪几种基本的传送方式？

2.3　什么是数据编码？常见的编码方式有哪几种？

2.4　串行通信的工业通信网络有哪些特点？

2.5　现场总线有哪些通信方式？

第 **3** 章

现场总线PROFIBUS通信原理

3.1 现场总线 PROFIBUS 的通信模型

3.1.1 PROFIBUS 协议的概况

IEC 61158 国际标准中的第三种类型（Type 3）为 PROFIBUS 总线。同时它也是德国标准（DIN 19245）和欧洲标准（EN 50170）的现场总线。

PROFIBUS 由 PROFIBUS-DP、PROFIBUS-FMS 和 PROFIBUS-PA 3 个部分组成。

1）PROFIBUS-DP（Decentralized Periphery，分布式外围设备），用于分散外设与控制设备间的高速数据传输，适用于加工自动化领域，可以取代 4 ~ 20mA 的模拟信号传输。PROFIBUS-DP 使用了 ISO/OSI 模型的第 1 层（物理层）、第 2 层（数据链路层）和用户层，使网络获得较高的传输速率。PROFIBUS-DP 特别适合于 PLC 与现场级分布式 I/O（如西门子公司的 ET200）设备之间的通信。

2）PROFIBUS-FMS（Fieldbus Message Specification，现场总线报文规范），适用于纺织、楼宇自动化、可编程序控制器（PLC）和低压开关等。除了 OSI 的第 1 层和第 2 层，PROFI-BUS-FMS 还使用了第 7 层，即应用层，因此该协议向用户提供了功能很强的通信服务。PROFIBUS-FMS 主要用于车间级的不同供应商的自动化设备之间传输数据。

3）PROFIBUS-PA（Process Automation，过程自动化）是专为过程自动化设计的总线类型，使用的是扩展的 PROFIBUS-DP 协议，此外还描述了现场设备行为的 PA 行规。传输技术使用的是 IEC 61158-2，确保了本质安全和系统的稳定性，并通过总线对现场设备供电。PROFIBUS-PA 广泛应用于化工和石油生产等领域。

在 3 种 PROFIBUS 协议中，PROFIBUS-DP 解决的是分布式现场设备与控制器之间的数据交换，应用范围最广泛。

3.1.2 PROFIBUS 的通信模型简介

ISO 的 OSI 模型如图 3-1 所示，而 PROFIBUS 只使用了 ISO/OSI 的第 1 层、第 2 层和第 7 层，第 3~6 层没有使用，另外在应用层之上外加了一个用户层，是 PROFIBUS 的行规。PROFIBUS 协议模型的结构比较简洁，这样做提高了数据传输的效率，也符合工业通信实时性高、数据量小的特点和要求。

FMS 和 DP 的物理层相同，为 EIA485 或光纤，所以 FMS 和 DP 可以使用同一根电缆进行各自的通信；PA 的物理层使用 MBP（IEC 61158-2）（Manchester Bus Powered，曼彻斯特总线电力传输）技术，需要通过 DP/PA 的网络接口集成到 DP 网络中。

FMS、DP 和 PA 的数据链路层（FDL）是完全相同的，它们的数据通信基本协议是相同的，所以它们可以存在于同一个网络中。

虽然 PA 的物理层与 DP 不同，但由于 PA 也使用 DP-V0 的基本报文协议，所以 DP 和 PA 可以互相通信。

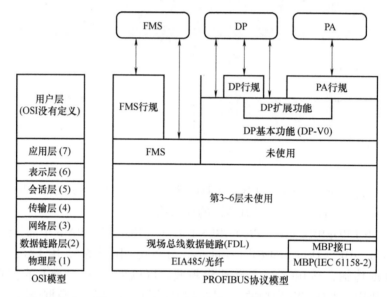

图 3-1　PROFIBUS 协议模型与 OSI 模型

虽然 FMS 与 DP 有相同的物理层和数据链路层，但由于 FMS 的第 7 层规范只适合于 FMS 装置，所以 FMS 不能与 DP 和 PA 交换数据。有些站点同时作为 FMS 和 DP 的站点，称为混合主站，混合主站运行两种通信协议。

3.1.3　PROFIBUS 的组成

PROFIBUS-DP 是 PROFIBUS 协议的主体。PROFIBUS-DP 是专为工业控制现场层的分布式设备之间的通信而设计的。PROFIBUS-DP 的结构如图 3-2 所示。现场的传感器、执行器、控制器和触摸屏等都是常见的连接在总线上的现场设备，通过总线实现不同现场设备的通信。

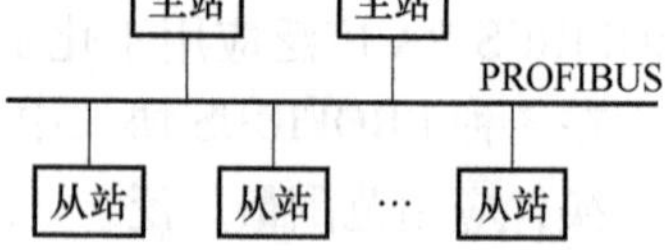

每个 PROFIBUS-DP 系统包括各种类型的设备（装置）。根据不同的任务定义分为 3 种设备类型，分别为 1 类 DP 主站、2 类 DP 主站和 DP 从站。

图 3-2　PROFIBUS-DP 的结构

1 类 DP 主站是一种在给定的信息循环中与分布式站点（DP 从站）交换信息的中央控制器。典型的设备有：大中型 PLC（例如 S7-300/400 PLC），微机数字控制（CNC）或机器人控制（RC）。1 类 DP 主站通常既是通信的主站，又是控制系统的控制器。

2 类 DP 主站包括编程器、组态装置和诊断装置。这些设备在 DP 系统初始化时用来生成系统配置。常见的 2 类 DP 主站有编程计算机和触摸屏等。

DP 从站是指远程的输入或输出装置。PROFIBUS 系统中的现场设备大多都是 DP 从站，如带 DP 接口的传感器和执行器、远程 I/O 等。PROFIBUS 系统中的西门子公司的小型 PLC S7-200（带有 EM277 模块）也是 DP 从站。

PROFIBUS 系统的最小配置为 1 个主站和 1 个从站。1 个主站和多个从站的 PROFIBUS 系统称为单主站系统，如图 3-3 所示。在这种操作模式下可以达到最短的总线周期。当 PROFIBUS 系统的总线上有多个主站时，称为多主站系统，如图 3-4 所示。多主站系统在原理上比单主站系统复杂。PROFIBUS 协议既支持单主站系统，也支持多主站系统。

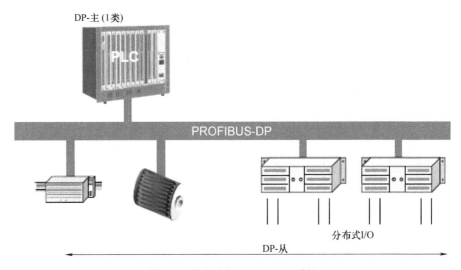

图 3-3 单主站的 PROFIBUS 系统

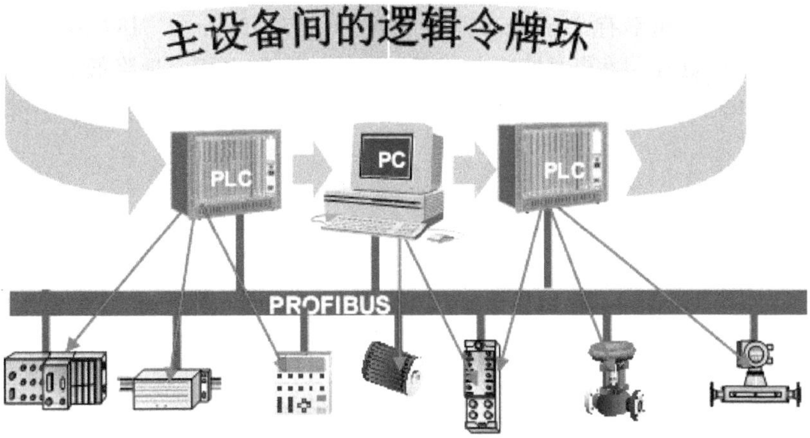

图 3-4 PROFIBUS 通信方式

3.1.4 PROFIBUS 的通信方式简介

PROFIBUS 支持主从系统、纯主站系统、多主多从混合系统等模式。主站与主站之间采用的是令牌的传输方式，主站在获得令牌后通过轮询的方式与从站通信。若只有一个主站，并且有多个从站，则为主从系统；若只有多个主站，没有从站，则为纯主站系统；若有多个主站，每个主站均有隶属于自己的多个从站，则为多主多从混合系统。

多主多从混合系统是 PROFIBUS 的一般情况，主站与主站之间为令牌方式，主站与从站之间是主从方式，如图 3-4 所示。

3.2 PROFIBUS 的物理层

3.2.1 PROFIBUS-FMS/DP 的物理层

1. 传输速率与传输距离

PROFIBUS-FMS 和 PROFIBUS-DP 物理层相同，本节将主要讲 DP 网络，所有内容也适用于 FMS。PROFIBUS-DP 一般使用 EIA485 传输技术，传输介质可以选择 A 型和 B 型两种导线：A 型为屏蔽双绞线；B 型为普通双绞线。在 EN 50170 标准中规定使用 A 型导线，A 型比 B 型有较大的扩展长度，见表 3-1。

表 3-1 A 型和 B 型的说明

参数	A 型	B 型
特征阻抗/Ω	135~165	100~130
单位长度的电容/(pF/m)	<30	<60
回路电阻/(Ω/km)	110	—
线芯直径/mm	0.64	>0.53
线芯截面积/mm²	>0.34	>0.22

使用双绞线的传输速率有 9.6kbit/s、19.2kbit/s、93.75kbit/s、187.5kbit/s、500kbit/s、1500kbit/s 和 12000kbit/s，随着通信速率的增加，传输距离也相应地降低为 1200m、1200m、1200m、1000m、400m、200m 和 100m，见表 3-2。这里的传输距离指不加中继器情况下的距离。

表 3-2 传输速率与距离关系表

传输速率/(kbit/s)	9.6	19.2	93.75	187.5	500	1500	3000 或 6000 或 12000
传输距离/m	1200	1200	1200	1000	400	200	100
传输距离（B 型）/m	1200	1200	1200	600	200	不推荐	不推荐

2. 网段

由于总线驱动能力的限制，PROFIBUS-DP 物理层需要分段。每个网段最多允许有 32 个节点，电缆长度最长为 1000m，如图 3-5 所示。在应用中，实际允许的电缆长度与波特率有关，可以参考表 3-2。当站点数量或传输距离超过限制时，均需要增加中继器，以保证总线的驱动能力。

中继器属于物理层的设备，所有符合 EIA485 标准的中继器均可以用于 PROFIBUS 网络。

3. 最大配置

标准 PROFIBUS-DP 系统的最大配置为 127 个站点（站号为 0~126），由于物理层的限制，单个网段不能超过 32 个站点，所以在最大配置时，需要使用中继器将各个网段连接起来，中继器也要占用站点。在最大配置时，总线系统可以分为 4 个段。DP 网的最大配置为（第一段：2 主站+29 个从站+中继器）+（第二段：30 个从站+中继器）+（第三段：31 个从站+中继器）。

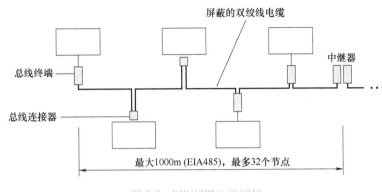

图 3-5 PROFIBUS 的网段

4. 拓扑

PROFIBUS 网络的拓扑可以采用总线型、环形以及冗余等结构。使用双绞线作为传输介质时，一般采用总线型结构。

5. 终端电阻

EIA485 要求必须按特征阻抗进行终端匹配。所谓终端匹配就是在信号传输线的两头各串入一个与电缆特征阻抗相等的电阻。任何一个网段中，总线上终端匹配电阻数目为 2，配置在总线两端的位置。

在 PROFIBUS-DP 规范中，终端匹配电阻为 220Ω。PROFIBUS 的网络接口的接头上均配有终端电阻，在使用时，要保证处于两端位置的接头的终端电阻选择开关为"ON"，而处于中间位置的接头的终端电阻选择开关为"OFF"。为了使两端的站点也连接在网络中，处于两端位置的接头的 PROFIBUS 电缆一定要接入"IN"组端子，而不能接"OUT"组端子。

6. 光纤

PROFIBUS 系统的物理层还可以使用光纤，两个光纤模块（OLM）的最大距离可以达到 10~15km。采用光纤作为物理层的情况，在 PROFIBUS 的应用中相对较少。

3.2.2 PROFIBUS-PA 的物理层

1. 简介

PROFIBUS-PA 以 PROFIBUS-DP 为基础，覆盖了过程自动化的整个过程。同时，它的传输技术也符合国际标准规定的过程控制的特殊需求。PROFIBUS-PA 的物理层通过一根电缆（两根导线）同时实现传输数据以及对 PA 总线上的设备、仪表进行供电。

过程自动化的应用场合，分为一般场合和危险区域：在一般场合可使用普通型 PROFI-BUS-PA 总线技术；在危险区域，需要使用符合 IEC 61158-2 的本安型 PROFIBUS-PA 技术。

PROFIBUS-PA 现场总线通过转换器件可连接和集成到使用 EIA485 或使用光纤传输的 PROFIBUS-DP 系统中。

2. PROFIBUS-PA 的拓扑

常见的 PROFIBUS-PA 的拓扑为总线型和树形结构。

图 3-6 所示为 PROFIBUS-PA 的一种典型总线结构。低功耗的现场设备（如压力和温度变送器）由两线制总线供电。数字信号也在同一条总线上传输。在某些项目中，也可以使用一些不通过现场总线供电的设备，这些设备必须使用附加电源，如图 3-6 中的"PA 设备 2"所示。在总线两端的终端电阻电路是包含一个电容和一个薄膜电阻的串联电路，允许值为 $R=100\Omega$（$1\pm2\%$）、$C=1\mu F$（$1\pm2\%$）。

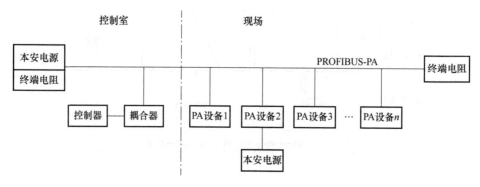

图 3-6　总线型 PROFIBUS-PA 结构

图 3-7 所示树形结构是典型的现场安装技术，使用双芯电缆。现场分配器负责连接现场设备与主干总线。采用树形结构，所有连接在现场总线上的设备通过现场分配器进行并行切换。

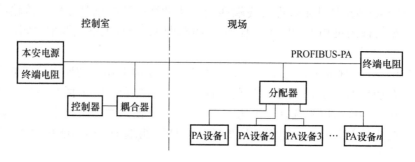

图 3-7　树形 PROFIBUS-PA 结构

传感器/执行器安装在生产现场，而耦合器和控制器等设备则安装在控制室内。在有本安要求的场合，即使部分总线上的设备不在危险现场，也必须通过适当的结构保证它们的本安特性。

IEC 61158-2 指出仪表总线上最多能连接 32 台现场设备。但由于现场安装施工中存在的种种问题，实际上这个数目仅仅是理论值。实际应用中大约可以连接 28 台设备。

组合使用树形与线形结构将会优化现场总线的长度，但这样做将会导致现场总线站间信号存在阻尼以及总线电缆上站点过于集中导致的信号失真。

3. PROFIBUS-PA 的电源

PROFIBUS-PA 的电源线和通信线路通常是共用物理通道，并且 PROFIBUS-PA 经常用于本安场合，因此 PROFIBUS-PA 的电源有特殊的要求。PROFIBUS-PA 的电源见表 3-3。

连接于总线上的现场设备和仪表需要一个供电电源。供电电压的大小取决于应用的需要。本安型总线的电源可以是带本安输出的电源或带有隔离器的非本安电源。为避免干扰，所有电源必须遵守国际标准及表3-3中规定的电气特性。电源的输出端子必须有清晰的"+"和"–"标志。

表3-3 PROFIBUS-PA 的电源参数

项目	非本安型	本安型，$P<1.8W$	本安型，$P<1.2W$
直流供电电压/V	≤32	≤17.5	≤24
波动，噪声/mV	≤16		
输出阻抗/Ω	≥3000	≥400	
不对称阻尼/dB	≥50		

通信设备可以部分或全部从总线上获取电能。当包括本安设备时，总线接口需要由总线供电。当使用辅助电源给设备供电时，相对于总线远程供电可以称为现场本地供电。

在本安网络很复杂的情况下（例如冗余），最大供电电压和最大供电电流都需限制在很窄的范围内，即使是非本安网络，总线供电设备的功率也是受限的。此外，提供的功率大部分由于传输线上的电压降而损失。一个最优设计的现场总线要求将供电设备与终端的电压降精确地计算出来。总线供电设备的工作电压至少为9V。

4. 网络接口与通信设备

通信设备包括所有通过总线进行信息传递的设备。PROFIBUS-PA 的一些具体通信设备如下：现场设备和仪表、中继器、DP-PA 耦合器和连接器等。这些设备的一个共同部分是总线接口，必须符合 IEC 61158-2 标准，见表3-4。

表3-4 PROFIBUS-PA 的通信接口参数

接口的项目	数据与指标	IEC 61158-2 标准的章节	说明
信号代码	曼彻斯特 II	9.2	根据 IEC 61158-2 标准 N+ 和 N- 为非数据标志
启动限制符	1, N+, N-, 1, 0, N-, N+, 0	9.4	
结束限制符	1, N+, N-, N+, N-, 1, 0, 1	9.5	—
预调制	1, 0, 1, 0, 1, 0, 1, 0	9.6	—
数据传输速率	31.25 (1±0.2%) kbit/s	11.1	—
输出电平（峰-峰）	0.75~1V	11.3	—
发送信号振幅的最大正、负差值	±50mV	11.3	—
最大的发送信号失真（过调，脉动）	±10%	11.3	—
背景干扰	≤1mV（有效值）	11.3	在 1~100kHz 的频率范围内
输出阻抗（总计）	≥3kΩ	11.3	在 7.8~39kHz 的频率范围内
允许输入电压	9~32V	11.3	运行电压范围。对于本安型设备能将它限制在 9~17.5V 或 9~24V。参见表2-1 的电源电压

（续）

接口的项目	数据与指标	IEC 61158-2 标准的章节	说明
不平衡阻尼	≥50dB	11.3	在 39kHz 与一个 250pF 电容的不平衡性相对应
漏电流	≤50mA	—	只适用于本安型

与 PROFIBUS-PA 连接的现场设备通过 PA 总线接口单元连接在 PA 总线上。PA 总线接口单元包括连接媒体单元、编码器/解码器和通信控制器等，如图 3-8 所示。连接媒体单元实现硬件的电信号的发送和接收，属于总线的驱动单元；编码器/解码器对需要发送的数据进行曼彻斯特编码，对接收的信号进行曼彻斯特解码；通信控制器则按 PA 的通信规则进行通信的控制。PA 总线接口单元是由集成电路芯片实现的。

由图 3-6 可知，PROFIBUS-PA 中没有控制器，一般通过将 PROFIBUS-PA 段与 PROFIBUS-DP 相连，将 PA 集成到 DP 网络中。通过 DP/PA 耦合器，就可以将 PA 网络与 DP 网络连接在一起。

DP/PA 耦合器连接的是两种网络，如图 3-9 所示。在耦合器内部，下面是与 PA 连接的"连接媒体单元"，上部是与 DP 相连的 EIA485 通用异步收发器，它们中间是通信控制器和编码解码器，实现两种通信协议的转换。由图 3-9 还可以看出，DP/PA 耦合器两端之间是通过电路实现了电信号的隔离。

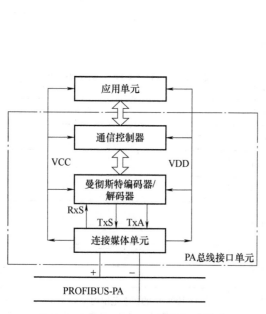

图 3-8 PROFIBUS-PA 总线接口单元

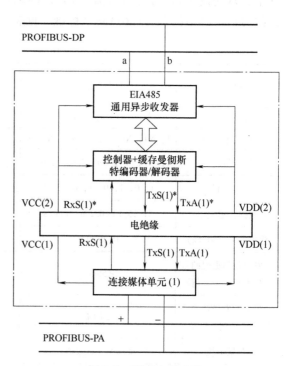

图 3-9 DP/PA 耦合器

DP/PA 耦合器不是实现通信电平等物理信号的转换，而是实现数据的连接。DP/PA 耦合器既是 PA 的现场设备，又是 DP 的现场设备。通过 DP/PA 耦合器，使得 DP 和 PA 的数据链路层一致起来。

当 PA 网络中的站点数量较多，或距离较远时，会引起总线的驱动能力不足。这时，应该使用中继器连接两个或多个 PROFIBUS-PA 网段。除了信号强度，IEC 61158-2 标准没有描述耦合器应遵守的规定。当设计耦合器时，设计人员必须保证符合网络配置原则。最大信号延时和信号零点的最大偏差（信号抖动）必须符合一定指标。

PA 中继器连接的是两段 PA 网络，如图 3-10 所示。在中继器内部，两端分别是与两段 PA 连接的"连接媒体单元 1"和"连接媒体单元 2"，中间是直接控制与时钟脉冲单元，实现两个网段的连接与转换。由图 3-10 还可以看出，PA 中继器两端之间通过电路实现了电信号的隔离。

与 DP/PA 耦合器不同，PA 中继器实现的是物理层的转换。在应用中，使用 PA 中继器的多个 PA 网段可以看出一个 PA 网络。

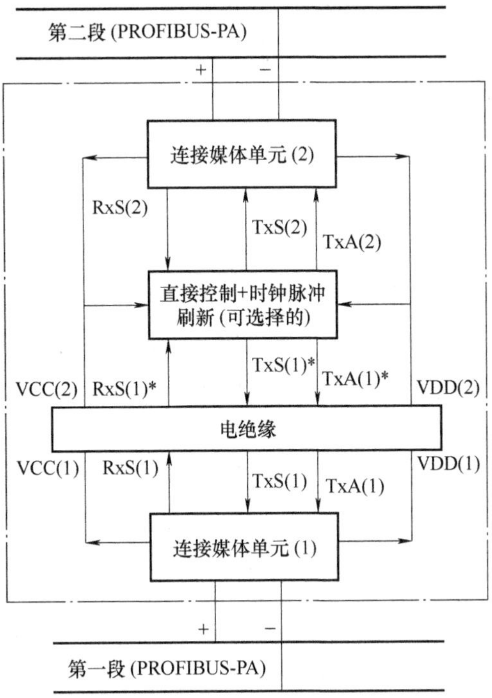

图 3-10 PROFIBUS-PA 中继器

5. PA 的电缆

DIN EN1158-2 建议 PA 总线的传输介质采用双绞线电缆，但并未规定具体的电气数据。常用和推荐使用的电缆见表 3-5。

表 3-5 PROFIBUS-PA 的电缆

项目	A 型（参考）	B 型
电缆名称	屏蔽双绞线	多路双绞线，全屏蔽
最大通流面积/mm²	0.8	0.32
（公称值）	（AWG18）	（AWG22）
回路电阻（直流)/(Ω/km)	44	112
电阻（31.15kHz)/Ω	100（1±20%）	100（1±30%）
阻尼（39kHz)/(dB/km)	3	5
电容不对称/(nF/km)	2	2
最大传输延迟（7.9~39kHz)/(μs/km)	1.7	—
最大屏蔽度	90%	—
推荐网络长度/m	1900	1200

在有些应用中，也可以使用非屏蔽的电缆。使用非屏蔽的电缆，物理层的各项指标会有所下降，一般只在改造旧设备时采用。

电缆使用中，需要在地线（参考电势）与电缆信号线之间进行电隔离。在网络中任意一点两条信号线都不能接地。标准还规定，现场设备必须在两个终端电阻之一的中性点接地或在一个感性元器件直接接地的情况下仍能继续工作。

3.3 PROFIBUS 的数据链路层

3.3.1 PROFIBUS 数据链路层简介

数据链路层是 PROFIBUS 协议的第 2 层，它介于物理层与应用层之间。设立数据链路层的主要目的是将一条原始的、有差错的物理线路变为对应用层无差错的数据链路。为了实现这个目的，数据链路层必须执行链路管理、帧传输、流量控制、差错控制等功能。

数据链路可以粗略地理解为数据通道。物理层要为终端设备间的数据通信提供传输媒体及其连接。媒体是长期的，连接是有生存期的。在连接生存期内，收发两端可以进行不等的一次或多次数据通信。每次通信都要经过建立通信联络和拆除通信联络的过程。这种建立起来的数据收发关系就叫作数据链路。数据链路层保证数据链路的建立和拆除有序进行。而在物理媒体上传输的数据难免受到各种不可靠因素的影响而产生差错，为了弥补物理层上的不足，为上层提供无差错的数据传输，就要能对数据进行检错和纠错。

尽管 PROFIBUS FMS/DP/PA 的物理层不尽相同，但是它们的数据链路层是一致的。

PROFIBUS 的数据链路层负责生成和管理数据帧，控制和维护各站点对公共的总线的占用。PROFIBUS 对总线的管理是按照令牌和主从相结合的方式进行的。所有主动站点之间是通过令牌方式控制总线的，主站和从站之间是主从方式。

PROFIBUS 系统采用由混合介质存取方式实现的控制介质存取。对应于令牌传递原理的分散方式，它是以对应于主从原理的集中方式为基础的。介质存取控制可以被每一个主站（主动站）使用。从站（被动站）的作用是随时地听从于介质存取，即它们不能独立地发起通信，只是在有请求时才发送。

PROFIBUS 的数据链路层是在物理层之上实现数据链路功能，为上层（FDL 用户）提供 FDL 数据接口，如图 3-11 所示。

现场总线管理（FMA）是在现场总线中起控制与管理作用的系统功能。在 PROFIBUS 模型中，FMA 分布在所有层，与 PROFIBUS 的通信服务相伴相生。

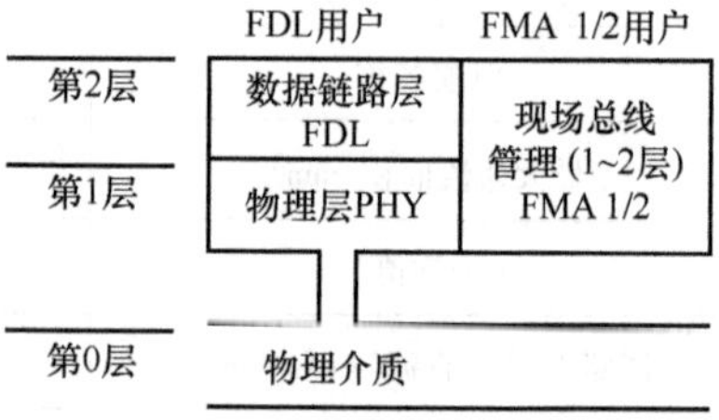

	FDL用户	FMA 1/2用户
第2层	数据链路层 FDL	现场总线
第1层	物理层PHY	管理（1~2层）FMA 1/2
第0层	物理介质	

图 3-11　PROFIBUS 的数据链路层

3.3.2 PROFIBUS 数据链路层提供的数据传输服务

PROFIBUS 数据链路层给 FDL 用户提供各种数据传输服务。这些数据传输服务是发送数据需应答（SDA）、发送数据无需应答（SDN）、发送并请求数据需回答（SRD）和循环地发送并请求数据需回答（CSRD）。这些服务用它们的服务原语和相关参数实现。这些 FDL 服务根据需要进行选择。

1. SDA

此服务允许主站中的 FDL（第 2 层）用户（以下称本地用户）发送用户数据（Link_Service_data_unit, L-sdu）给一个远程站。在远程站，如果接收无误，则 L-sdu 被 FDL 传送给用户（以下称远程用户）。本地用户接收关于用户数据收到或未收到的一个确认。如果在传输期间出现错误，则本地用户的 FDL 将重复此数据传输。

2. SDN

此服务允许本地用户传送数据（L-sdu）给一个远程站，或同时传送给多个远程站（群播）或全部远程站（广播）。本地用户接收一个传输结束的确认信息，不管数据是否及时接收。在远程站，如果接收无误，则 L-sdu 被传递给远程用户，无需确认。这样，一次数据传输就已经完成。

3. SRD

此服务允许本地用户传输数据（L-sdu）给一个远程站，并同时请求远程站发来数据（L-sdu）。在远程站，若接收无错误，则所接收的 L-sdu 被传送给远程用户。此服务还允许本地用户不用发送数据（L-sdu=Null）给远程用户，而向远程用户请求数据。

本地用户接收到数据无效的指示，或未接收到确认，本地用户的 FDL 则重复带有数据请求的数据传输。

4. CSRD

此服务允许本地用户循环地传输数据（L-sdu）给远程站，并同时请求从远程站发来数据。在远程站中，接收到的无误的数据将循环地传送给远程站的用户。此服务还允许本地用户不发送数据给远程用户而循环地请求远程用户的数据。

本地用户循环地接收所请求的数据，或数据无效的指示，或被传输的数据未接收到的确认，前两种情况也确认接收到被传输的数据。如果在传输期间出现错误，则本地用户的 FDL 将重复带数据请求的数据传输。

对循环模式，远程站和数据传输的编号由本地用户定义在轮询表中。

3.3.3　FMA 层用户与接口

FMA 层是对现场总线的管理。FMA 1/2 为第 1 层和第 2 层网络管理的总称。

FMA 1/2 用户的管理服务也有相关的服务原语和参数。服务分为强制性的服务和可选的服务。

FMA 1/2 用户和 FMA 1/2 间的服务接口提供如下功能：物理层和数据链路层的复位（本地）；请求并修改 FDL 和 PHY（本地）的实际运行参数以及计数器（本地）的实际运行参数；通知意外的事件、错误和状态改变（本地和远程）；请求标识和站（本地和远程）的 LSAP 组态；用 FDL 状态（远程）请求实际的站表（活动表）；本地 LSAP 的激活和解除激活。

3.3.4　数据链路层的令牌管理

1. 逻辑令牌链路

通信总是由获得介质存取权（即令牌）的主站发起。在 PROFIBUS 中令牌在一个逻辑环中从一个主站传递给另一个主站，如图 3-12 所示。令牌传递由所有主站共同管理，因为每个主站知道它的前者（前面的站，PS），即令牌是从它那里接收来的，而且知道它的后继者（下一个站，NS），即令牌将传递给它，还知道它自己的地址（即本站，TS）。在系统初始化后，每个主站将确定它的 PS 和 NS 地址，然后还会根据运行情况动态地调整。

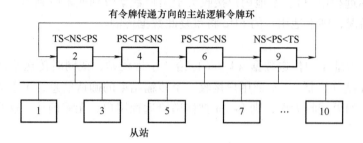

图 3-12 PROFIBUS 的逻辑令牌环

2. 主站列表（LAS）

如果一个主站（TS）的主站列表（LAS）的前一个站（PS）已确定，并从 PS 那里接收到一个令牌帧，则此主站就拥有了令牌并可以发起通信。在加电之后，所有主站通过同步监听生成 LAS，此后根据令牌帧的接收情况，实时修正 LAS。

如果令牌的发送者未被登记为 PS，则接收者将认为这是一个错误的信号且不接收此令牌。但此 PS 若重试，则接收该令牌。令牌的接收者将认为现在的逻辑环已更新，在它的 LAS 中用一个新的 PS 站代替了原先登记的 PS。

3. 主站的增加与删除

在任何时刻可以在传输介质上增加或撤除主站和从站。在逻辑令牌环中的每一个主站负责检查从本站地址（TS）到下一站（NS）之间的主站的变化。这个地址范围称作 GAP。

HSA（最高地址）和地址 0 不能用作主站的地址。按此情形，在发现 HSA 之后，则检查过程在地址 0 处继续。如果一个站的肯定应答是"未准备好"或"从站"状态，则它相应地在 GAP 中作标记并检查下一个地址。如果一个站的回答是"准备进入逻辑令牌环"状态，则令牌持有者更改它的 GAP，并传递令牌给此新的 NS。现在已被纳入逻辑令牌环的这个站就建立了它的 LAS（主站列表）。

如果一个站的回答是"在逻辑令牌环中的主站"，则当前的令牌持有者不改变它的 GAP，并传递令牌给 LAS 中的 NS。

曾登记在 GAP 中且对重复的"Request FDL Status"不应答的站将被从 GAP 中去掉，并登记为未使用的站地址。对至今尚未被使用的站地址将不再重复寻址。

4. 逻辑令牌环的初始化

初始化是更新 LAS 和 GAPL 的最初的特殊情形。如果一个处在"Listen_Token"状态下的主站加电（PON）后，遇到超时时间（Time_Out），即在 T_{TO} 时间内无总线活动，它将申请令牌（"Claim_Tiken"状态），获得令牌（"Take It"）并开始初始化。

当休眠的 PROFIBUS 系统被启动时，则具有最低站地址的主站开始初始化。用两个对它自己寻址的令牌帧（DA＝SA＝TS），通告任何其他主站（正登记一个 NS 进入 LAS）现在在逻辑令牌环中只有它一个站。然后，为了登记其他的站，它按地址增加序列对每个站传递一个"Request FDL Status"帧。如果一个站的回答是"主站未准备好"或"从站"，则它被登记入 GAP。以"准备进入逻辑令牌环"回答的第一个主站在 LAS 中被登记为 NS，并关闭此令牌持有者的 GAP 范围，然后此令牌持有者传递令牌给它的 NS。

在令牌丢失后，重新初始化是必要的。在这种情形下，不需要休眠总线初始化过程，因为 LAS 和 GAPL 已经在主站中存在了。超时后，首先由最低站地址的主站获取令牌并开始执行常规的报文循环或传递令牌给它的 NS。

5. 令牌轮转时间

一个主站接收到令牌后，就开始令牌轮转时间（Token Rotation Time）的测量。整个时间测量周期终止于下一次令牌接收时，并形成实际令牌轮转时间 T_{RR}（Real Rotation Time）。同时，一个新的下一个轮转时间的测量开始。T_{RR} 对执行低优先权报文循环是很重要的。

为了保证应用现场所需要的系统响应时间，应该确定在逻辑令牌环中令牌的目标轮转时间 T_{TR}。

系统响应时间定义为一个主站的两个连续的高优先权报文循环间的最大时间段（最坏的情况下），在总线负载最大时，在 FDL 接口中测定它。每个主站每次接收令牌都可以执行一个高优先权的报文循环。为了执行低优先权报文循环，在运行时 T_{RR} 应小于 T_{TR}，否则该站将保留低优先权报文循环并在下一次或随后的令牌接收时传输这些报文。

一个系统的最小目标轮转时间取决于主站的数量、令牌循环时间（T_{TC}）和高优先权报文循环的持续时间（$T_{MC,HIGH}$）。设定的目标轮转时间 T_{TR} 还应该包括处理低优先权报文循环的足够的时间和可能的重试所需的安全性裕量。

6. 报文优先权

在报文循环的服务类型中，FDL 接口（应用层）的用户可以有两种优先权选择："低"和"高"。优先权用服务请求传送给 FDL。

当一个主站接收令牌时，它总是首先执行所有有效的高优先权报文循环，然后执行低优先权报文循环。如果在令牌接收时实际令牌轮转时间 T_{RR} 等于或大于目标令牌轮转时间 T_{TR}，则仅执行一个高优先权报文循环，包括在错误情况下的重试，然后立刻将令牌传递给 NS。

通常在令牌接收或第一个高优先权报文循环之后，将考虑以下情况：只有在执行初期 T_{RR} 小于 T_{TR} 时，高优先权或低优先权报文循环才可以被执行，因此，此时令牌持有时间 $T_{TH} = T_{TR} - T_{RR}$ 仍然是有效的。一旦高或低优先权报文循环开始，它总是被完成，包括任何需要的重试，即使在执行期间 T_{TR} 达到或超过 T_{RR} 的值也如此。由此而自动产生的令牌持有时间 T_{TH} 的延长，使得在下一次令牌接收时缩短报文循环传输时间。

3.3.5　数据链路层的主从网络原理

1. 非循环请求或发送/请求方式

在非循环请求或发送/请求方式下，单个报文根据服务的要求执行。在令牌接收时应本地用户的请求，主站 FDL 控制器启动这种方式。如果有若干个请求，则此运行方式可以继续，直到最大允许的令牌轮转时间期满为止。

该方式对应的数据传输服务有"SDA"、"SDN"和"SRD"。"CSRD"的服务则由下面的"循环发送/请求方式"完成。

2. 循环发送/请求方式

在轮询（Polling）时，主站按照预先确定的顺序即轮询表（Poll List）循环地寻址有"Send and Request Data Low"请求的各站。轮询表由本地 FDL 用户传送给 FDL 控制器。所有被轮询的从站都登记在轮询表中，如图 3-13 所示。在轮询期间对于经过重试也不应答的那些站将被标记为"不运行"（Non_Operational）。在此后的请求循环中对这些站只做

站点地址
55
57
59
80
100

图 3-13　PROFIBUS 的轮询表

试探性的请求而不重试，在这个过程中，如果一些站做出回答，则它们被标记为"运行"（Operational）。

接收令牌后，只有在所有请求高优先权报文循环执行完毕后，才开始处理轮询表（轮询循环），轮询过程如图 3-14 所示。如有需要，某些附加的低优先权报文将优先于循环轮询处理，如非循环发送/请求方式、站登记注册（活动表）和 GAP 维护。

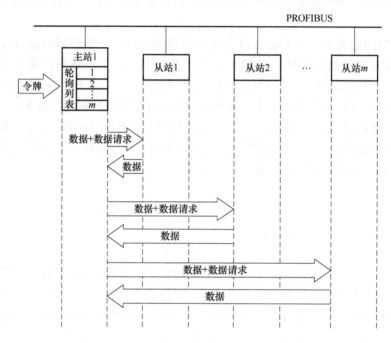

图 3-14　循环发送/请求方式

每个完整的轮询循环后，依次执行已请求的低优先权报文循环。这些报文循环执行的顺序遵照如下规则：如果轮询循环在令牌持有时间 T_{TH} 内完成了，即还有有效的令牌持有时间，则已请求的低优先权报文循环尽可能快地在剩余的令牌持有时间内依次执行。新的轮询循环开始于下次令牌接收时。如果在轮询循环结束时已经没有可用的令牌持有时间了，则已请求的低优先权报文循环将尽可能快地在下次持有令牌时处理。如果一个轮询循环要占用若干个令牌持有时间，则将轮询表分段处理，但不插入已请求的低优先权报文循环。仅在完整的轮询循环结束时执行低优先权报文循环。

轮询循环时间，即最大的站延迟时间，取决于报文循环延迟时间、令牌轮转时间、轮询表的长度和可能存在的让后面的低优先权报文循环。由于轮询表中个别站的多次进入，这些站的请求优先权可能会增加，如此将缩短它们的响应时间。

3. 累计记录表

如果本地用户通过管理（FMA 1/2）请求生成一张当前活动站点表，则 FDL 控制器将完成该任务。在轮询期间，这种方式在轮询循环之间执行，循环地使用"Request FDL Status"。按照给定的 FDL 地址范围（DA=0~126），每个可能的站都被寻址一次，登记在 LAS 中的主站除外。回答正确的站，即它的回答是肯定的站和 LAS 中的主站作为现存的主站或从站登记入活动表。活动表的结构形式如图 3-15 所示。

入口	名称
1	活动表长度 = 3~2n+i
2	站 k 的 FDL 地址（DA）
3	站类型和 FDL 状态 k
4	站 k+1 的 DA
5	站类型和 FDL 状态 k+1
⋮	
l	站 n 的 DA
l+1	站类型和 FDL 状态 n

k：第一个活动的站；n≤127；i≤254

图 3-15　活动表的结构形式

3.3.6　循环与响应时间

1. 令牌循环时间（Token Cycle Time）

在多主站的系统中，总线基本负载是由介质存取控制（令牌帧）而产生的总线负载，而不是由正常报文循环而产生的总线负载，它由令牌循环 TC 决定。每个令牌轮转的全部基本负载等于 na（主站个数）个令牌循环。令牌循环时间 T_{TC} 由令牌帧时间 T_{TF}、传输延时时间 T_{TD} 和空闲时间 T_{ID} 组成，如图 3-16 所示。T_{ID} 等于站延迟时间 T_{SD} 或同步时间 T_{SYN}。

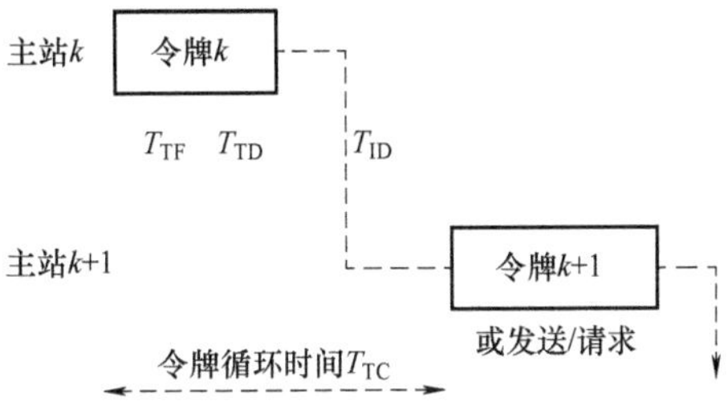

令牌循环时间为

$$T_{TC} = T_{TF} + T_{TD} + T_{ID} \qquad (3-1)$$

令牌帧时间 T_{TF} 由帧字符 UC（UART 字符）的个数决定。一个帧字符由 11 位组成，因此令牌帧总共由 33 位组成。传输延迟时间取决于总线长度（不带中继器时，约为 5ns/m）。

图 3-16　令牌循环时间

2. 报文循环时间（Message Cycle Time）

一个报文循环 MC 由主动帧（请求或发送/请求帧）和回答帧（应答/回答帧）组成。循环时间由帧传输时间、传输延迟时间和站延迟时间组成，如图 3-17 所示。

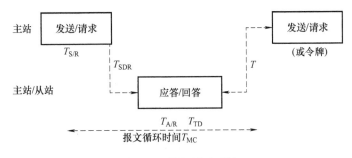

图 3-17　报文循环时间

站延迟时间 T_{SDR} 是在请求与应答/回答之间消耗的时间，这个时间对编码请求帧和组装应答/回答帧是必需的。它取决于在此站的协议实现，且实质上它总是大于传输延迟时间的。

空闲时间 T_{ID} 是在应答/回答与新的请求之间耗费的时间。

报文循环时间为

$$T_{MC} = T_{S/R} + T_{SDR} + T_{A/R} + T_{ID} + 2T_{TD} \tag{3-2}$$

在传输速率<100kbit/s 时，帧的编码和评估可以部分地与它们的接收并行。这样，站延迟时间显著地缩短。

帧传输时间（ $T_{S/R}$, $T_{A/R}$ ）取决于帧字符（UC）个数。它们按下式计算：

$$T_{S/R} = a \times 11\text{bit} \tag{3-3}$$

$$T_{A/R} = b \times 11\text{bit} \tag{3-4}$$

式中，a 是发送/请求帧中的 UC 字符个数；b 是应答/回答帧中的 UC 字符个数。

3. 系统反应时间（System Reaction Times）

在系统中，报文速率 R_{SYS} 等于每秒可能的报文循环数：

$$R_{SYS} = 1/t_{MC} \tag{3-5}$$

$$t_{MC} = T_{MC} \cdot t_{BIT} \tag{3-6}$$

在具有一个主站、n 个从站（主从系统）的系统中，在纯轮询方式下的最大系统响应时间 T_{SR} 用报文循环时间和从站数来计算。如果考虑报文重试，则 T_{SR} 按下式计算：

$$T_{SR} = np \times T_{MC} + mp \times T_{MC(RET)} \tag{3-7}$$

式中，np 为从站个数；mp 为每个轮询循环中报文重试循环次数；$T_{MC(RET)}$ 为报文重试循环时间。

在具有若干个主站和从站的系统中，最大系统反应时间 T_{SR} 等于令牌轮转时间 T_{TR}。

3.3.7 出错控制

总线通信可能出错的地方有很多，如帧出错、超时运行出错、奇偶校验出错或传输协议出错。此外开始定界符、帧检查字节和结束定界符、无效的帧长度、响应次数的不正确等，都将引起站点出错。

被某站点接收到的一个不正确的主动帧（请求，发送/请求或令牌），将不做处理、应答或回答。在此时隙时间期满后，发起方将重试此请求。如果应答或回答有错误，则还将重试此请求。当接收到一个有效回答，或重试多次不成功后，则发起方才算完成了此请求。这就意味着"发送/请求"一直保持到确认为止。

在循环或非循环方式下，如果一个站在重试（多次）之后不应答或不回答，则它被标记为"不运行的"。在处理后继的请求时，发起方还将传输请求给此站，但不会多次重试。当"不运行的"站应答后，发起方再标记此站为"运行的"。在处理下一次请求时，发起方对此站继续最初的操作方式。

3.3.8 站点内的定时器和计数器

为了测量令牌轮转时间和实现监控定时器，系统中使用了以下定时器：令牌轮转定时器（Rotation Timer）、空闲定时器（Idle Timer）、时隙定时器（Slot Timer）、超时定时器（Time_Out Timer）、同步间隔定时器（Syn Interval Timer）和 GAP 更新定时器（Update Timer）。

令牌轮转定时器：当一个主站接收到令牌时，此定时器即装入目标轮转时间 T_{TR} 并按位时间递减。当此站再接收到令牌时，此定时器值（剩余时间或令牌持有时间 T_{TH}）被读出，且此定时器再装入 T_{TR}。实际轮转时间 T_{RR} 为 $T_{TR}-T_{TH}$。在 $T_{RR}<T_{TR}$ 的情况下，可以处理低优先权报文循环。

空闲定时器：此定时器监视空闲状态（二进制"1"），在总线上紧接着是同步时间。在每个请求前面的同步时间用来保证接收器的同步。在传输或接收了一个帧的最后一位之后，从站的空闲定时器和不带令牌的主站的空闲定时器设定值为 T_{SYN}。在此定时器定时时间到达后，接收器被立刻启动。带令牌的主站的空闲定时器根据数据传输服务用 T_{ID1} 或 T_{ID2} 设定。仅当空闲定时器定时时间到达后，一个新的请求或令牌帧才可被传输。当信号电平是二进制"0"时，空闲定时器总是被复位。

时隙定时器：主站中的时隙定时器在一个请求或令牌传送后监视接收站在预先规定的时间 T_{SL}（时隙时间）内是否响应或是否变成活动的。一个帧的最后一位传输后，此定时器设定为 T_{SL}，然后当接收器被启动后立即递减。如果在一个帧的第一位被接收前此定时器定时时间到达，则认为是一个单次超时错误，然后开始一个重试或一个新的报文循环。

超时定时器：此定时器在主站和从站上监视总线的活动性。在传输或接收到一个帧的最后一位后，定时器用几倍的 T_{SL} 设定，然后时间按位递减，直至接收一个新的帧为止。如果定时器期满，则出现了致命的错误。对主站而言，这样的错误致使主站重新初始化。从站和主站的 FMS 1/2 用户接收一个超时通知。

同步间隔定时器：主站和从站使用此定时器监视传输介质在 T_{SYNI} 时间内是否产生接收器同步（T_{SYN}，空闲状态，Idle＝二进制"1"）。每次接收器被同步，此定时器装入 T_{SYNI}。从一个帧的开头，此定时器的时间随帧中数据的发送而递减，直到出现一个新 T_{SYN}。

GAP 更新定时器：仅主站需要此定时器。它的期满指出 GAP 维护的时刻。在一个完整的 GAP 检查后（这可能要经过若干个令牌轮转），此定时器装入目标轮转时间 T_{TR} 的倍数。当主站进入"Listen_Token"状态时，空闲定时器装入 T_{SYN}，超时定时器装入 T_{TO}，同步间隔定时器装入 T_{SYNI}，其他的定时器被清零。当从站进入"Passive_Idle"状态时，超时定时器装入 T_{TO}，同步间隔定时器装入 T_{SYNI}。

为了安装和维护，系统需要使用一些成对定义的计数器（FDL 变量），这些计数器是可选的。

对主站：传输帧用的计数器（Frame_Sent_Count，对请求帧，对 SDN 服务和 FDL 状态除外）；为传输帧重试用的计数器（Retry_Count）。

对从站和主站：为接收有效开始定界符用的计数器（SD_Count）；为接收无效开始定界符用的计数器（SD_error_Count）。

当站进入"Listen_Token"或"Passive_Idle"状态时，这些计数器被清零并启动。如果一个计数器达到它的最大值，则此计数器和相关的比较计数器即停止计数。当清零一个计数器时，它相关的比较计数器也被清零，然后它们再启动。FMA 1/2 用户用设定/读取值 FMA 1/2 服务存取这些计数器。

3.3.9 帧

1. 帧字符的格式

PROFIBUS 现场总线协议设计中，数据链路层的协议均是面向字符的。每一帧均由一些字符组成，这些字符称为 UART 字符，而每个字符的帧格式见表 3-6。

表 3-6　帧字符的格式

线路上的数据流	1	2	3	4	5	6	7	8	9	10	11
二进制位的权重	—	2^0	2^1	2^2	2^3	2^4	2^5	2^6	2^7	—	—
帧字符的位	0	b1	b2	b3	b4	b5	b6	b7	b8	P	1
帧字符的位的意义	起始	8 位字符								校验	停止

2. 帧的格式

PROFIBUS 的帧在形式上有 4 种：不带数据的定长帧、带数据的定长帧、带数据的可变长度帧和令牌帧。所有帧均有起始符（SD），根据帧的形式不同，以上 4 种帧的起始符也不同，分别为 SD1、SD2、SD3 和 SD4，经常用起始符来区别不同形式的帧。

不带数据的定长帧的格式如图 3-18 所示，SYN 是同步位，至少要有 33 位空闲；SD1 是起始定界符，编码为 10H；DA 是目的地址；SA 是源地址；FC 是控制信息段，是需要传送的控制信息；FCS 是帧校验序列；ED 是终止定界符，编码为 16H；L 为信息字段的长度，固定为 3B；SC 为短应答帧，编码为 E5H。

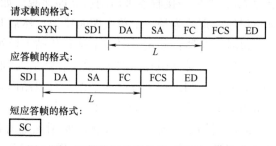

图 3-18　不带数据的定长帧（SD1）的格式

带数据的定长帧的格式如图 3-19 所示，SYN 是同步位，至少要有 33 位空闲；SD2 是起始定界符，编码为 A2H；DA 是目的地址；SA 是源地址；FC 是控制信息段，是需要传送的控制信息；DATA_UNIT 是数据单元，固定长度为 8B；FCS 是帧校验序列；ED 是终止定界符，编码为 16H；L 为信息字段的长度，固定为 11B。

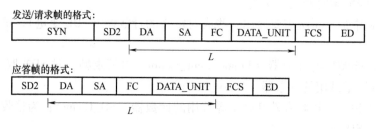

图 3-19　带数据的定长帧（SD2）的格式

带数据的可变长度帧的格式如图 3-20 所示，SYN 是同步位，至少要有 33 位空闲；SD3 是起始定界符，编码为 68H；LE 为所带的数据信息的长度，取值为 4~249 可变；LEr 为数据信息的长度值的重复；DA 是目的地址；SA 是源地址；FC 是控制信息段，是需要传送的控制信息；DATA_UNIT 是数据单元，长度为（L-3）B，最多 246B；FCS 是帧校验序列；ED 是终止定界符，编码为 16H；L 为信息字段的长度，取值为 4~249 可变。

令牌帧的格式如图 3-21 所示，SYN 是同步位，至少要有 33 位空闲；SD4 是起始定界符，编码为 DCH；DA 是目的地址；SA 是源地址。

发送/请求帧的格式：

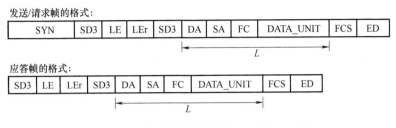

图 3-20　带数据的可变长度帧（SD3）的格式

图 3-21　令牌帧（SD4）的格式

帧在传输过程中，线路的空闲状态相当于二进制 1 信号，在帧的 UART 字符之间不允许有空闲时间，每个请求帧前至少要有 33 位的空闲位（同步时间）。接收机将检查每个 UART 字符的启动、停止和校验位（偶），还要检查每一帧的起始定界符、DA/SA、FCS、终止定界符以及在请求时的同步时间。对于可变长度帧，还要验证 LE 和 LEr 是否一致。若发现问题，则整个帧将被拒绝。

3. 地址字节与服务接入点（SAP）

帧中的 SA 和 DA 分别为源站点地址和目的站点地址，SA 的地址范围为 0~126，DA 的地址范围为 0~127。127 是个特殊的地址，用于广播或多信道消息的全局地址，因此一般的主动站点和被动站点共有 127 个地址可供选择（0~126）。虽然站点的地址可以从 0~126 中选择，在实际网络中，主动站点一般不超过 32 个。由于至少需要一个主动站点，被动站点最多为 126 个，主动站点与被动站点的总数最多为 127 个。

SA 和 DA 的地址字节的格式如图 3-22 所示。地址字节中，低 7 位为地址数据，取值为 0~126（SA）或 0~127（DA）。最高位为地址扩展标志位，若 EXT 为 0，则表示后续的数据单元中没有地址扩展字节；若 EXT 为 1，则表示后续的数据单元中有地址扩展字节。

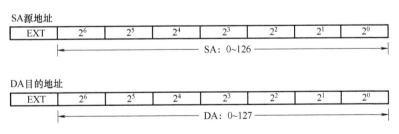

图 3-22　地址字节的格式

若存在地址扩展字节，则在数据单元"DATA_UNIT"的开始就是地址扩展，SA 的地址扩展为 SAE，DA 地址扩展为 DAE。地址扩展是对通信的源站点和目的站点中，参与发送和接收的具体数据进一步的约定，即进一步确定链路服务接入点（LSAP）。扩展地址有时也用来定义网络的区域或段地址。

如图 3-23 所示，若 DA 或 SA 的 EXT 为 1，则存在地址扩展字节 DAE 或 SAE，当然 DAE 和 SAE 可以同时存在。在 DAE 或 SAE 中，标识地址的是低 6 位的数据，DAE 为 0~

63，SAE 为 0~62。第 7 位为 TYP，可以取 0 或 1，用来标识该地址扩展字节是 LSAP，还是网络的区域或段地址。DAE 和 SAE 的最高位为 EXT，标识是否后面还有新的地址扩展字节。也就是说，地址扩展字节可以一个接一个，允许有很多个。

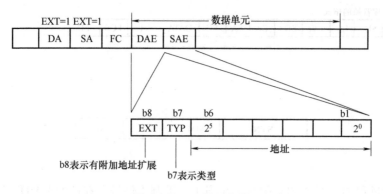

图 3-23　地址扩展字节

一个或多个数据通信服务是通过 FDL 接口处的 LSAP 来实现的。每个站点可以同时有多个 LSAP，如图 3-24 所示。这样，当进行数据发送时，必须标识特定的 LSAP。地址扩展 DAE 和 SAE 就是常用的 LSAP。SAE 中存放的是本地源服务接入点，称为 SSAP，取值为 0~62；DAE 中存放的是目的服务接入点，称为 DSAP，取值为 0~63，63 代表全局接入地址。

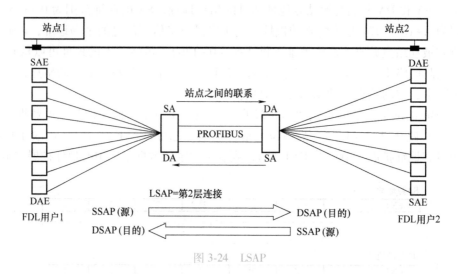

图 3-24　LSAP

由于 DSAP 是接收端的服务接入点，只有在接收数据的站点才允许使用，因此 DSAP 只有在连接 SDA 和 SDN 服务时才是允许的。

在没有 LSAP 的情况下，系统将使用默认的 SAE 或 DAE 设置。

4. 帧控制字节 FC

在帧头部的控制字节指出帧的类型，如主动帧（请求帧、发送/请求帧）、应答帧或回答帧。此外，控制字节还包含功能和防止报文丢失与增多的控制信息或带有 FDL 状态的站类型。

图 3-25 中，Res 为保留位；Frame 为帧类型：1 表示发送/请求帧，0 表示应答帧；当 b7=1 时，FCB 为帧计数位：0/1，交替；FCV 为帧计数位：0 表示无效，1 表示有效。当

b7＝0 时，Stn-Type 表示站类型和 FDL 状态：00 表示从站，01 表示未准备进入逻辑令牌环的主站，00 表示准备进入逻辑令牌环的主站，01 表示已在逻辑令牌环中的主站。

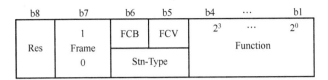

图 3-25　帧控制字节

Function 表示的意义见表 3-7。

表 3-7　传输功能码

帧类型 b7	编码	功能
1	0、1 和 2	保留
	3	有应答要求的发送数据（低）
	4	无应答要求的发送数据（低）
	5	有应答要求的发送数据（高）
	6	无应答要求的发送数据（高）
	7	保留（请求诊断数据）
	8	保留
	9	有回答要求的请求 FDL 状态
	10、11	保留
	12	发送并请求数据（低）
	13	发送并请求数据（高）
	14	有回答要求的请求标识
	15	有回答要求的请求 LSAP 状态（Code No 14 和 15：FMA 1/2）
0	0	应答肯定（OK）
	1	应答否定，FDL/FMA 1/2 用户错（UE）
	2	应答否定，发送数据无源（且无回答 FDL 数据、RR）
	3	应答否定，无服务被激活（RS）
	4~7	保留
	8	回答 FDL/FMA 1/2 数据（低，且发送数据 OK，DL）
	9	应答否定，无回答 FDL/FMA 1/2 数据（且发送数据 OK，NR）
	10	回答 FDL 数据（高，且发送数据 OK，DH）
	11	保留
	12	回答 FDL 数据（低），发送数据无源（RDL）
	13	回答 FDL 数据（高），发送数据无源（RDH）
	14、15	保留

　　帧计数位 FCB（b6）用于防止响应方（Responder）信息的重复和发起方（Initiator）信息的丢失。但是，"无应答要求的发送"（SDN）、"请求 FDL 状态""请求标识"和"请求

LSAP 状态"不属此列。

5. 帧校验 FCS

对于编码系统的海明距离为 4 的系统，帧校验 FCS 是需要的，在一个帧中它总是紧接在结束定界符之前。它的长度为 1B。

在不带数据字段的固定长度的帧中，此校验 8 位位组将由计算 DA、SA 和 FC 的算术和获得，这里不包括起始和终止定界符，也不考虑进位。

在有数据字段的固定长度的帧中和在有可变数据字段长度的帧中，此校验字节将附加包含 DATA_UNIT。

3.4 PROFIBUS-FMS 的应用层与用户接口

3.4.1 PROFIBUS-FMS 的通信模型

PROFIBUS-FMS 的设计旨在解决车间监控级通信。在这一层，可编程序控制器（PLC）之间或 PLC 与 PC 之间需要传送的数据量比现场层更多，但通信的实时性要求低于现场层。

PROFIBUS-FMS 具有以下一些特点：

1）为连接智能现场设备而设计，如 PLC、PC 和 MMI。

2）强有力的应用服务，提供广泛的功能。

3）面向对象的协议，支持多主和主-从通信。

4）支持广播和局部广播通信。

5）支持周期性和非周期性的数据传输。

6）每个设备的用户数据多达 240B。

此外，PROFIBUS-FMS 还得到所有主流 PLC 制造商的支持，可以使用大量的自动化产品，如 PLC、PC、VME、MMI 和 I/O 等。

PROFIBUS-FMS 的应用层提供了丰富的通信服务，这些服务包括访问变量、程序传递、事件控制等。

PROFIBUS-FMS 应用层包括下列两个部分，如图 3-26 所示：

1）现场总线信息规范（Fieldbus Message Specification，FMS）：描述了通信对象和应用服务。

2）低层接口（Lower Layer Interface，LLI）：FMS 服务到第 2 层的接口。

3.4.2 通信关系

PROFIBUS-FMS 利用通信关系将分散的应用过程统一到一个公用的过程中。在应用过程中，可用来通信的那部分现场设备称为虚拟现场设备（Virtual Field Device，VFD）。在实际现场设备与 VFD 之间设立一个通信关系表（CRL）。CRL 是 VFD 通信变量的集合，如零件数、故障率、停机时间等，CRL 还对通信的关系等进行了设定。VFD 通过 CRL 完成对实际现场设备的通信。

一个 PROFIBUS 站的 CRL 包含了该站和其他站之间所有通信关系的描述，如图 3-27 所示。在图 3-27 中，3 号站和 5 号站之间通过 FMS 现场总线进行通信，3 号站和 5 号站中的通信应用程序需要通过 CRL 中的设定而进行数据的发送和接收。在组态网络时，应分别对每个 PROFIBUS 站准备 CRL，并使用管理服务进行本地或远程装载。

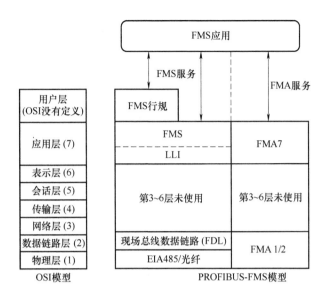

图 3-26　PROFIBUS-FMS/FMA 模型

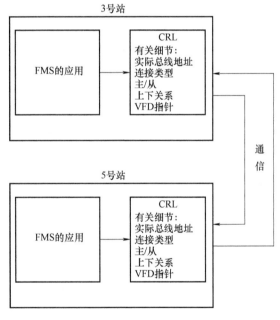

图 3-27　PROFIBUS-FMS 的 CRL

　　PROFIBUS-FMS 网络中的通信关系可以基于连接，也可以不基于连接，如图 3-28 所示。基于连接的通信会在通信的站点之间建立逻辑的连接。基于连接的通信分为主主方式和主从方式。基于连接的通信是需要回答的，当接收到数据或请求时，进行应答。主主方式进行通信时，数据的交换是非周期性的；主从方式进行通信时，数据的交换可能是周期性的，也可能是非周期性的。所谓周期性的数据通信是指周期性重复进行数据的发送和接收。而非周期性的通信则是根据需要进行数据的发送和接收。

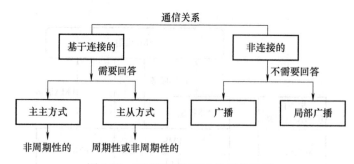

图 3-28　PROFIBUS-FMS 的通信关系

3.4.3　PROFIBUS-FMS 的通信对象与通信字典

1. 通信对象

PROFIBUS 规范为远程应用过程提供多种通信对象。通信对象规定了各种服务对每个通信对象所起的作用。如果某服务对一个通信对象进行操作，则由规则（PROFIBUS 模型）定义通信对象的行为。

PROFIBUS 规范区分显式通信对象和隐式通信对象。隐式通信对象的对象描述由 PROFIBUS 规范定义。因此，隐式通信既不能创建、读出和改变隐式通信对象的描述，也不能删除隐式通信对象的描述。显式通信对象由用户定义，用一个对象描述来指定。所有显式通信对象的对象描述均被列在站的对象字典（Object Dictionary，OD）中。

每个通信对象包括：

1）指针，访问此对象的号。

2）对象代码，此对象的数据类型。

3）对象属性，如不删除。

4）名称，对象全名（可选）。

5）内部地址，对象的实 6 位地址。

6）访问权，如写保护。

7）扩充用户定义。

FMS 面向对象通信，它确认 5 种静态通信对象：简单变量、数组、记录、域和事件。还确认 2 种动态通信对象：程序调用和变量表。

在 OD 的静态部分登记静态通信对象。在字段区，通常静态对象很少改变，或只在某些操作模式下做一些改变。在启动或组态阶段中，可对静态通信对象进行定义，也可在在线的状态下进行定义。

动态通信对象是根据具体通信的需要在线确定的通信对象。

在总线系统的规划阶段，典型的静态通信对象应在 OD 中登记。将动态通信对象登记入 OD 的动态部分。用 FMS 服务可以动态地预定义或建立和删除动态通信对象。

2. OD

每个 FMS 设备的所有通信对象都填入 OD。OD 包括头部、数据类型字典、静态 OD 和动态 OD（动态变量表、动态程序表）等。头部是 OD 的结构信息；数据类型字典是静态数据类型表部分；静态 OD 定义静态通信对象列表；动态变量表定义现今已知的变量列表；动态程序表定义现今已知的程序列表。

对简单设备，OD 可以预定义；对复杂设备，OD 可以本地或远程通过组态加到设备中去。静态通信对象进入静态 OD，动态通信对象进入动态 OD。每个对象均有一个唯一的索引，为避免非授权存取，每个通信对象还可设置存取保护，如图 3-29 所示。

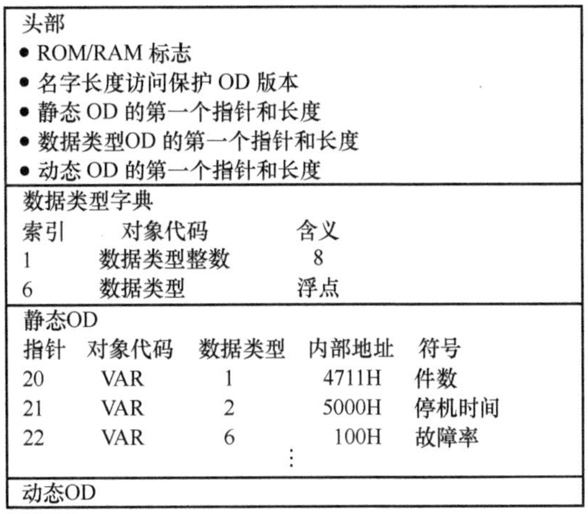

头部
● ROM/RAM 标志
● 名字长度访问保护OD 版本
● 静态 OD 的第一个指针和长度
● 数据类型OD 的第一个指针和长度
● 动态 OD 的第一个指针和长度

数据类型字典
索引	对象代码	含义
1	数据类型整数	8
6	数据类型	浮点

静态OD
指针	对象代码	数据类型	内部地址	符号
20	VAR	1	4711H	件数
21	VAR	2	5000H	停机时间
22	VAR	6	100H	故障率
⋮				

动态OD

图 3-29 PROFIBUS-FMS 的 OD

3.4.4 PROFIBUS-FMS 服务

PROFIBUS-FMS 的服务项目是指应用层或用户向通信应用程序提供的用户接口的种类。FMS 服务项目是 ISO 9506 制造信息规范（Manufacturing Message Specification，MMS）服务项目的子集。这些服务项目在应用中进行了优化，而且还加上了通信对象的管理和网络管理。

PROFIBUS-FMS 提供大量的管理和服务，满足了不同设备对通信提出的广泛需求，见表 3-8。服务项目分为基本的服务和可选的服务：基本的服务是所有的 FMS 设备均支持的服务类型；可选的服务则是根据应用场合的不同，由行规或用户定义的服务。也就是说，基本的服务具有一般性和通用性，可选的服务具有特定性，与具体的应用场合和应用背景相关。服务项目的选用必须考虑特定的应用，FMS 行规就规定了一些具体的应用。

表 3-8 PROFIBUS-FMS 的服务

服务类型	服务内容	说明
上下关系管理	初始化 取消 拒绝	基本服务
OD 管理	获得 OD	基本服务
	初始化放置 OD 放置 OD 终止放置 OD	可选服务
VFD 支持	状态 识别	基本服务
	未经请求的状态	可选服务
区域管理	初始化下载序列 下载区段 终止下载列 初始上传序列 上传区段 终止上传列 请求区域下载 请求区域上传	可选服务

（续）

服务类型	服务内容	说明
变量存取	读：带类型的读 写：带类型的写 物理读 物理写 信息报告：带类型的信息报告 定义变量表 删除变量表	可选服务
程序调用管理	建立程序调用 删除程序调用 开始、停止、继续、复位、删除	可选服务
事件管理	事件通知：带类型的事件通知 事件通知响应 事件后状态监视	可选服务

不同的服务具有不同的功能和应用背景。所有的服务取舍都是在组态时根据应用的需要，由用户设置，并最终由组态软件生成相应的通信关系，下载到通信站点中。有些设备的服务是由设备制造商预设好的，包含在 GSD 文件中。用户在组态时，只需要在主动站点中，加入相应站点的 GSD 文件即可。

图 3-30 所示为一个 FMS 的读取操作过程的示意图。服务请求者（主站）作为用户，某一应用程序向应用层（FMS+LLI）布置数据读取任务，并要求读取 5 号站的指针为 10 的数据；该任务通过 3 号站的数据链路层、物理层和 5 号站的物理层、数据链路层、应用层，到达 5 号站的通信服务响应程序（服务器）；服务器对数据读取请求进行响应，通过查阅 OD，得知 3 号站请求读取的数据为一个变量，变量地址为 1000，变量的符号名为 Temp1；服务器将地址为 1000 的数据作为响应，发送回 3 号站，从而完成一次数据的读取过程。

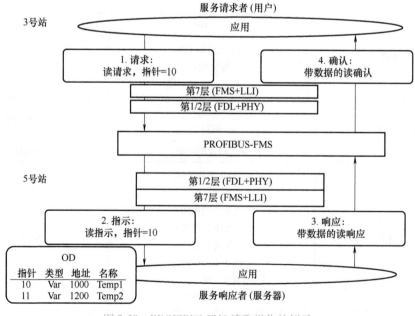

图 3-30　PROFIBUS-FMS 读取操作的例子

3.4.5 低层接口

第7层到第2层服务的映射由低层接口（LLI）来完成，它的主要任务包括数据流控制和连接监视。用户通过称为通信关系的逻辑通道与其他应用过程进行通信。FMS设备的全部通信关系都列入通信关系表（Communication Relationship List，CRL）。

每个通信关系通过通信索引（CREF）来查找，CRL中包含了CREF和第2层及LLI地址间的关系。

PROFIBUS的各种特性要求在FDL和FMS/FMA7之间有一个特殊的匹配。通过LLI实现这种匹配。LLI是第7层的一个实体。

LLI的主要任务如下：

1）将FMS和FMA7服务映像到FDL服务。

2）连接的建立和释放。

3）连接的管理。

4）数据流控制。

3.4.6 网络管理

FMS还提供网络管理功能，由现场总线管理层第7层来实现。它的主要功能有上、下关系管理、配置管理、故障管理等。

FMA7基于ISO/IEC 7498-4—1989的系统管理，描述对象及管理服务。通过管理服务在本地或远程控制对象。管理服务分为3组：

1. 上下关系管理（Context Management）

上下关系管理为建立和释放管理连接提供服务。

2. 组态管理（Configuration Management）

组态管理提供的服务用于标识站的通信部件，装载和读出CRL，存取1/2层的变量、计数器和参数。

3. 故障管理（Fault Management）

故障管理为识别和排除错误提供服务。

3.4.7 FMS行规

FMS提供了范围广泛的功能来保证它的普遍应用。在不同的应用领域中，具体需要的功能范围必须与具体应用要求相适应。为了使FMS通信服务适应实际需要的功能范围和定义符合实际应用的设备功能，PNO（PROFIBUS用户组织）制定了FMS行规。这些适应性定义称为行规。行规提供了设备的可互换性，保证不同厂商生产的设备具有相同的通信功能。

这些FMS行规确保由不同制造商生产的同类设备具有同样的通信功能。目前已制定了如下FMS行规（括号中的数字是文件编号）：

1. 可编程序控制器之间的通信行规（3.002）

此通信行规规定哪些FMS服务将用于可编程序控制器（PLC）之间的通信。依据确定的控制器类型，此行规规定哪种PLC必须能支持哪些服务、参数和数据类型。

2. 楼宇服务自动化的行规（3.011）

此行规是一个面向应用分支的行规，可作为楼宇服务自动化方面许多公共需求的基础。它描述怎样通过 FMS 来处理监视、开闭环控制、操作员控制、报警和楼宇服务自动化系统的归档等。

3. 低压开关设备行规（3.032）

此行规是一个面向应用分支的 FMS 应用行规。在用 FMS 的数据通信时，它规定了低压开关设备的特性。

3.5 PROFIBUS-DP/PA 的用户接口与行规

3.5.1 PROFIBUS-DP/PA 通信协议的模型

由 3.1 节可知，PROFIBUS-PA 在物理层通过耦合器集成到 DP 网络中，与 DP 有相同的数据链路层和用户接口。PROFIBUS-PA 主要是对过程控制应用中需要的通信功能进行定义。从总体上来说，PA 网络与 DP 网络具有一致性。因此本节主要介绍 DP 网络的用户层，只在最后简单介绍 PA 的行规。

PROFIBUS-DP 的通信协议模型如图 3-31 所示。按照 ISO 通信模型，DP 的应用功能位于用户接口中。与 FMS 不同，出于效率的原因，DP 没有使用应用层（第 7 层）。PROFIBUS-DP 仅使用在 PROFIBUS 中定义的 FDL 与 FMA1/2 的数据传输服务。

在 DP 的用户接口与第 2 层之间，存在一个预先定义了 DP 通信功能的直接数据链路映像（Direct Data Link Mapper，DDLM）程序，为 DP 的应用提供更方便地对第 2 层的访问。

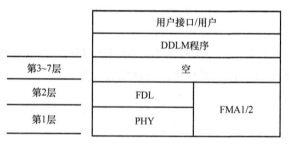

图 3-31　PROFIBUS-DP 的通信协议模型

PROFIBUS-DP 中，DP 应用取决于设备类型（1 类 DP 主站、2 类 DP 主站或 DP 从站）。各种设备通信协议所涉及的模型关系如图 3-32 所示。

1 类 DP 主站与 DP 从站（例如 PLC 为主站，远程 I/O 为从站）两者的应用（用户）经由用户接口，利用预先定义的 DP 应用进行通信。

1 类 DP 主站的用户接口实现下列主-从应用功能：读 DP 从站的诊断信息；循环的用户数据交换模式；参数化与组态检查；提交控制命令。这些功能由用户独立处理。用户与用户接口之间的接口由若干服务调用与一个共享数据库组成。

DP 从站与 2 类 DP 主站之间可附加实现下列功能：读 DP 从站的组态；读 I/O 值；对 DP 从站分配地址。

2 类 DP 主站与 1 类 DP 主站之间实现下列功能：读 DP 主站（1 类）的相关 DP 从站的诊断信息；参数上传与下载；激活总线参数；激活与解除激活 DP 从站；选择 1 类 DP 主站的操作模式。这些功能由 DP 主站（1 类）用户处理。

DDLM 为所有三类设备中的用户或用户接口提供对 PROFIBUS 第 2 层的存取服务。

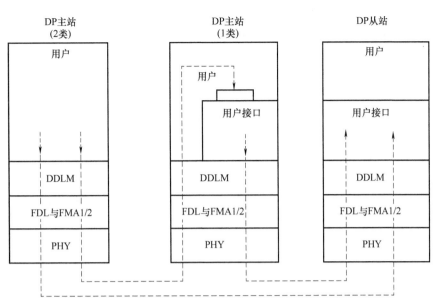

图 3-32　PROFIBUS-DP 的通信协议模型

3.5.2　PROFIBUS-DP 的服务功能

PROFIBUS-DP 的规范中服务功能是随着时间而发生变化的。最初，只有基本功能 DP-V0，随后又增加了扩展功能 DP-V1 和 DP-V2，如图 3-33 所示。

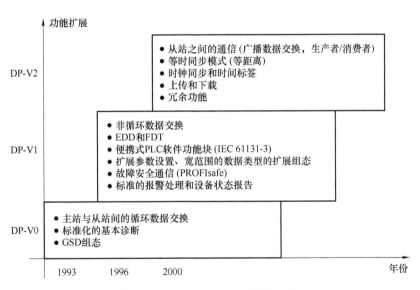

图 3-33　PROFIBUS-DP 的服务功能

1. 基本功能 DP-V0

基本功能 DP-V0 是 DP 最基本的服务功能，主要包括主站与从站间的循环数据交换、基本诊断和 GSD 组态。

（1）主站与从站间的循环数据交换

主站与从站间的循环数据交换需要 1 类 DP 主站处于一定的工作状态下。1 类 DP 主站（DPM1）的操作状态由本地或总线的配置决定，主要有停止、清除和运行 3 种状态。在停止状态下，DPM1 和 DP 从站之间没有数据传输；在清除状态下，DPM1 读取 DP 从站的输入信息并使输出信息保持在故障安全状态；在运行状态下，DPM1 处于数据传输阶段，循环数据通信时，DPM1 从 DP 站读取输入信息并向从站写入输出信息。

DPM1 和相关 DP 从站之间的用户数据传输方式是循环数据传输，由 DPM1 按照确定的递归顺序自动进行。在对总线系统进行组态时，用户对 DP 从站与 DPM1 的关系做出规定，确定哪些 DP 从站被纳入信息交换的循环周期，哪些被排斥在外。

DMP1 和 DP 从站之间的数据传送分 3 个阶段：参数设定、组态、数据交换。在参数设定阶段，每个从站将自己的实际组态数据与从 DPM1 接收到的组态数据进行比较。只有当实际数据与所需的组态数据相匹配时，DP 从站才进入用户数据传输阶段。因此，设备类型、数据格式、长度以及 I/O 数量必须与实际组态一致。

（2）标准化的基本诊断

基本诊断信息包括主站的诊断信息和从站诊断信息，诊断信息由全局诊断概要和站诊断组成。

通过此功能可以读 1 类 DP 主站以及它所属从站的诊断信息。

（3）GSD 组态

PROFIBUS-DP 规范中，每个 DP 从站均需要有一个配套的 GSD 文件，在组态时就可以将该从站连接到总线上，并定义相应的数据交换。

2. 扩展功能 DP-V1 和 DP-V2

DP 扩展功能是对 DP 基本功能的补充，与 DP 基本功能兼容。

1）1 类 DP 主站与 DP 从站间非循环的数据传输。

2）带 DDLM 读和 DDLM 写的非循环读/写功能，可读写从站任何数据。

3）报警响应，DP 基本功能允许 DP 从站用诊断信息向主站自发地传输事件，而新增的 DDLM-ALAM-ACK 功能被用来直接响应从 DP 从站上接收的报警数据。

4）2 类 DP 主站与从站间非循环的数据传输。

3.5.3 直接数据链路映像程序

1. DDLM 与用户接口

由图 3-32 可知，通信应用的实现需要通过用户接口，与 DDLM 进行交互，再由 DDLM 与 FDL 进行衔接，最终完成通信的应用。用户接口与 DDLM 进行交互，可以完成表 3-9 的所有通信功能。这里的功能是具体的，是对图 3-33 所示功能的具体实现。

表 3-9　DP 主站与 DP 从站的功能

功能名		DP 从站		1 类 DP 主站		2 类 DP 主站	
英文表示	中文表示	Req	Res	Req	Res	Req	Res
Data_Exchange	数据交换	—	M	M	—	O	—
RD_Inp	读输入	—	M	M	—	O	—
RD_Outp	读输出	—	M	—	—	O	—
Slave_Diag	从站诊断	—	M	M	—	O	—

（续）

功能名		DP 从站		1 类 DP 主站		2 类 DP 主站	
英文表示	中文表示	Req	Res	Req	Res	Req	Res
Set_Prm	参数设置	—	M	M	—	O	—
Chk_Cfg	检查组态信息	—	M	M	—	O	—
Get_Cfg	读取组态信息	—	M	—	—	O	—
Global_Control	全局控制	—	M	M	—	O	—
Set_Slave_Add	设置从站地址	—	O	—	—	O	—
Get_Master_Diag	获取主站诊断信息	—	—	—	M	O	—
Start_Seq	开始序列	—	—	—	O	O	—
Download	下载	—	—	—	O	O	—
Upload	上传	—	—	—	O	O	—
End_Seq	结束序列	—	—	—	O	O	—
Act_Para_Brct	激活参数广播	—	—	—	O	O	—
Act_Param	激活参数	—	—	—	O	O	—

注：Req 表示请求方；Res 表示响应方/接收方；M 表示该功能是强制性的；O 表示该功能是可选的。

用户接口与 DDLM 之间进行功能调用时，根据功能不同调用不同的功能函数。功能名（功能函数）在表 3-9 中已经给出。但是调用功能函数时，需要必要的功能参数。所有参数值在执行时应为一个已定义的数值。请求或响应参数的具体格式和具体数目还要取决于具体的功能。

用户接口与 DDLM 之间功能调用的参数有一般的格式，见表 3-10。第 1 列指定参数的名称，第 2 列是功能原语。对一个特定的原语它将标出是否需要参数、参数的类型、是否有子参数等。这些信息将会在 DDLM/FDL 和 DDLM/FMA1/2 交互时起作用，并最终决定数据帧。

表 3-10 功能调用的参数表达式

参数名称	. req	. ind	_Upd. req/. res	. con
请求参数 1	M	—	M	—
Parameter_A	S	—	S	—
Parameter_B	S	—	S	—
请求参数 2	U	—	U	—
状态	—	—	—	M
响应参数 1	—	M	—	M
响应参数 2	—	C	—	C

注："．req" 表示请求功能原语；"．ind" 表示指示功能原语；"_Upd．req" 表示更新请求功能原语；"．con" 表示确认功能原语；"．res" 表示响应功能原语；M 表示参数是强制性的；U 表示参数是用户可选的；S 表示参数被选择，有几种交替的选择；C 表示此参数的存在取决于第 2 参数的值；功能应答（．res 与 ．con）中包含一个状态参数，表示应答的结果。

用户接口与 DDLM 之间进行交互，可以实现表 3-9 的功能。所有功能进行调用时，均需要确定表 3-10 的参数。功能不同，参数类型和取值也不同，下面以数据交换（Data_Exchange）功能为例进行说明。

数据交换功能允许 DP 主站的本地用户发送输出数据到一个 DP 从站，并同时从该远程站请求输入数据。在实现数据交换时，还要验证组态数据，如果在 DP 从站中出现诊断报文或错误，这些现存的报文用一个高优先权的响应帧（Diag_Flag 的解释）来指示给 DP 主站。

数据交换功能的参数见表 3-11。

表 3-11   DDLM_Data_Exchange

参数名称	. req	. ind	_Upd. req	. con
Rem_Add	M	—	—	M
Out-Data	U	U	—	—
Status	—	—	—	M
Diag_Flag	—	—	M	M
Inp_Data	—	—	U	U

（1）Rem_Add

参数 Rem_Add（Remote_Address）规定远程站的 FDL 地址，类型为 8 位（bit）无符号数，范围为 0~126。

（2）Out_Data

此参数包含输出数据。通常在此参数中传送的数据直接输出到 DP 从站上的外围设备。如果同步模式被激活，这些数据在恢复同步之前被缓存在 DP 从站中，而不输出到外围设备。数据类型为字节，长度为 0~12（也可扩展到 244）。

（3）Status

参数 Status 指示功能的成功或失败。可能的值 OK、DS、NA、RS、RR、UE 或 RE，分别表示肯定应答、断线、远程站无反应、远程 LSAP 未被激活、远程 FDL 实体的资源不充分或不可用、远程 DDLM/FDL 接口出错或在响应帧中格式出错。

（4）Diag_Flag

此参数指示在 DP 从站是否存在诊断。这些诊断信息被 1 类 DP 主站用功能 DDLM_Slave_Diag 获取。参数的数据类型：布尔型。值为"真"表示诊断存在，值为"假"表示没有诊断信息。

（5）Inp_Data

此参数包含 DP 从站的输入数据。通常，在此参数中发送的数据反映了 DP 从站外围设备的直接状况。如果冻结模式被激活，这些输入数据从一个中间缓存器读取。此数据代表 DP 从站外围设备在上一次冻结控制命令的瞬时的状态。该参数数据类型为字节，长度为 0~32（可扩展到 244）。

2. DDLM 与 FDL（FMA1/2）

由图 3-32 可知，DDLM 使用户接口和第 2 层联系起来。DDLM 将所有的在用户接口中传送的功能都映像到第 2 层 FDL 和 FMA1/2 服务中。DDLM 为第 2 层发送功能调用（SSAP、

DSAP、Serv_class…）必需的第 2 层参数，接收来自第 2 层的确认和指示并将它们传送给用户接口。

如数据链路层服务定义中所述，DDLM 直接处于 FDL 用户-FDL 接口以及 FMA1/2 用户-FMA1/2 接口之上。

DDLM 用下列服务映像 DDLM 功能到第 2 层：

（1）FDL 服务

1）发送并请求数据需回答（SRD）。

2）发送数据无需确认（SDN）。

（2）FMA1/2 服务

1）复位 FMA1/2。

2）设定值 FMA1/2。

3）读值 FMA1/2。

4）事件 FMA1/2。

5）SAP 激活 FMA1/2。

6）RSAP 激活 FMA1/2。

7）SAP 解除激活 FMA1/2。

DDLM 功能映像到第 2 层和相关的服务存取点（SAP），见表 3-12。

表 3-12 主-从通信中分配给原语的 FDL 参数

DDLM_Primitive	SSAP	DSAP	第 2 层服务	Serv_class
DDLM_Data_Exchange. req/. ind DDLM_Data_Exchange. con DDLM_Data_Exchange_Upd. req	NIL （默认）	NIL （默认）	SRD	高 低/高 低/高
DDLM_Chk_Cfg. req/. ind DDLM_Chk_Cfg. con	62	62	SRD	高
DDLM_Set_Prm. req/. ind DDLM_Set_Prm. con	62	61	SRD	高
DDLM_Slave_Diag. req/. ind DDLM_Slave_Diag. con DDLM_Slave_Diag_Upd. req	62	60	SRD	高 低 低
DDLM_Get_Cfg. req DDLM_Get_Cfg. con DDLM_Get_Cfg_Upd. req	62	59	SRD	高 低 低
DDLM_Global_Control. req/. ind	62	58	SDN	高
DDLM_RD_Outp. req DDLM_RD_Outp. con DDLM_RD_Outp_Upd. req	62	57	SRD	高 低 低
DDLM_RD_Inp. req DDLM_RD_Inp. con DDLM_RD_Inp_Upd. req	62	56	SRD	高 低 低

（续）

DDLM_Primitive	SSAP	DSAP	第2层服务	Serv_class
DDLM_Set_Slave_Add. req/. ind DDLM_Set_Slave_Add. con	62	55	SRD	高

在主-主通信时，请求方以及响应方中的服务存取点均为54。

3. 用户接口与用户

在1类DP主站上用户接口与用户之间的接口被定义为数据与服务的接口。在该接口上处理DP主站（1类）与DP从站之间通信的所有交互作用。所有接口如图3-34所示。1类DP主站上用户接口与用户之间的接口主要有数据接口（Input_Data、Output_Data和Diagnostic_Data）、主站参数设定（Master Parameter）、工作模式（Set Mode）控制及全局控制（Global Control）等。

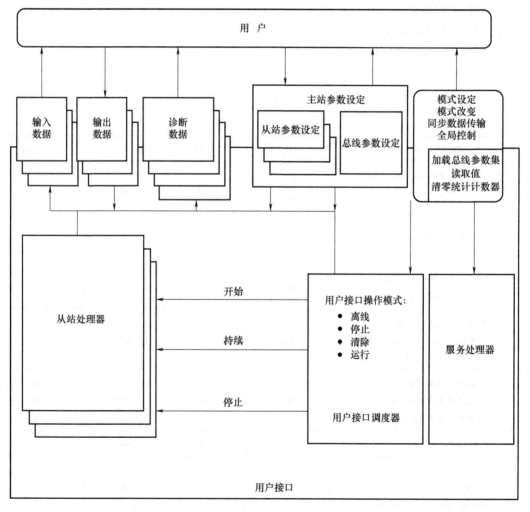

图3-34 1类DP主站上用户与用户接口之间的接口

在2类DP主站中不存在用户接口。2类DP主站的用户直接将它的功能映像到DDLM接口。

在 DP 从站中，用户和用户接口之间的接口被创建为数据接口。

3.5.4　电子设备数据文件

为了将不同厂家生产的 PROFIBUS 产品集成在一起，生产厂家必须以 GSD 文件（电子设备数据库文件）方式将这些产品的功能参数（如 I/O 点数、诊断信息、波特率、时间监视等）提供给用户。标准的 GSD 数据将通信扩大到操作员控制级。使用 GSD 文件根据的组态工具可将不同厂家生产的设备集成在同一总线系统中。

GSD 文件可分为 3 个部分：

1）总规范：包括了生产厂商和设备名称、硬件和软件版本、波特率、监视时间间隔、总线插头指定信号。

2）与 DP 有关的规范：包括适用于主站的各项参数，如允许从站个数、上传/下载能力。

3）与 DP 从站有关的规范：包括与从站有关的一切规范，如 I/O 通道数、类型、诊断数据等。

3.5.5　DP 行规

PROFIBUS-DP 只使用了 ISO/OSI 的第 1 层和第 2 层。而用户接口定义了 PROFIBUS-DP 设备可使用的应用功能以及各种类型的系统和设备的行为特性。

PROFIBUS-DP 的任务只是定义用户数据怎样通过总线从一个站传送到另一个站。在这里，传输协议并没有对所传送的用户数据进行评价，这是 DP 行规的任务。由于精确规定了相关应用的参数和行规的使用，从而使不同制造商生产的 DP 部件能容易地交换使用。目前已制定了如下 DP 行规：

1. NC/RC 行规（3.052）

此行规描述怎样通过 PROFIBUS-DP 来控制加工和装配的自动化设备。从高一级自动化系统的角度看，精确的顺序流程描述了这些自动化设备的运动和程序控制。

2. 编码器行规（3.062）

此行规描述具有单转或多转分辨率的旋转、角度和线性编码器怎样与 PROFIBUS-DP 相耦连。两类设备均定义了基本功能和高级功能，如标定、报警处理和扩展的诊断。

3. 变速驱动的行规（3.072）

主要的驱动技术制造商共同参加开发了 PROFIDRIVE 行规。该行规规定了怎样定义驱动参数、怎样发送设定点和实际值。这样就可能使用和交换不同制造商生产的驱动设备了。

此行规包含运行状态"速度控制"和"定位"所需要的规范。它规定了基本的驱动功能，并为有关应用的扩展和进一步开发留有足够的余地。此行规包括 DP 应用功能或 FMS 应用功能的映像。

4. 操作员控制和过程监视行规，HMI（人机接口）（3.082）

此行规为简单 HMI 设备规定了怎样通过 PROFIBUS-DP 把它们与高一级自动化部件相连接。本行规使用 PROFIBUS-DP 扩展功能进行数据通信。

5. PROFIBUS-DP 的防止出错数据传输的行规（3.092）

此行规定义了用于保证系统安全的附加数据安全机制，如紧急 OFF。由本行规规定的安全机制已经被 TUV 和 BIA 批准。

3.5.6 PA 行规

PROFIBUS-PA 采用 PROFIBUS-DP 的基本功能来传送测量值和状态，并用扩展的 PROFIBUS-DP 功能来制订现场设备的参数并进行设备操作。PROFIBUS-PA 第 1 层采用 IEC 61158-2 技术，第 2 层和第 1 层之间的接口在 DIN19245 系列标准的第 4 部分做出了规定。

PROFIBUS-PA 行规保证了不同厂商所生产的现场设备的互换性和互操作性，它是 PROFIBUS-PA 的一个组成部分。

目前，PA 行规已对所有通用的测量变送器和其他选择的一些设备类型做了具体规定，这些设备如下：测量压力、液位、温度和流量的变送器；数字量输入和输出；模拟量输入和输出；阀门；定位器。

习 题

3.1 简述 PROFIBUS 的通信模型及通信方式。

3.2 PROFIBUS-DP 根据任务定义可分为哪几种设备类型？每种都有哪些主要设备？

3.3 PROFIBUS-PA 有哪几种拓扑结构？画出其结构图。

3.4 简述 PROFIBUS 数据链路层的作用和工作原理。

3.5 简述 PROFIBUS-FMS 的通信模型及通信关系。

3.6 PROFIBUS-DP 与 PROFIBUS-PA 总线的区别是什么？

3.7 简述 PROFIBUS-DP 与 PROFIBUS-PA 行规。

第 **4** 章

西门子博途（TIA Portal）软件介绍

TIA Portal 是西门子博途全集成自动化软件的简称，是西门子工业自动化集团发布的一款全新的全集成自动化软件。也是业内首个采用统一的工程组态和软件项目环境的自动化软件，几乎适用于所有自动化任务。借助这个全新的工程技术软件平台，用户能够快速、直观地开发和调试自动化系统。

TIA Portal 的显著特性是全面开放，与标准的用户程序结合非常容易，方法简便。

WinCC（TIA Portal）是使用 WinCC Runtime Advanced 或 SCADA（数据采集与监控）系统 WinCC Run-time Professional 可视化软件组态 SIMATIC 面板、SIMATIC 工业 PC 以及标准 PC 的工程组态软件。

TIA Portal 适用于 SIMATIC S7-1200 等控制器，也适用于 SIMATIC HMI Basic Panel，TIA Portal 能够对 SIMATIC S7-1200 等控制器进行组态和编程。

另外，TIA Portal 包含 SIMATIC WinCC Basic，可用于 SIMATIC Basic Panel 组态配置。

本章将简单描述 TIA Portal 软件的一些功能及实例组态。

4.1 TIA Portal 的启动和退出

启动 TIA Portal 时，可以双击桌面上的图标进行启动，也可以在 Windows 操作系统中选择"开始"→"程序"→"Siemens Automation"→"TIA Portal V15"进行启动。TIA Portal 打开时会使用上一次的设置。

退出 TIA Portal 时，在"项目"菜单中选择"退出"命令，如果该项目包含任何尚未保存的更改，系统将询问是否保存这些更改。如果选择"是"，更改会保存在当前项目中，然后关闭 TIA Portal；如果选择"否"，则仅关闭 TIA Portal 而不在项目中保存最近的更改；如果选择"取消"则取消关闭过程，TIA Portal 将仍保持打开状态。

4.2 TIA Portal V15 用户界面的视图

在 TIA Portal V15 构建的自动化项目中可以使用 3 种不同的视图，即 Portal 视图、项目视图和库视图，可以在 Portal 视图和项目视图之间进行切换。库视图中将显示项目库和打开的全局库的元素。

1. TIA Portal 视图

TIA Portal 视图提供的是面向任务的工具视图，TIA Portal 视图可以快速浏览项目任务和数据，并能通过各个 TIA Portal 访问处理关键任务所需的应用程序功能。TIA Portal 视图的布局如图 4-1 所示。

图 4-1　TIA Portal 视图的布局

（1）登录选项

登录选项为每个任务区提供了基本功能。TIA Portal 视图中的登录选项和所安装的产品相关。

（2）登录选项对应的操作

所选登录选项中的操作包括打开现有项目、创建新项目、移植项目、关闭项目、欢迎光临、新手上路、已安装的产品、帮助和用户界面语言。用户可以在每个登录选项中调用上下文相关的帮助功能。

（3）所选操作的选择面板

所有登录选项均有相对应的选择面板。选择面板的内容与当前选择相对应。

（4）切换到项目视图

单击"项目视图"，可以连接并切换到项目视图。

（5）当前打开项目的显示区域

查看当前打开项目的显示区域，用户可以了解当前打开的具体项目。

2. 项目视图的布局

TIA Portal V15 的项目视图是项目所有组件的结构化视图，项目视图中有各种编辑器，可以用来创建和编辑相应的项目组件。

TIA Portal V15 项目视图的功能区域包括标题栏、菜单栏、工具栏、切换到 Portal 视图、编辑器栏、带有进度条的状态栏项目树等，项目视图的布局如图 4-2 所示。使用组合键 <Ctrl+1>～<Ctrl+5>能够改变窗口布局，即打开或关闭项目树、详细视图等窗口。

（1）标题栏

标题栏中显示的是项目的名称，这里显示的是"指令的应用项目"。

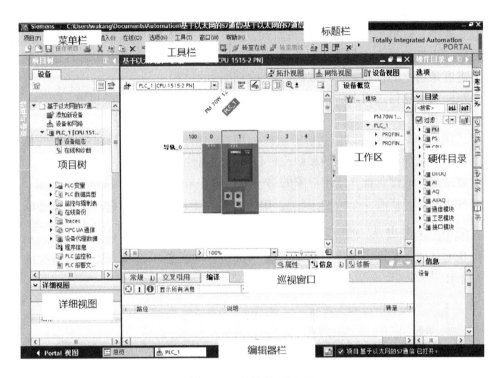

图 4-2　项目视图的布局

（2）菜单栏

菜单栏包含工作所需的全部命令，分为主菜单和子菜单。在编程软件 TIA Portal V15 窗口上的菜单大体分为两种菜单，即下拉菜单与弹出菜单。

1）下拉菜单。下拉菜单的各项内容提要显示在软件窗口的上方，单击其中任何一项，将显示下拉的子菜单，"下拉"菜单因而得名。

2）弹出菜单。在不同窗口或不同位置右击鼠标时会弹出一个菜单，所弹出菜单的内容，所在的窗口或位置不同而有所不同。在弹出菜单出现后，在相应选项上单击即可进行相应操作。

（3）工具栏

TIA Portal V15 工具栏上的常用命令按钮用于快速访问软件中的命令。工具栏以图表的形式显示在窗口下拉菜单的下方。工具条是分组的，每组含若干项，每个项都有一个比较形象的图标，与具体的菜单项对应。单击这个图标与单击对应的菜单项的效果是相同的，但使用工具栏比使用菜单项要更方便一些。显示工具条要占用窗口的面积，故可以不使用工具条，也可以在相应的菜单项中选择不显示工具栏，TIA Portal V15 中，可在"选项"中设置工具条显示与否。

（4）切换到 Portal 视图

单击"Portal 视图"，可以连接并切换到 Portal 视图。

（5）编辑器栏

编辑器栏显示打开的编辑器。如果已打开多个编辑器，它们将组合在一起显示，用户可以使用编辑器栏在打开的元素之间进行快速切换。

（6）带有进度条的状态栏

在状态栏中，将显示当前正在后台运行的进度条，其中还包括一个用图形方式显示的进度条。将鼠标指针放置在进度条上，系统将显示出工具提示，描述正在后台运行的其他信息。单击进度条边上的按钮，可以取消后台正在运行的过程。

如果当前没有任何过程在后台运行，则状态栏中会显示最新生成的报警。

（7）项目树

使用"项目树"功能可以访问所有组件和项目数据，可以在项目树中执行的任务包括添加新组件、编辑现有组件、扫描和修改现有组件的属性。

可以通过鼠标或键盘输入指定对象的第一个字母，来快速选择项目树中的对象。

在项目树的标题栏有一个按钮 ，用于自动和手动折叠项目树。手动折叠时，这个按钮将"缩小"到左边界。此时箭头会从指向左侧的箭头变为指向右侧的箭头 ，并可用于重新打开项目树，还可以使用"自动折叠"按钮自动折叠项目树，展开与折叠的项目树如图 4-3 所示。

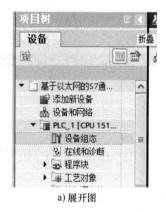

a) 展开图

b) 折叠图

图 4-3　展开与折叠的项目树

4.3　创建新项目

创建一个新项目，双击 图标打开 TIA Portal V15 编程软件操作系统，单击"启动"→"创建新项目"，在"创建新项目"中输入项目名称、路径、作者和注释后，单击"创建"按钮，如图 4-4 所示。

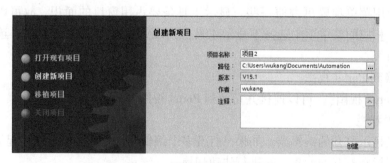

图 4-4　创建 TIA 的新项目

创建好的新项目的扩展名与 TIA Portal 的版本号相关，本书安装的版本为 V15.1，所以创建项目的扩展名为 .ap15。也可以通过单击"打开现有项目"来打开一个已有项目，单击"关闭项目"可以结束现有操作。

4.4　保存项目

创建完成的新项目要进行项目的保存，即在"项目"菜单中，选择"保存"命令，如图 4-5 所示。

图 4-5　保存项目

保存项目是对项目的所有更改都以当前项目的名称进行保存。如果要编辑 TIA Portal 较早版本的旧项目，则保存项目的文件扩展名还是会保持之前已有的扩展名称，故还能在 TIA Portal 的较早版本中编辑这个项目。

4.5　TIA Portal V15 的硬件和网络编辑器

硬件和网络编辑器是 TIA Portal V15 的一个集成开发环境，用于对项目中配置的设备和模块进行组态、联网和分配参数。

双击"项目树"→"PLC_1［CPU1512-2 PN］"→"设备组态"可打开硬件和网络编辑器，它的结构如图 4-6 所示。

硬件和网络编辑器包括设备视图、巡视窗口和总览窗口。

1. 设备视图

双击 TIA Portal V15 项目中"项目树"→"PLC_2［CPU1214C DC/DC/DC］"→"设备组态"，在组态区域中可以使用切换开关来实现设备视图、网络视图和拓扑视图的转换，这里单击"设备视图"，在设备视图中能够看到 S7-1200 PLC 的可添加模块数量。CPU 左侧可以添加 3 个扩展模块，右侧可以添加 8 个扩展模块，设备视图如图 4-7 所示。

在"设备视图"的图形区域显示的是项目中添加的设备，可以使用鼠标更改设备视图图形区域与表格区域之间的间距。使用工具栏中的按钮，可以更改水平方向和垂直方向的分

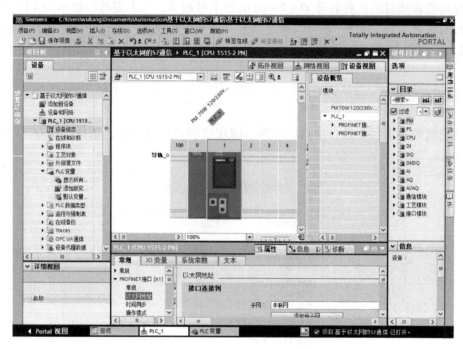

图 4-6　硬件和网络编辑器的结构

图 4-7　设备视图

隔。在图形区域和表格区域间单击，并在按住鼠标按钮的同时，左右移动分隔线更改间距大小，变更分隔线的位置。通过快速拆分器（两个小箭头键），单击用来最小化表格视图或恢复上一次选择的拆分。

（1）设备视图的工具栏

通过工具栏中的下拉列表，可以在"设备视图"中切换项目配置的设备，工具栏的图标和功能见表4-1。

表4-1 工具栏的图标和功能

图标	功能
	切换到网络视图，可以通过下拉列表在设备视图中切换当前设备
	显示拔出模块的区域
	打开对话框，可以手动给 PROFINET 设备命名，为此，I/O 设备必须已插入并与 I/O 系统在线连接
	显示模块标签。选择所需的标签，并单击所选的文本字段或按 F2 键就可以编辑标签了
	启用分页预览。打印时将在分页的位置处显示虚线
	可以使用缩放图标进行增量放大（+）或缩小（-），或者拖动某个区域框来进行放大，使用信号模块，能够以200%或更高的缩放比例来识别 I/O 通道的地址标签
	横向和纵向更改编辑视图中图形区域和表格区域的分隔
	保存当前的表格视图。表格视图的布局、列宽和列隐藏属性被保存

71

（2）图形区域

"设备视图"的图形区域显示的是项目的硬件组件，大型项目可以组态一个或多个机架，对于带有机架的设备，要将硬件目录中项目的硬件对象安装到相应机架的插槽中。

在图形区域的底部边缘处是用于控制视图的操作员控件，可以使用下拉列表选择缩放级别，还可以将值直接输入到下拉列表的字段中，也可以使用滚动条来设置缩放的级别，右下角的图标是用来重新定焦窗口中的图形区域的。

（3）总览导航

单击总览导航 可在图形区域总览所创建的对象。按住鼠标按钮，可以快速总览导航到所需的对象并在图形区域中显示项目中组态的设备。

（4）表格区域

通过"设备视图"的表格区域，可以总览所用的模块以及最重要的技术数据和组织数据，还可以使用表格标题栏中的快捷菜单调整表格显示。

2. 巡视窗口

巡视窗口有"属性"选项卡、"信息"选项卡和"诊断"选项卡。

1）"属性"选项卡显示所选对象的属性，用户可以在此处更改可编辑的属性。

2）"信息"选项卡显示有关所选对象的附加信息以及执行操作（如编译）时发出的报警。

3）"诊断"选项卡中将提供有关系统诊断事件、已组态消息事件以及连接诊断的信息。

3. 总览窗口

总览窗口有 3 种显示形式，可以按照详细视图、列表视图和图标视图来显示总览窗口的内容。单击"总览"可以显示总览内容。总览窗口如图 4-8 所示。

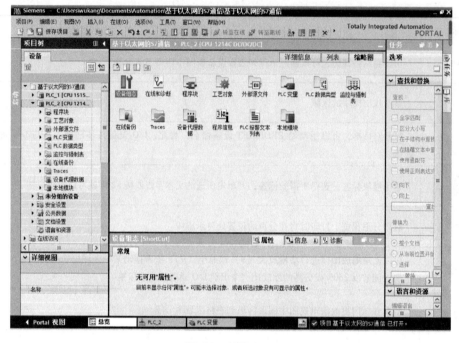

图 4-8　总览窗口

在详细视图中，对象显示在一个含有附加信息的列表中。

在列表视图中，对象显示在一个简单列表中。

在图标视图中，以图标的形式显示对象。

在工具栏中，单击 TIA Portal V15 工具条的"窗口"，在下拉列表中可以选择拆分总览窗口的方式，如图 4-9 所示。

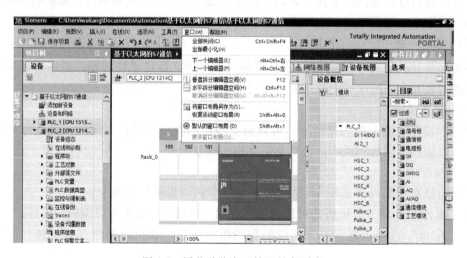

图 4-9　拆分总览窗口的工具条列表

4.6 添加 CPU 与更换 CPU

创建完新项目后，单击"打开"即可进入该项目，新创建项目的组态页面如图 4-10 所示。

图 4-10 新创建项目的组态页面

在"新手上路"里，单击"组态设备"，然后在"添加新设备"为项目配置 CPU，选择"控制器"→"SIMATIC S7 1200"→"CPU"→"CPU1214C AC/DC/Rly"→"6ES7 214-1BG40-0XB0"，单击"添加"按钮。

添加完成后，可以单击"项目树"→"PLC_1［CPU1214C AC/DC/Rly］"→"设备组态"，查看项目中的 CPU 设备。

若需要将项目中原有的 S7-1214C 替换为 S7-1215C，可以右击要更改的 PLC，选择"更改设备"，如图 4-11 所示。

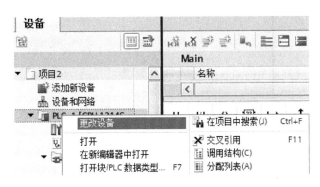

图 4-11 右击要更改的 PLC

在"更改设备"页面中，选择所要更换的设备，单击页面下方的"确定"按钮即可。

TIA Portal 是组态化编程软件，单击对应模块可以实现很多配置，组态一个模拟量输入模块时，可以单击"模拟量输入"对每个通道进行配置，包括测量类型、测量范围、滤液周期和溢出诊断等，还可以对模拟量模块的起始地址进行分配，TIA 会自动计算模块的起始地址，AI 模块组态如图 4-12 所示。

图 4-12　AI 模块组态

4.7　变量表的创建

创建项目中的变量，也是对 CPU 的 I/O 地址进行分配的操作，是确定 PLC 上各个 I/O 点或字节、字的具体地址。在多数情况下做好设定，PLC 各个 I/O 点或字节、字确定了，实际地址也就确定了。因为大多数地址是自动生成的，可以对 PLC 的 I/O 地址进行自行设计。自行设计时 PLC 的地址可按照给定的变化范围选定，比较灵活，I/O 地址分配可以把 PLC 上的各个 I/O 点或字节、字，分配给实际的输入器件及执行器件使用，以便在编程时，恰当地使用有关的 I/O 地址。

在 TIA Portal 中，所有数据都存储在一个项目中，修改后的应用程序数据会在整个项目内自动更新，变量就是项目中的应用程序数据。

1. 变量表的创建

先添加 CPU 再对 CPU 的 I/O 点进行变量表的创建，单击"项目树"→"PLC＿1〔CPU1214C AC/DC/Rly〕"→"PLC 变量"→"显示所有变量"，打开变量表，如图 4-13 所示。

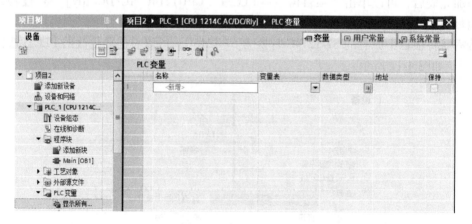

图 4-13　打开变量表

在数据块中创建变量时，选择"标准-与 S7-300/400 兼容"，则在数据块中可以看到

"偏移量"这一列，并且系统在编译之后在该列生成每个变量的地址偏移量，设置成优化访问的数据块则无此列。

默认情况下会有一些变量属性未被显示出来，可以通过右击任意列标题，在出现的菜单中选择显示被隐藏的列，如图 4-14 所示。

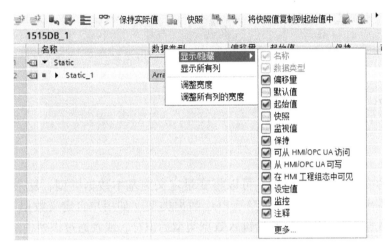

图 4-14　显示被隐藏的列

在数据块（DB）中设置数据的保持性，对于可优化访问的数据块，其中的每个变量可以分别设置是否具有保持特性；而标准数据块只能设置其中所有的变量保持或不保持，不能对每个变量单独设置，如图 4-15 所示。

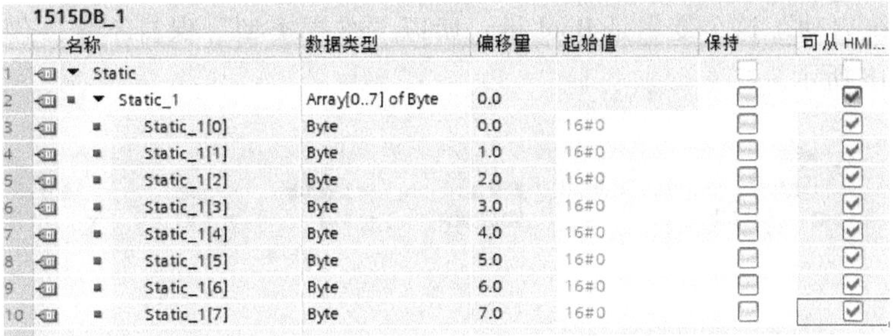

		名称	数据类型	偏移量	起始值	保持	可从 HMI...
1		▼ Static				☐	
2		▼ Static_1	Array[0..7] of Byte	0.0		☐	☑
3		Static_1[0]	Byte	0.0	16#0	☐	☑
4		Static_1[1]	Byte	1.0	16#0	☐	☑
5		Static_1[2]	Byte	2.0	16#0	☐	☑
6		Static_1[3]	Byte	3.0	16#0	☐	☑
7		Static_1[4]	Byte	4.0	16#0	☐	☑
8		Static_1[5]	Byte	5.0	16#0	☐	☑
9		Static_1[6]	Byte	6.0	16#0	☐	☑
10		Static_1[7]	Byte	7.0	16#0	☐	☑

图 4-15　设置数据的保持性（标准数据块）

2. 创建变量

变量的数据类型包括基本数据类型、复杂数据类型（时间与日期、字符串、结构体、数组等）、PLC 数据类型（如用户自定义数据类型）、系统数据类型和硬件数据类型，定义时可以直接在编辑框中键入数据类型标识符，或者通过该列中的选择按钮进行选择。

如系统启动的变量，可在"名称"→"添加"输入框中输入变量的名称，如图 4-16 所示。

图 4-16　系统启动变量的创建

参照 PLC 的 I/O 地址，为这个系统启动变量连接绝对地址，单击"地址"→ ▼，输入变量选择的操作数标识符为 I，位号修改为 1，在输入地址后选择 √ 完成连接，如图 4-17 所示。

图 4-17　为系统启动变量连接绝对地址

为新创建的变量定义数据类型，可以将变量定义为基本数据类型、复杂数据类型（时间与日期、字符串、结构体、数组等）、PLC 数据类型（如用户自定义数据类型）、系统数据类型和硬件数据类型，也可以直接键入数据类型标识符，或者通过该列中的选择按钮进行选择。

西门子公司 S7-1200 PLC 变量的很多类型是 Struct（结构体）的变形体，就是在这个结构上面衍生出来的。Struct 是一种可以存储多种变量类型的一种复合变量类型，比如某个变量为 Struct 类型，可以存储整型、浮点型。常用变量类型还有数组类型，数组是对同类型变量的组合，通过 Index（索引），获取某一位置的值。可以在 S7-1200 PLC 里面可以声明一个数组变量，其类型为结构，用于记录每个时间点的电压值。

由于"系统启动"这个变量是 Bool 量，所以"数据类型"保持不变，创建好的系统启动变量如图 4-18 所示。

图 4-18　创建好的系统启动变量

4.8　程序的上电与下载

PLC 每次上电后，都要运行自检程序并对系统进行初始化，这是系统程序预置好的，是操作系统自行完成的，用户不需要对此进行干预，当上电后出现故障时，PLC 会有相应的故障提示信号，按照说明书进行处理后，再次上电启动 PLC 即可。

PLC 是工作非常可靠的设备，即使出现故障，维修也十分方便。这是因为 PLC 会对故障情况做记录。所以，PLC 出了故障，根据故障码和记录是很易查找与诊断故障的。同时，诊断出故障后，排除故障也十分简单，如果是单个 I/O 触点出现问题，更换到冗余的没有使用的触点即可（记得用新的 I/O 的地址变量替换程序中的原有变量），如果是模块出现问题，更换整个模块即可。运行的软件在对项目调试后是不会发生故障的。

项目组态 CPU 和所有添加的硬件之后，编写程序，然后仿真，单击下载图标 ，设置好 PG/PC 接口的类型和 PG/PC 接口后单击"开始搜索"按钮，选择目标设备后单击"下载"将用户程序下载到 CPU，以便测试用户程序的运行。

习　　题

4.1　简述在 TIA Portal 软件里新项目的创建过程。

4.2　数据类型包括哪些？怎样创建变量表？

第 5 章

现场总线PROFIBUS组网技术

5.1 PROFIBUS 组网技术简介

第 3 章对 PROFIBUS 现场总线的基本原理和技术进行了介绍。本章中主要以项目的形式给出常见的 PROFIBUS 网络的组网过程。

组网工作主要是在网络硬件理论设计的基础上，使用组态软件对网络实施组态。PROFIBUS 网络的设计主要包括网络构架、节点地址和数量、波特率和主从站的网络关系的确定等。

本章将介绍最常见的 3 类 PROFIBUS 网络组态过程，它们如下：

1）PROFIBUS-DP 主站与被动从站之间的通信。

2）PROFIBUS-DP 主站与智能从站之间的通信。

3）基于 PROFIBUS-DP 连接的直接数据交换通信。

需要强调的是，本章介绍的网络组态过程具有通用性，讲解的是 3 类网络的组态，每一类都具有典型性和普遍性。

5.2 PROFIBUS-DP 主站与被动从站之间的通信

本节将首先介绍 S7-300/400 PLC 与 ET200M/S 之间的 PROFIBUS-DP 通信，接着介绍 S7-300 PLC 与 S7-200 PLC 之间的 PROFIBUS-DP 通信。它们都属于 PROFIBUS-DP 主站与被动从站之间的通信。

5.2.1 S7-300/400 和 ET200M/S 的 PROFIBUS-DP 通信

ET200 是一个远程 I/O 站，它主要收集现场的 I/O 信号，一般安装在现场。它直接连接处理现场 I/O 信号，用于实时性要求很高的情况。远程 I/O 实际上就是 PLC 的一个远程接口，通过 PROFIBUS 总线与 PLC 相连。在 PROFIBUS-DP 控制网络中，S7-300/400 PLC 作为主站配置，而 ET200 只能作为 PLC 的从站。

下面是 PLC 与 ET200 进行通信的实例，其中 PLC 选用了 CPU315-2PN/DP，订货号为 6ES7 315-2EG10-0AB0。远程 I/O 终端模块选用的是 ET200S 的 IM151-1 Standard 模块，订货号为 6ES7 151-1AA05-0AB0。此实例组态见附录 5.2.1。

1. 创建项目

打开 STEP 7 软件，创建一个新的项目，项目名称是 DP-300-ET200，如图 5-1 所示。确定后，STEP 7 窗口中显示名称为 DP-300-ET200。

2. 主站硬件配置

在新建项目中插入 PROFIBUS-DP 主站，主站选择 SIMATIC 300，如图 5-2 所示。插入主站双击硬件选项，进入硬件配置窗口。在硬件配置窗口中依次从目录中插入机架、电源模块、CPU315-2 PN/DP。主站硬件配置结束后如图 5-3 所示。

附录 5.2.1 S7-300/400 和 ET200M/S 的 PROFIBUS-DP 通信实例

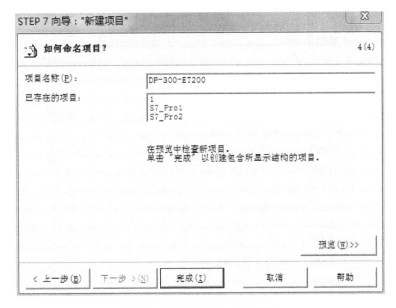

图 5-1 新建项目 DP-300-ET200

图 5-2 在新建项目中插入 SIMATIC 300 主站

在图 5-3 中双击 MPI/DP 一栏弹出对话框，如图 5-4 所示，在接口类型中选择网络类型 "PROFIBUS"，然后单击 "属性" 按钮，此时出现如图 5-5 所示的窗口，选择新建 PROFIBUS 网络，并对网络参数进行配置，参数设置具体如图 5-6 所示。

3. 从站 ET200S 硬件配置

在主站硬件及网络配置的基础上，才能够对从站 ET200 硬件组态。在配置好的主站硬件配置窗口中，从目录中选择对应的 ET200S 模型 IM151-1 Standard，将该模块拖拽至主站的 PROFIBUS 网络上，如图 5-7 所示。拖拽连接成功自动弹出如图 5-8 所示对话框，单击确定后表示网络已经连接成功。连接成功后如图 5-9 所示。

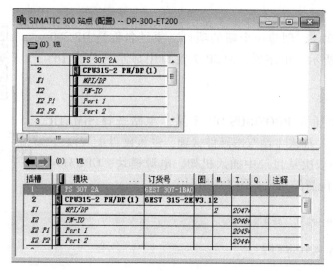

图 5-3　CPU315-2 PN/DP 主站的硬件配置

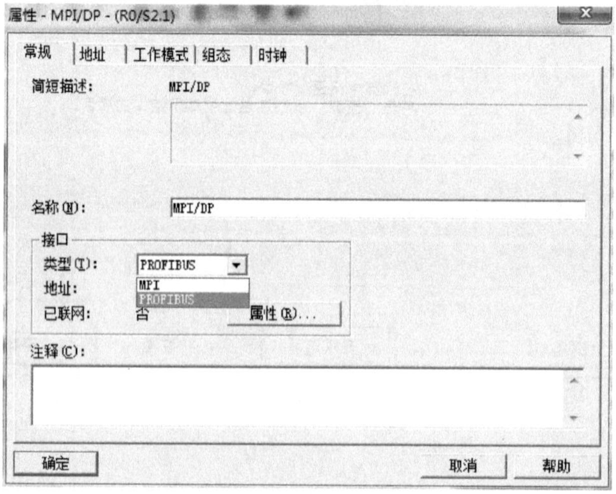

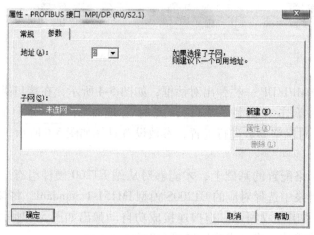

图 5-4　接口类型选择

图 5-5　新建 PROFIBUS 网络

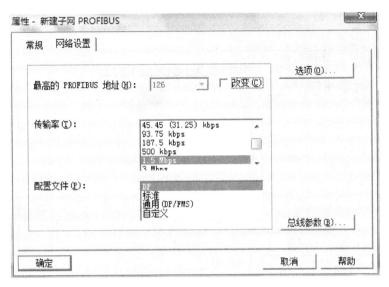

图 5-6 PROFIBUS-DP 参数设置

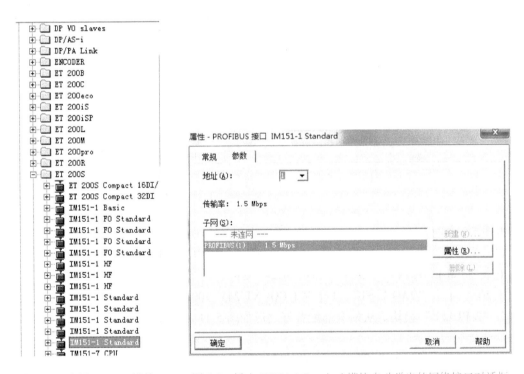

图 5-7 选择 ET200S 模块　　图 5-8 插入 IM151-1 Standard 模块自动弹出的网络接口对话框

　　双击 IM151-1 Standard 的图标后出现如图 5-10 所示对话框，单击其中的 PROFIBUS 以对系统的 PROFIBUS 地址及参数进行设置。本例中设置 ET200S 站的 PROFIBUS-DP 地址是 4。

　　经过以上对从站的连接和 PROFIBUS-DP 地址的设置，从站的配置并不完整。根据 ET200S 具体的硬件 I/O 情况和模块情况，插入与硬件顺序相同的各个模块。具体插入方式

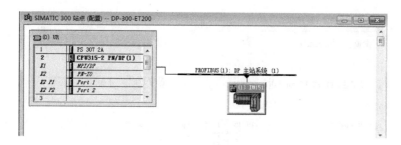

图 5-9 CPU 与 IM151-1 Standard 的连接

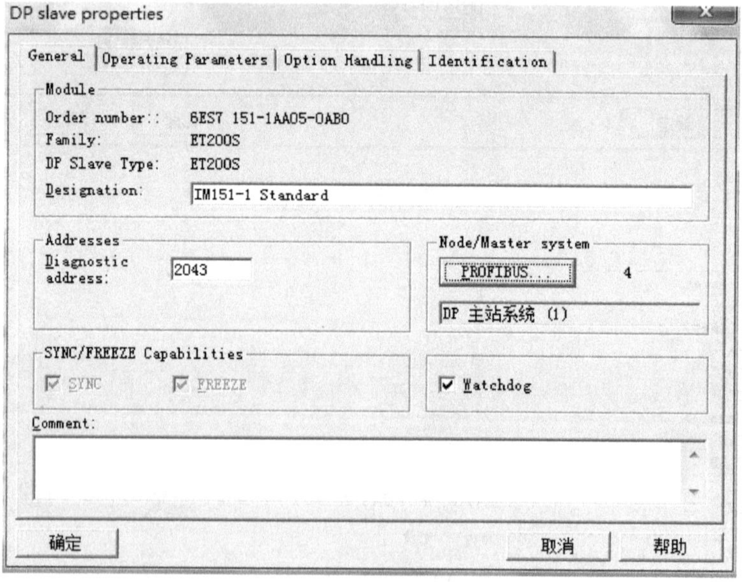

图 5-10 IM151-1 Standard 的 PROFIBUS 网络设置

是单击图 5-9 中的 IM151-1 Standard 模块，下方出现 IM151-1 Standard 机架，此时的机架是空的。右键单击各个机架即出现需要添加的各个模块。本例中根据试验硬件，设置添加的模块包括 1 个 "PM-E DC24V"、5 个 "2DI DC24V ST"、5 个 "2DO DC24V/0.5A ST"、1 个 "2AI U ST"、1 个 "2AO U ST"、1 个 "1 COUNT 24V/100kHz"、1 个 "1STEP 5V/204kHz" 和 1 个 "2 PULSE" 模块。从站全部配置好之后如图 5-11 所示。

4. 软件编程

在以下编程中只对 ET200S I/O 的情况进行测试，测试分成以下 3 段程序，分别对 I/O 的 3 个不同地址进行测试，如图 5-12 所示。实际工程中可以根据系统的功能情况对 I/O 进行编程。

5.2.2 S7-300/400 和 S7-200 的 PROFIBUS-DP 通信

S7-200 只能作为 S7-300 PLC 的从站来配置。由于 S7-200 本身没有 DP 接口，只能通过 EM277 接口模块连接到 PROFIBUS-DP 网络上。

EM277 模块的左上方有两个拨码开关，每个拨码开关使用一字螺钉旋具旋动，从而可

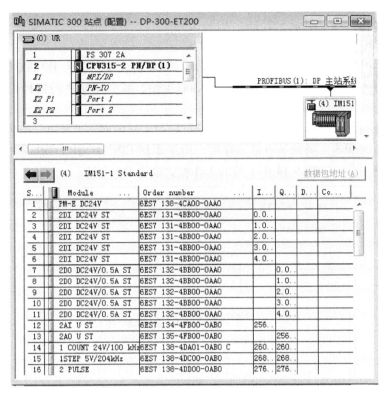

图 5-11　IM151-1 Standard 插入各个模块

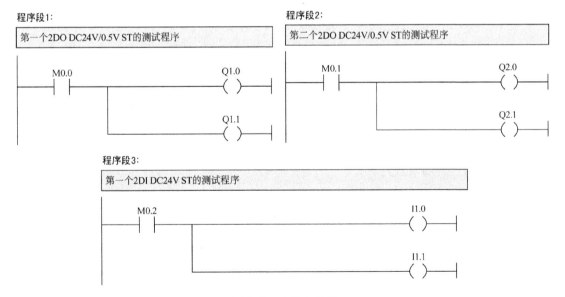

图 5-12　主站内程序

以设定 0~9 这 10 个数字，其中一个拨码开关的数字×10，另一数字×1，因此组合起来构成了 0~99，这也是 EM277 在 PROFIBUS-DP 网络中的物理站地址。EM277 在通电情况下修改拨码开关的数字后，必须断电，然后再上电才能使设定的地址生效。硬件网络组态时设定的

附录 5.2.2　S7-300/400
和 S7-200 的 PROFIBUS-
DP 通信实例

EM277 站地址，必须与拨码开关设定的地址一致。此实例组态见附录 5.2.2。

1. 新建项目

打开 STEP 7 新建一个项目，项目名为 DP-300-277，如图 5-13 所示，然后插入 S7-300 主站，并对主站进行硬件配置，具体过程与前面的例子一样。

硬件组态结束后可以对主站的网络参数进行配置，此处与前面的例子也是一样的，由于本例 CPU315-2PN/DP 是主站，因此，在图 5-14 中主站的工作模式选为 DP 主站。

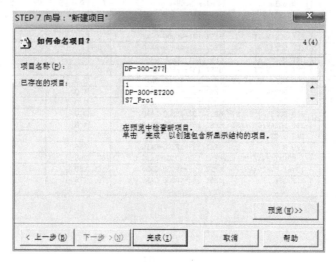

图 5-13　新建通信项目

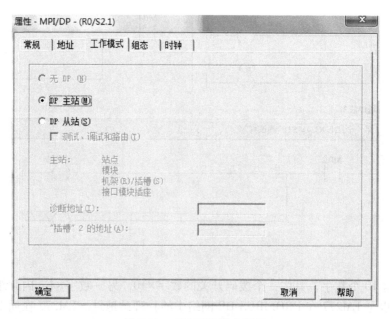

图 5-14　主站工作模式设定

图 5-15 中为组建完整的主站 PROFIBUS 网络，单击"▣编译保存"按钮可以对刚才的硬件组态进行保存编译。

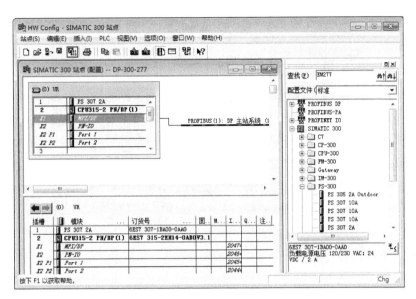

图 5-15　主站上组建了 PROFIBUS 网络

2. 插入 EM277 从站

由于 S7-200 没有集成 DP 接口，必须通过 EM277 才能连接到 PROFIBUS 网络上。在图 5-15 右侧的目录树内依次选择 PROFIBUS-DP、Additional Field Devices、PLC、SIMATIC、EM277 PROFIBUS-DP，将它拖至左侧 PROFIBUS-DP 电缆处，并出现如图 5-16 所示对话框。

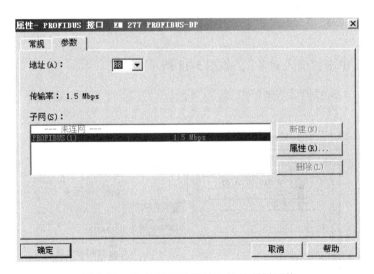

图 5-16　组态 EM277 的站地址及所属网络

框内的地址为 EM277 在 PROFIBUS-DP 网络内的站地址，它必须与 EM277 模块上的拨码开关设定的物理地址相同。EM277 物理地址的设定可以参见本节开始处所叙述的内容。设定完属性后单击"确定"按钮，即完成主站与 EM277 的连接，如图 5-17 所示。

从图 5-17 的 1 号框可以看出，刚才插入的 EM277 站点的地址为"88"，也就是说

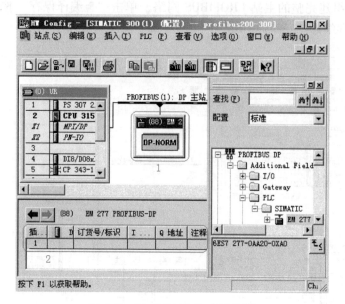

图 5-17　EM277 站点与主站连接

EM277 的物理模块上的拨码开关所设定的也应该是"88"。如果这两者的设置不一致，通信线路将出现故障，这时候 CPU315-2PN/DP 上的 SF 指示灯通常会亮起来。

3. 配置 CPU315-2PN/DP 与 S7-200 的通信区

这里要配置的通信区是指 S7-300 与 S7-200 两侧的互为映射的通信缓冲区。EM277 仅仅是 S7-200 用于和 S7-300 进行通信的一个接口模块，S7-200 侧的通信区地址设置必须能够被 S7-200 所接收，与 EM277 无关。

单击图 5-17 的 EM277（1 号框），出现 2 号框内的内容，在这里可以配置 S7-300 侧的通信区。

右击 2 号框，单击"插入对象"，如图 5-18 所示。

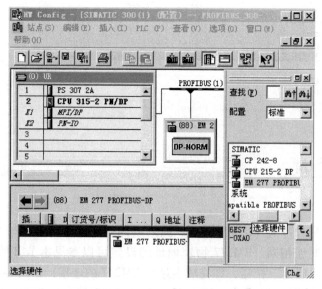

图 5-18　插入 S7-300 侧通信区对象

单击图 5-18 内的 "EM 277 PROFIBUS-DP"，可以看到模块提供了多种不同大小的通信区，用户可以根据实际数据传输量来选择，这里选择 "2 Bytes Out/2 Bytes In"，如图 5-19 所示。

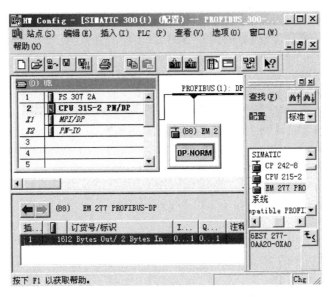

图 5-19 设置 S7-300 侧通信区

这里配置的 S7-300 侧的通信区地址是系统默认的。当然用户也可以修改通信区地址：双击图 5-19 下方的深色区域，出现图 5-20 所示的对话框，框内显示的是 S7-300 侧的 I/O 通信区，用户可以在这里修改 I/O 通信区的起始地址。

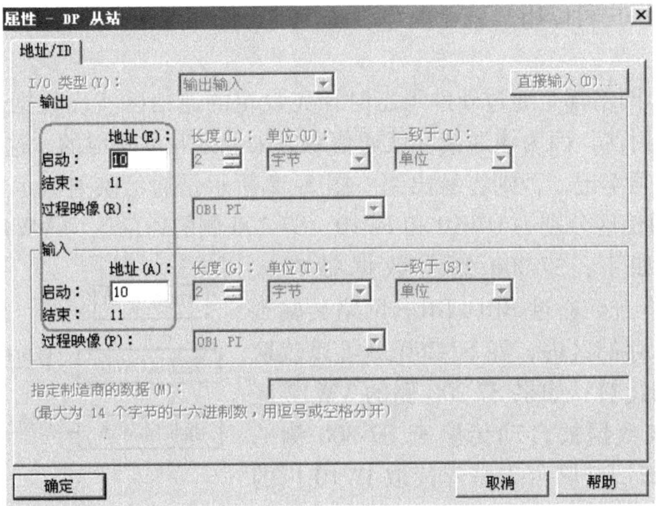

图 5-20 修改 S7-300 侧的通信区地址

本例中修改起始地址从 10 开始，则发送区变为 QW10（QB10、QB11）；接收区变为 IW10（IB10、IB11）。

接下来再配置 S7-200 侧的通信区，双击图 5-19 中的 EM277，在出现的对话框内选择

"参数赋值"选项卡。S7-200 侧的通信区默认使用的是全局变量 V 存储区。在图 5-21 中的框内可以设定通信区在 V 区的起始地址。默认通信区从 V0 开始，占用 4B（前面通过组态设定的），也可以自行修改，如图 5-21 所示，修改为从 V10 开始，即 VW10 和 VW12，其中 VW10 用来接收 S7-300 侧发来的数据，VW12 用来向 S7-300 发送数据。

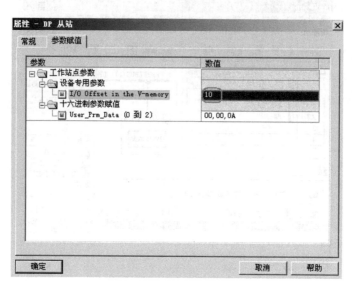

图 5-21　配置 S7-200 侧的通信区

如果在图 5-19 中建立的缓冲区是"8 Bytes Out/8 Bytes In"，则 S7-200 侧的通信区 VB0~VB7 为接收区，VB8~VB15 为发送区。

配置完成后，单击"确定"按钮即可。至此，S7-200 与 S7-300 PROFIBUS-DP 通信网络的硬件组态结束。用户可以用"编译保存"按钮进行保存编译，并将配置下载到 S7-300 中。

4. 软件编程

PROFIBUS-DP 网络都是通过硬件组态时预先设定的通信区实现数据交换的，这个数据区通常称为通信映射区，因为该通信区就通信双方来说是互为映射的。这一点在组态时以及后面的编程中都必须牢记，否则容易出错。图 5-22 所示是通信映射区示意图，根据前面的组态 S7-300 侧的通信区分别为 QW10 和 IW10，S7-200 侧的通信区为 VW10 和 VW12。

通信的过程如下：S7-300 侧有数据被存入 QW10，则该数据将自动通过 PROFIBUS 网络传输到 S7-200 侧的 VW10 存储区内，在 S7-200 侧可以读取该数据参与其他的运算；如果 S7-200 侧的 VW12 区有数据存入，则该数据被自动传输至 S7-300 侧的 IW10 存储区，在 S7-300 侧可以编程读取 IW10 内的数据进行处理。下面是根据以上通信区的设置情况编写的程序。

图 5-22　S7-300 与 S7-200 之间的
通信映射区

在 S7-300 侧的编程可以用两条语句来实现。在 STEP 7 内打开 OB1 块，输入图 5-23 中的程序。程序段 1 是将 MW0 的数据通过输出缓冲区 QW10 发送给 S7-200 侧。程序段 2 的功能是将接收缓冲区 IW10 内的数据读出，并送给 MW2。

图 5-23　S7-300 侧的编程

S7-200 侧的编程可以用一条语句来接收主站发送来的数据，并将该数据发送到主站，如图 5-24 所示。

这段程序的功能是通过接收缓冲区 VW10 读取 S7-300 侧发来的数据，并将接收到的数据取反并通过 VW12 发送出去。如果在主站侧修改 MW0 的值为 W#16#0003，通过 STEP 7 的变量表在线观察到经 S7-200 侧程序取反再返回给 S7-300 侧的值 W#16#FFFC，如图 5-25 所示。

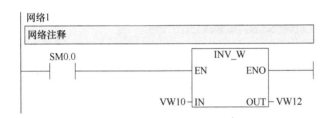

图 5-24　S7-200 侧的编程

图 5-25　通信结果监控

5.2.3　S7-1200 与 ET200S 的 PROFIBUS-DP 通信

ET200S 是一个远程 I/O 站，主要是收集现场的 I/O 信号，一般安装在现场。它直接连接处理现场 I/O 信号，用于实时性要求很高的情况。远程 I/O 实际就是 PLC 的一个远程接口，通过 PROFIBUS 总线与 PLC 相连。在 PROFIBUS-DP 控制网络中，S7-1200 PLC 作为主站配置，而 ET200S 只能作为 PLC 的从站。

以下是 S7-1200 PLC 与 ET200S 通信实例，其中 PLC 选用了 CPU1214C AC/DC/Rly，订货号为 6ES7 214-1BG40-0XB0。远程 I/O 终端模块选用的是 ET200S 的 IM151-1 基本型模块，订货号为 6SE7 151-1CA00-0AB0。此实例组态见附录 5.2.3。

在 TIA Portal V15 中创建新项目 "S7-1200 PLC 与 ET200S 的 DP 通信"，单击 "创建" 按钮，如图 5-26 所示。

单击 "新手上路"→"创建 PLC 程序"，进入 PLC 的编程界面，如图 5-27 所示。

在 "PLC 编程" 中添加设备，单击图标  添加项目中的 PLC，如图 5-28 所示。

附录 5.2.3　S7-1200 与 ET200S 的 PROFIBUS-DP 通信实例

图 5-26　创建新项目

图 5-27　创建 PLC 程序

90

图 5-28　在 PLC 编程中添加设备

单击"控制器"→"SIMATIC S7-1200"→"CPU"→"CPU1214C AC/DC/Rly"→"6ES7 214-1BG40-0XB0"，版本号选择 V4.0，单击"确定"按钮添加 S7-1200 PLC，如图 5-29 所示。

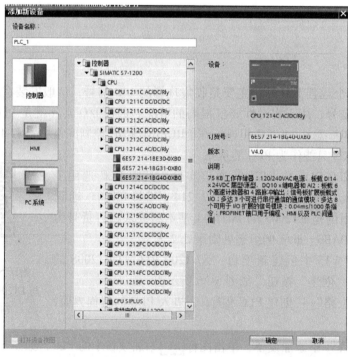

图 5-29　添加 S7-1200 PLC

双击 Main 图标，进入 TIA Portal V12 的"项目视图"，如图 5-30 所示。

图 5-30　双击 Main 图标

单击"项目树"→"PLC_1〔CPU1214C AC/DC/Rly〕"，双击"设备组态"，单击"硬件目录"→"通信模块"→"PROFIBUS"→"CM1243-5"，单击轨道 0 后双击"6GK7243-5DX30-0XE0"为 S7-1200 PLC 添加 PROFIBUS 通信模块，如图 5-31 所示。

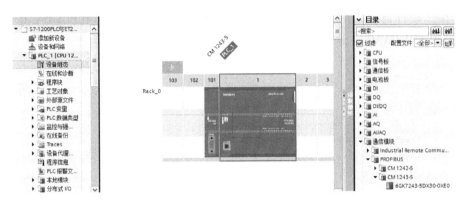

图 5-31　添加 PROFIBUS 通信模块 CM 1243-5

单击"项目树"→"PLC_1〔CPU1214C AC/DC/Rly〕"，双击"设备组态"，单击"网络视图"，单击"硬件目录"→"分布式 I/O"→"ET200S"→"接口模块"→"PROFIBUS"→"IM151-1 基本型"，双击"6SE7 151-1CA00-0AB0"，添加 ET200S，如图 5-32 所示。

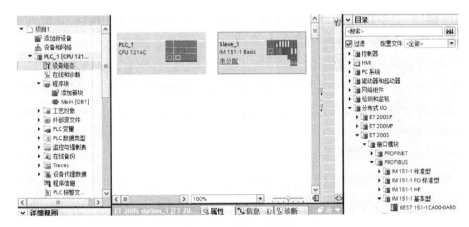

图 5-32　添加 ET200S

单击"项目树"→"未分组的设备"→"Slave_1〔IM151-1 Basic〕"，双击"设备组态"，单击"硬件目录"→"PM"→"PM-E 24VDC",双击"6ES7 138-4CA01-0AA0"添加电源模块,如图 5-33 所示。

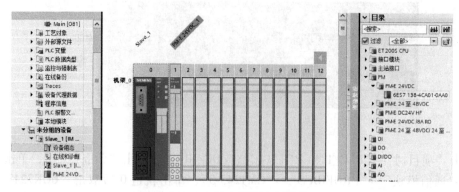

图 5-33 ET200S 添加电源模块

直接在"硬件目录"的搜索处进行搜索,添加两块"6ES7 135-4BB05-0AA0"和一块"6ES7 132-4BB01-0AA0",添加完毕如图 5-34 所示。

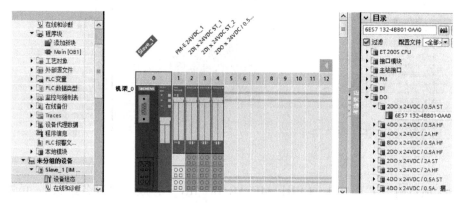

图 5-34 ET200S 添加开关量 I/O 模块

单击"项目树"→"未分组的设备"→"Slave_1〔IM151-1 Basic〕",双击"设备组态",单击"网络视图",单击"未分配",选择"PLC_1. CM 1243-5. DP 接口",此时建立一个 PROFIBUS 的通信连接,如图 5-35 和图 5-36 所示。

图 5-35 选择 PLC_1. CM 1243-5. DP 接口

单击"项目树"→"未分组的设备"→"Slave_1〔IM151-1 Basic〕",双击"设备组态",单击"Slave_1",选择"属性"→"常规"→"PROFIBUS 地址",修改地址,保证地址与设备地址一致,ET200S 外部配备拨码开关,可通过拨码开关来更改地址,这里的设备地址为 9,所以设置 PROFIBUS 地址为 9,如图 5-37 所示。

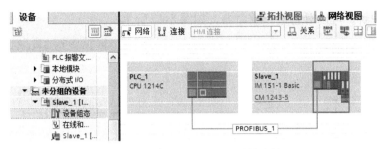

图 5-36　建立 PROFIBUS 通信连接

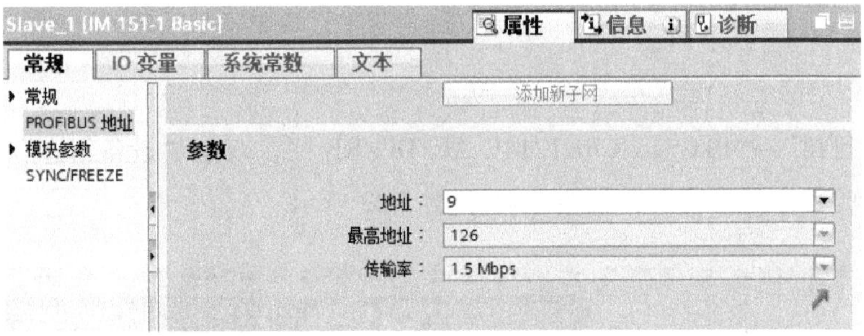

图 5-37　设置 PROFIBUS 地址

单击"项目树"→"未分组的设备"→"Slave_1［IM151-1 Basic］"，双击"设备组态"，展开设备概览，建立 PROFIBUS DP 组态连接，这边会自动分配它的 I/O 地址，如图 5-38 所示。

... 模块	机架	插槽	I 地址	Q 地址	类型
Slave_1	0	0			IM 151-1 Basic
PM-E 24VDC_1	0	1			PM-E 24VDC
4DI x 24VDC HF_1	0	2	2.0...2.3		4DI x 24VDC HF
4DI x 24VDC HF_2	0	3	3.0...3.3		4DI x 24VDC HF
2RO x NO 24/230V / 5A_1	0	4		2.0...2.1	2RO x NO 24/230V...
2AO x I ST_1	0	5		64...67	2AO x I ST
2AI x I 2 线制 ST_1	0	6	68...71		2AI x I 2 线制 ST

图 5-38　自动分配的 I/O 地址

以简单的控制程序为例来控制输出点 Q2.0，演示通信成功后的效果。

DP 通信不需要编写额外的通信程序，只需要设置对应的 PROFIBUS 的一个地址。

单击"项目树"→"PLC_1［CPU1214C DC/DC/DC］"→"程序块"，双击"Main［OB1］"，一个简单的启保停程序，如图 5-39 所示。

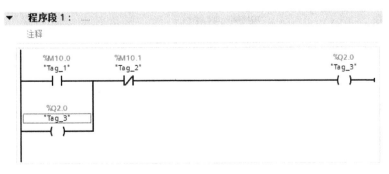

图 5-39　启保停程序

为了便于理解，可以对它进行重命名，如图 5-40 所示。

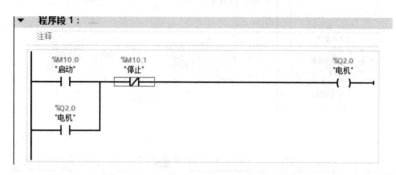

图 5-40 重命名后的启保停程序

单击"项目树"→"PLC_1 [CPU1214C AC/DC/Rly]"，双击"设备组态"，单击" <img>编译"按钮，检验程序是否错误，如图 5-41 和图 5-42 所示。

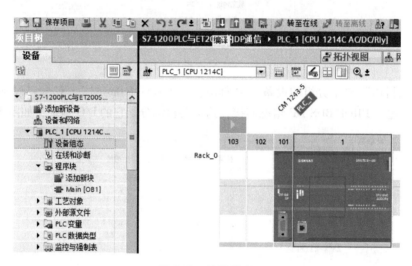

图 5-41 编译程序

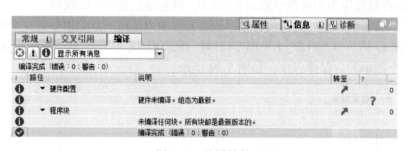

图 5-42 编译结果

单击"项目树"→"PLC_1 [CPU1214C AC/DC/Rly]"，双击"设备组态"，单击" <img>下载"按钮，把 S7-1214 CPU 程序下载至对应的 PLC 中，如图 5-43 所示。

选择"接口/子网的连接"为"插槽 1 X1 处的方向"，单击"开始搜索"，搜索到设备后，单击"下载"按钮，然后单击"装载"按钮，如图 5-44 所示。

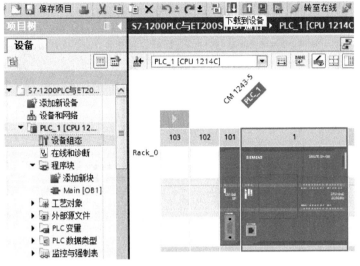

图 5-43　下载 S7-1214 CPU 程序至对应的 PLC

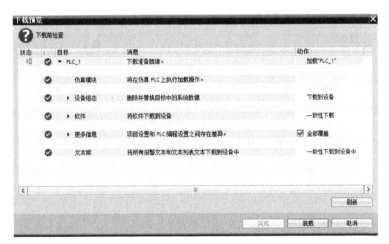

图 5-44　装载程序至 S7-1214 CPU

单击"完成"按钮，如图 5-45 所示。

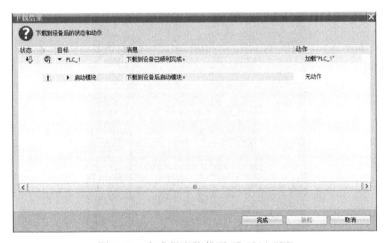

图 5-45　完成程序装载至 S7-1214 CPU

单击"启用/禁用监视"启用监视，如图 5-46 所示。

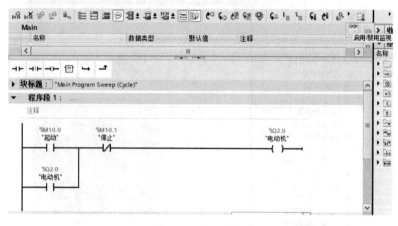

图 5-46　启用监视

右击程序中的"起动"，选择"修改"，把状态修改为 1，驱动电动机，如图 5-47 所示。

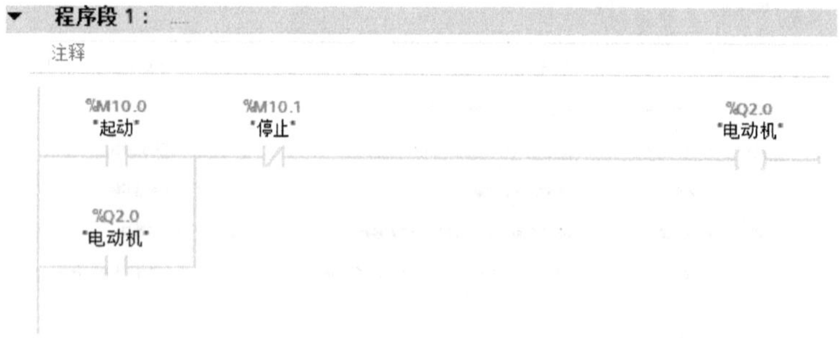

图 5-47　驱动电动机

这时 ET200S 开关量输出被点亮，如图 5-48 所示（从左到右依次为 ET200S 模块、电源模块、2 个开关量输入模块和 1 个开关量输出模块，与前面的组态 ET200S 模块相同）。

图 5-48　ET200S 开关量输出点亮

右击程序中的"停止"，选择"修改"，把状态修改为1，电动机停止，如图5-49所示。

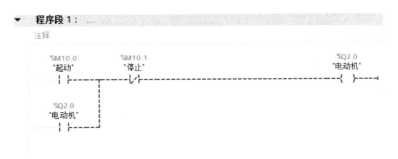

图5-49　电动机停止

这时 ET200S 开关量输出灯熄灭，如图5-50所示。

图5-50　ET200S 开关量输出灯熄灭

5.3　PROFIBUS-DP 主站与智能从站之间的通信

西门子公司 S7-300 PLC 在 PROFIBUS 网络中既可以作为主站，又可以作为从站。作为从站时是智能从站。S7-300 PLC 作为从站与主站进行通信的过程中主要包括两种情况：打包通信和不打包通信，下面对两种通信方式进行介绍。

5.3.1　S7-300/400 之间的 PROFIBUS-DP 不打包通信

PROFIBUS-DP 网络可以构建主从模式网络，该形式的网络是 PROFIBUS 网络的典型结构。在本例中给出使用 PROFIBUS-DP 网络构建的带有智能从站的网络结构。主站使用 CPU414-3 DP，订货号为 6ES7 414-3XJ04-0AB0，从站使用 CPU315-2PN/DP，订货号为 6ES7 315-2EG10-0AB0。此实例组态见附录 5.3.1。

附录 5.3.1　S7-300/400 之间的 PROFIBUS-DP 不打包通信实例

1. 新建项目

在 STEP 7 中新建一个项目，项目名称为 DP-MS-unpack，如图5-51所示。单击"确定"按钮在 STEP 7 中显示该项目。

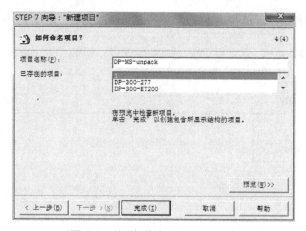

图 5-51　新建项目 DP-MS-unpack

2. 插入从站并进行配置

在新建的项目中插入 SIMATIC 300 从站。双击硬件选项插入从站硬件，包括机架、电源模块 PS 307 2A、CPU315-2PN/DP，硬件组态结束后如图 5-52 所示，如果实际硬件中包括其他模块则需要一并组态进去。

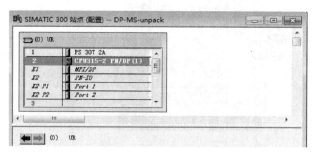

图 5-52　CPU315-2PN/DP 从站组态

从站硬件组态结束可以开始对 PROFIBUS-DP 网络进行设置。双击图 5-53 中的 MPI/DP 栏，新建 PROFIBUS 网络并选择 DP 地址为 6，然后在工作模式中选择 CPU 工作模式为"DP 从站（S）"，如图 5-53 所示。此时的 SIMATIC 300 站点被配置成一个智能从站。

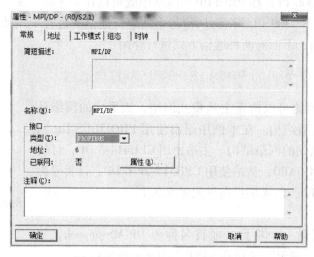

图 5-53　PROFIBUS-DP 网络设置

　　从站工作模式配置结束即可对 PROFIBUS-DP 主从通信的通信区进行设置。具体操作是单击图 5-54 中的组态出现新的对话框如图 5-55 所示，单击"新建"按钮可如图 5-56 所示对从站的通信区进行配置，本例中共新建两组通信区，对从站来说一组为输入，另一组为输出，设置输入和输出地址为 6，长度为 2，即传输数据长度为 2B，一致性中选择单位。通过这样的设置在进行通信的过程中，主站与从站的数据通信将以 2B 为单位进行传输。通信区设置结束后如图 5-57 所示，在组态窗口中显示两个通信区配置信息，并可以在此窗口中对它进行编辑或者删除。从站硬件和网络信息配置结束后，将硬件组态和网络信息下载到相应的硬件中。

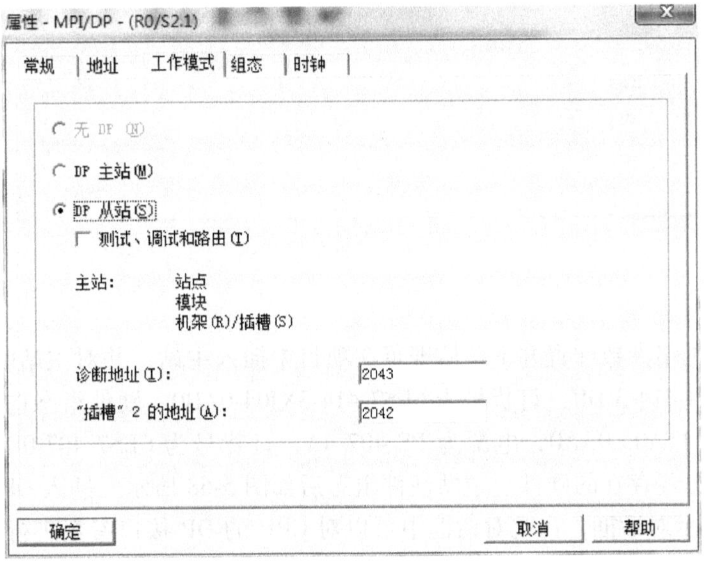

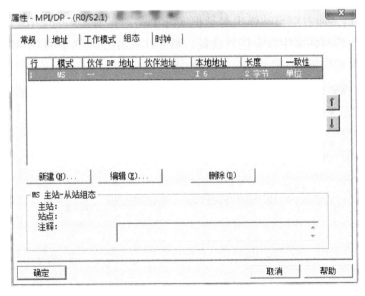

图 5-54　SIMATIC 站点的工作模式设置

图 5-55　配置后的从站通信区

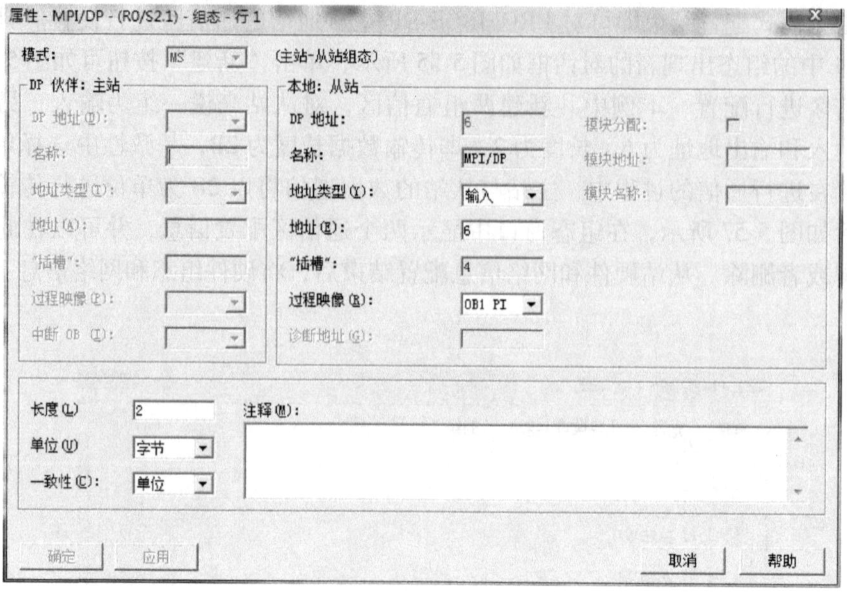

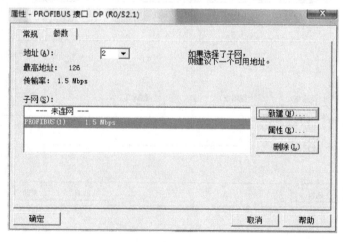

图 5-56　从站通信区的组态

3. 插入并配置主站

从站硬件和网络参数配置并下载后即可在项目中插入主站，并对主站的硬件进行组态。这里主站选用 CPU414-3 DP，订货号为 6ES7 414-3XJ04-0AB0，硬件组态选择机架 UR1，订货号为 6ES7 400-1TA05-0AA0，电源为 PS 407 4A，订货号为 6ES7 407-0DA00-0AA0，CPU以及其他机架上已经存在的硬件。主站硬件组态后如图 5-58 所示，插入 CPU 过程中会自动弹出如图 5-57 所示对话框，在此对话框中可以对 CPU 的 DP 接口参数进行设置。该对话框中显示在从站中已经建好的 PROFIBUS 网络，选中该网络，并设置主站的 PROFIBUS-DP 地址为 2，也可单击属性对主站的 PROFIBUS 网络属性参数进行设置。由于本例中使用的CPU414-3DP 有两个 DP 接口，一个标有 DP，另一个标有 MPI/DP，这两个接口都可以用于PROFIBUS-DP 通信。而对应自动弹出对话框实际上是对标有 DP 的 PROFIBUS 接口进行的配置。如果在弹出的对话框中没有进行设置，则可以双击图 5-58 中的 DP 栏，进行相同的设置，其中的工作模式设置为 DP 主站，如图 5-59 所示。

图 5-57　主站 PROFIBUS-DP 接口设置

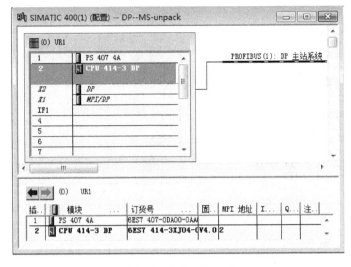

图 5-58 主站硬件配置

图 5-59 主站工作模式设置

　　主站的 PROFIBUS 网络配置还包括从站与主站的连接。从实际硬件来说，主站与从站之间通过 PROFIBUS 网络连接，在 STEP 7 中进行通信组态的过程也必须进行配置。配置方式是在主站的硬件组态窗口中，将目录中的配置从站拖拽到 PROFIBUS-DP 网络上，配置从站在目录中的位置如图 5-60 所示。拖拽连接成功自动弹出如图 5-61 所示的"DP 从站属性"对话框，单击"连接"按钮完成主站与从站的连接。主站和从站连接之后单击"组态"选项卡，如图 5-63 所示。双击窗口中的通信区，或者选中相应的通信区后单击"编辑"按钮，对主站与从站的通信区进行编辑。编辑对话框如图 5-62 所示。图 5-63 所示是对两个通信区编辑结束后的组态窗口。完成从站和主站的组态及两个站的连接，如图 5-64 所示。此时可以对目前的组态进行编译保存，并下载到 CPU 中。

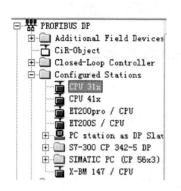

图 5-60 目录中配置好的 S7-300 从站 　　　　图 5-61 "DP 从站属性"对话框

102

图 5-62 "组态"选项卡

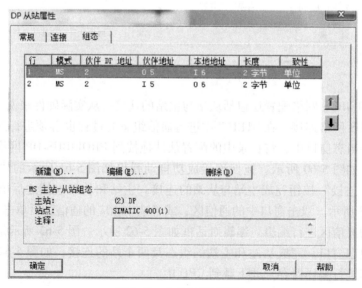

图 5-63 主站通信区配置

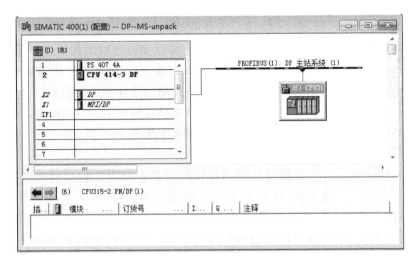

图 5-64　主站和从站连接

4. 软件编程

　　图 5-65 所示是主站与从站的对应关系。根据这个对应关系，主站侧编程及监控如图 5-66 所示，图 5-67 所示是从站侧编程及监控。编程下载结束后可以建立变量表，在程序运行过程中可以通过变量表对传输数据进行改变，并查看数据传输情况。如将 MW0 内容更改后，主站的 QW5 和从站的 IW6 通过数据传输缓冲区得到相同的数据，并将该数据保存到 MW6 中。同样在从站中将 MW8 的内容改变并传送到 QW6，主站数据缓冲区与从站相对应的 IW5 接收到数据并保存到 MW2 中。

图 5-65　主站与从站之间的数据缓冲区对应关系

图 5-66　主站侧编程及监控

图 5-67　从站侧编程及监控

103

附录 5.3.2 S7-300/400
之间的 PROFIBUS-DP
打包通信实例

5.3.2 S7-300/400 之间的 PROFIBUS-DP 打包通信

在不打包实验中，上例设置的是每次传送 2B，使用该方式进行数据传输每次最多可以传输 4B，如果需要传输更多的数据则需要使用打包通信方式。打包通信是在发送数据侧，通过调用系统功能将数据打包发送，在数据接收侧调用相应的解包系统功能完成数据接收。此实例组态见附录 5.3.2。

1. 主站与从站的硬件配置

主站与从站的硬件配置基本与不打包通信的方式是一样的。

图 5-68 所示新建项目名称为 DP-MS-pack，然后按照前面相同的步骤对从站的硬件进行配置，过程与前面相同。图 5-69 所示是在对通信区进行配置过程中的不同之处，其中的一致性选择的是"全部"，并且传输的数据长度也可以加大。从站配置结束可以配置主站，主站的硬件配置与不打包通信中的主站相同，在通信区配置时如图 5-70 所示，主站硬件配置如图 5-71 所示。最后是将硬件配置信息下载到 CPU 中。

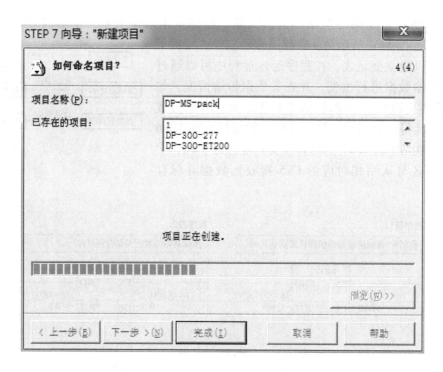

图 5-68　从站通信区配置

2. 软件编程

打包通信与不打包通信的主要区别就在于通信过程中数据量的大小不同。前述主要是对通信的硬件配置进行了介绍，在编程过程中主要是调用系统功能。

利用 SFC15 "DPWR_DAT"（向 DP 标准站点写入连续数据），可将 RECORD 中的数据连续地传送至已寻址的 DP 标准站点。具体的引脚功能见表 5-1。

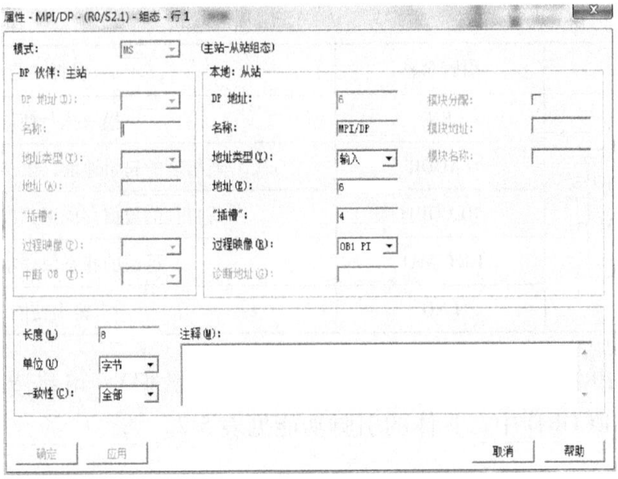

属性 - MPI/DP - (R0/S2.1) - 组态 - 行1

模式： MS ▼ (主站-从站组态)

DP 伙伴：主站 | 本地：从站
DP 地址(D)： | DP 地址： 6 | 模块分配： □
名称： | 名称： MPI/DP | 模块地址：
地址类型(T)： | 地址类型(Y)： 输入 ▼ | 模块名称：
地址(A)： | 地址(E)： 6 |
"插槽"： | "插槽"： 4 |
过程映像(P)： | 过程映像(R)： OB1 PI ▼ |
中断 OB(I)： | 诊断地址(G)：

长度(L)： 8 | 注释(M)：
单位(U)： 字节 ▼
一致性(C)： 全部 ▼

确定 应用 取消 帮助

图 5-69 新建打包通信项目

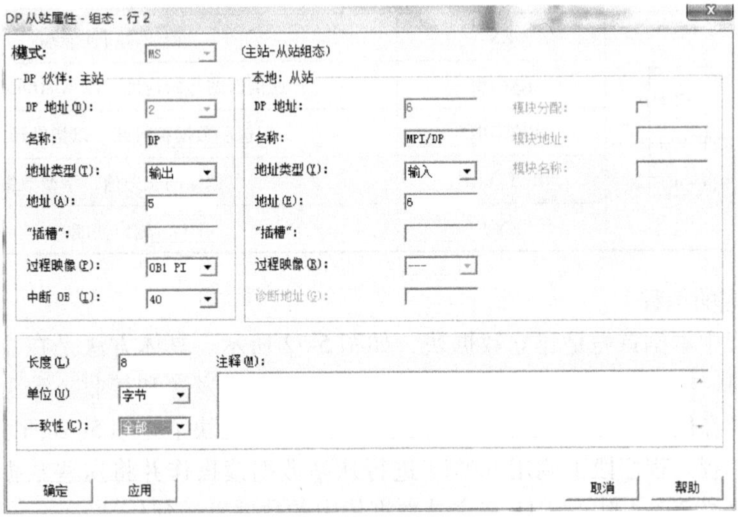

DP 从站属性 - 组态 - 行2

模式： MS ▼ (主站-从站组态)

DP 伙伴：主站 | 本地：从站
DP 地址(D)： 2 ▼ | DP 地址： 6 | 模块分配： □
名称： DP | 名称： MPI/DP | 模块地址：
地址类型(T)： 输出 ▼ | 地址类型(Y)： 输入 ▼ | 模块名称：
地址(A)： 5 | 地址(E)： 6 |
"插槽"： | "插槽"： |
过程映像(P)： OB1 PI ▼ | 过程映像(R)： --- ▼ |
中断 OB(I)： 40 ▼ | 诊断地址(G)：

长度(L)： 8 | 注释(M)：
单位(U)： 字节 ▼
一致性(C)： 全部 ▼

确定 应用 取消 帮助

图 5-70 主站通信区设置

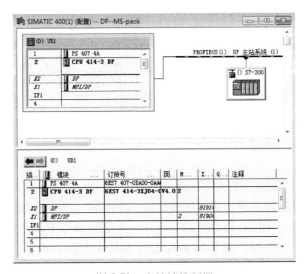

图 5-71 主站硬件配置

表 5-1　SFC15 引脚功能

功能块图	引脚名称	引脚功能
"DPWR_DAT" EN　　ENO LADDR　RET_VAL RECORD	EN	模块执行使能端
	LADDR	通信区的起始地址，以 W#16#格式给出
	RECORD	待打包的数据存放区，以指针形式给出
	RET_VAL	返回的状态值，字型数据
	ENO	输出使能

利用 SFC 14 "DPRD_DAT"（读取 DP 标准站点连续数据），可将读取的已寻址的 DP 标准站点数据存放到 RECORD 中。具体的引脚功能见表 5-2。

表 5-2　SFC14 引脚功能

功能块图	引脚名称	引脚功能
"DPRD_DAT" EN　　ENO LADDR　RET_VAL 　　　RECORD	EN	模块执行使能端
	LADDR	通信区的起始地址，以 W#16#格式给出
	RECORD	解包后数据存放区，以指针形式给出
	RET_VAL	返回的状态值，字型数据
	ENO	输出使能

（1）主站侧的编程

主站侧编程中本例首先是建立数据块，如图 5-72 所示。具体方法是在主站的块中选择插入数据块即可。本例中在 DB1 内建立 2 个数组分别用于发送和接收。数据块建成后可以进行下载，这样在硬件的 PLC 的 CPU 中就存在同样的数据块了。图 5-73 所示利用已经建立的数据块进行编程。程序段 1 调用 SFC14 进行从站数据读操作并将这些数据存放到主站的数据块中。程序段 2 是调用 SFC15 将主站数据块中的数据发送到从站。

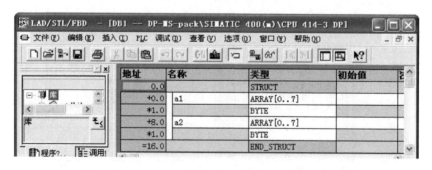

图 5-72　主站中建立的数据块

程序编写结束即可进行下载。这里还要注意一个问题：在本通信中两个站点都要插入 3 个组织块，分别为 OB82、OB86 和 OB122，这 3 个组织块的作用主要是避免网络某个站点掉电而使整个网络不能正常工作。图 5-74 所示是主站块中的所有内容，除了变量表，所有的块和功能都要下载到 PLC 的 CPU 中。

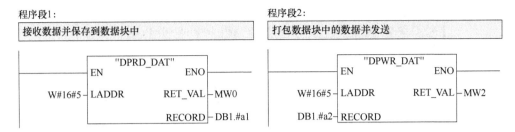

图 5-73 主站中的程序

（2）从站侧的编程

从站中的编程步骤基本与主站一致。首先建立数据块，如图 5-75 所示为从站中建立的数据块，同样是建立两个数组。图 5-76 所示是从站中的程序，从站中的程序也包括发送和接收两个部分。另外从站中也要加入组织块 OB82、OB86 和 OB122。这些工作完成之后就可以将从站中块的内容下载到从站的 CPU 中。

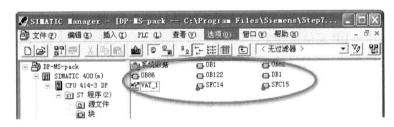

图 5-74 主站块中的内容

地址	名称	类型	初始值	注释
0.0		STRUCT		
+0.0	b1	ARRAY[0..7]		临时占位符变量
*1.0		BYTE		
+8.0	b2	ARRAY[0..7]		
*1.0		BYTE		
=16.0		END_STRUCT		

图 5-75 从站中的数据块

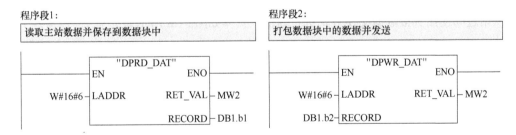

图 5-76 从站中的程序

主站和从站的软硬件都配置并下载结束后，就可以在块中新建变量表，改变输入参数，观察输出的情况。图 5-77 所示是改变主站中的发送数据后，从站中的数据监控情况。另外也可以使用数据块直接进行监控，从而查看数据的传输情况。

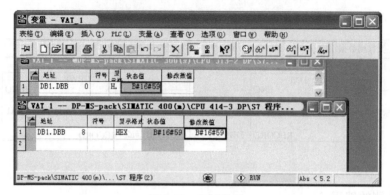

图 5-77 监控数据

5.4 基于 PROFIBUS-DP 连接的直接数据交换通信

直接数据交换（Direct Data Exchange，DX）通信的组态中，智能 DP 从站或 DP 主站的本地输入地址区被指定为 DP 通信伙伴的输入地址区。智能 DP 从站或 DP 主站利用它们，来接收从 PROFIBUS-DP 通信伙伴发送给它的 DP 主站的输入数据。直接数据交换一般用于以下 3 种场合：单主站系统中 DP 从站发送数据到其他从站、多主站系统中从站发送数据到其他主站、多主站系统中从站发送数据到其他主站的从站。下面将以单主站的从站直接数据交换通信和多主站之间直接数据交换为例，说明直接数据交换方式的通信过程。

5.4.1 直接数据交换用于从站之间通信

在 PROFIBUS-DP 网络中，主从通信是由主站采样轮询的方式与从站实现通信的。主站轮询到哪个从站，哪个从站就与主站进行通信，从站之间不能通信，必须经由主站的参与。如果从站与从站之间要进行通信，则可以使用直接数据交换方式进行通信。直接数据交换方式中，从站之间相互通信过程是通过从站与主站的通信实现的。也就是说，从站通过主从方式向主站传送数据的同时，该从站还将数据发送到与它建立直接数据交换通信方式的从站。直接数据通信方式的建立首先要求从站的 CPU 支持该通信方式，其次是主从方式下建立的多从站的主从通信方式。

本例中设计使用 1 个 DP 主站，2 个 DP 从站，主站与从站之间以主从关系进行通信，两个从站之间使用直接数据交换方式进行通信，具体如图 5-78 所示。

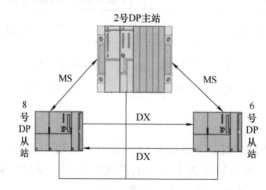

图 5-78 PROFIBUS-DP 从站直接数据交换通信试验设计

此实例组态见附录5.4.1。

1. 新建项目

打开 STEP 7 软件，新建名称为 DP-DX-slave 的通信项目，如图 5-79 所示。在新建项目中插入两个从站一个主站，本试验中选择使用 CPU415-3 DP 作为主站，CPU315-2PN/DP 作为从站，如图 5-80 所示。

附录 5.4.1　直接数据交换用于从站之间通信实例

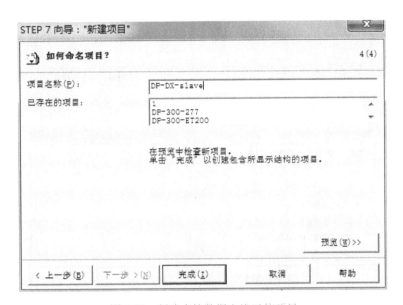

图 5-79　新建直接数据交换通信项目

图 5-80　项目中包括一个主站和两个从站

2. 8 号从站硬件配置

在系统插入的站点中，首先对两个从站硬件系统进行配置，然后对主站硬件进行配置，这与主从方式是完全一致的。从站的硬件组态与前面几个试验相同，如图 5-81 所示是在从站中建立 PROFIBUS-DP 网络，此处建立的网络将在其他的从站和主站中使用，也就是所有站点应该与实际硬件连接相同，使用同一根网络线相连。图 5-82 所示是从站的工作模式选择，从站选择 DP 从站工作模式。按照主从试验的网络配置顺序，图 5-83 所示为对从站的主从通信的通信区进行设置，图 5-84 所示是通信区设置后的组态窗口。8 号从站硬件配置完整后，可以将该从站的配置信息编译保存下载到 CPU 中。

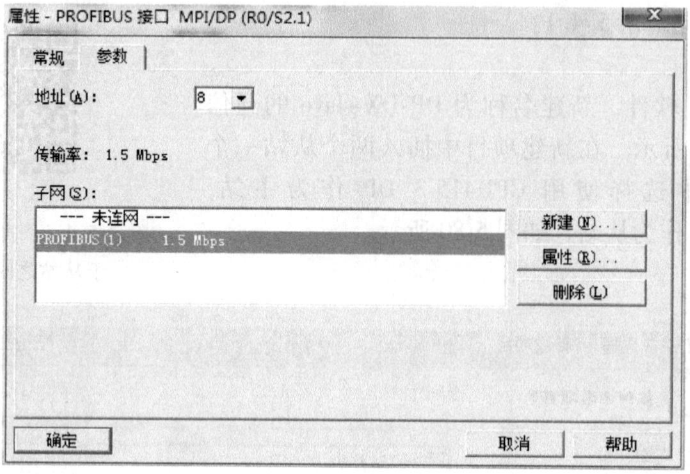

图 5-81 建立 PROFIBUS-DP 网络

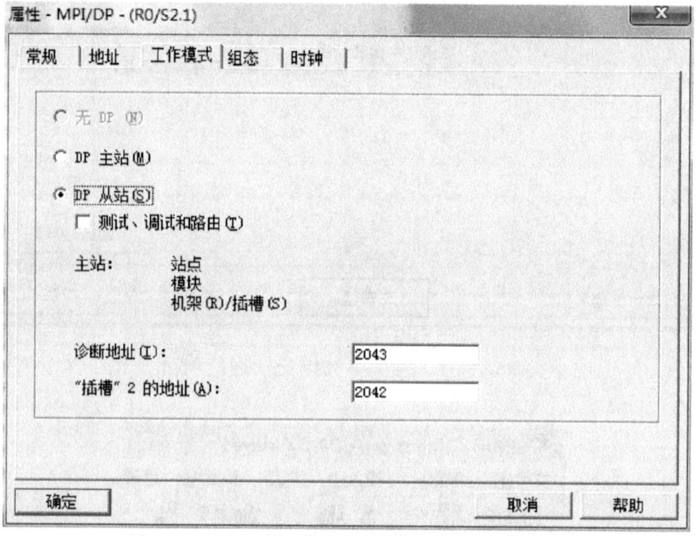

图 5-82 选择从站工作模式

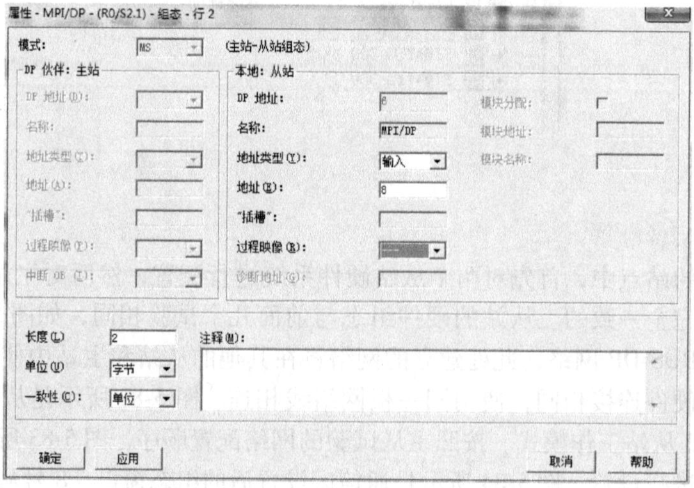

图 5-83 从站通信区配置

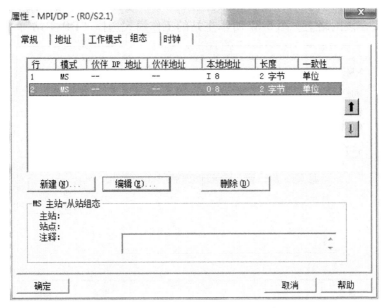

图 5-84　8 号从站组态窗口中的通信区

3. 6 号从站硬件配置

6 号从站与 8 号从站的硬件配置和网络设置是一样的，将硬件按照实际的硬件组态状况组态好之后对网络系统进行设置。6 号从站的 PROFIBUS-DP 网络应该选择 8 号从站中已经建立的网络，主从通信的通信区配置过程也是一样的步骤，图 5-85 所示是对该从站通信区的组态。

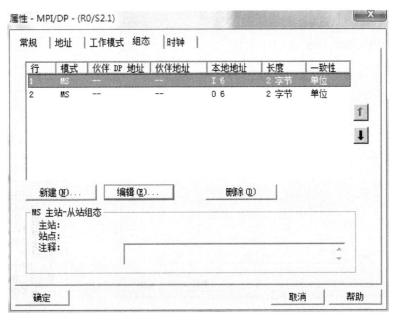

图 5-85　6 号从站中的通信区配置

4. 主站硬件配置

主站的硬件配置与前面的智能从站通信的主站通信区配置是一样的，这里不再赘述。在对主站网络进行配置时需要选择前面从站建立的 PROFIBUS（1），如图 5-86 所示，至此 3 个站点都已连接在该网络上。图 5-87 所示主站的工作模式选择"DP 主站"。

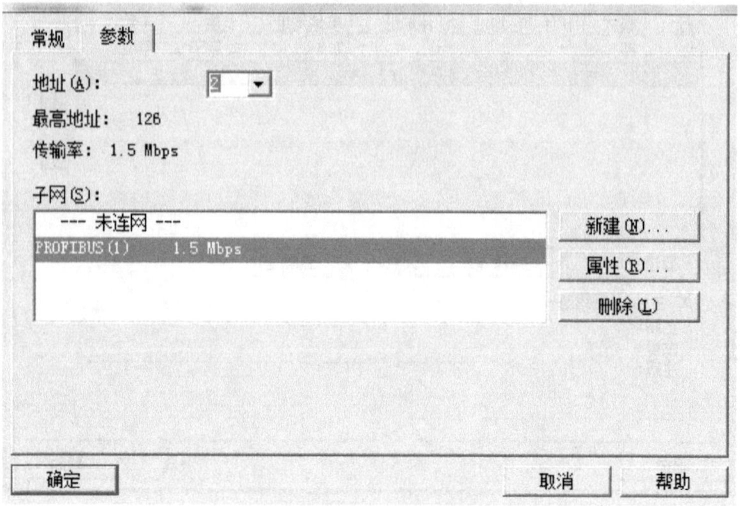

图 5-86   主站的网络设置

组态好的从站会在主站的硬件组态界面目录中显示出来，如图 5-88 所示。将该从站拖到主站中硬件配置左侧的 PROFIBUS 总线上，连接成功自动弹出图 5-89 所示对话框，选择其中的一个从站点击连接，则该从站连接到主站的 PROFIBUS 网络上。如果连接后要断开，也是在该对话框中进行设置。如果要连接另外一个从站，同样要从目录中拖拽到主站的 PROFIBUS 网络上，配置与前面所述相同。两个从站都连接到主站上如图 5-90 所示。

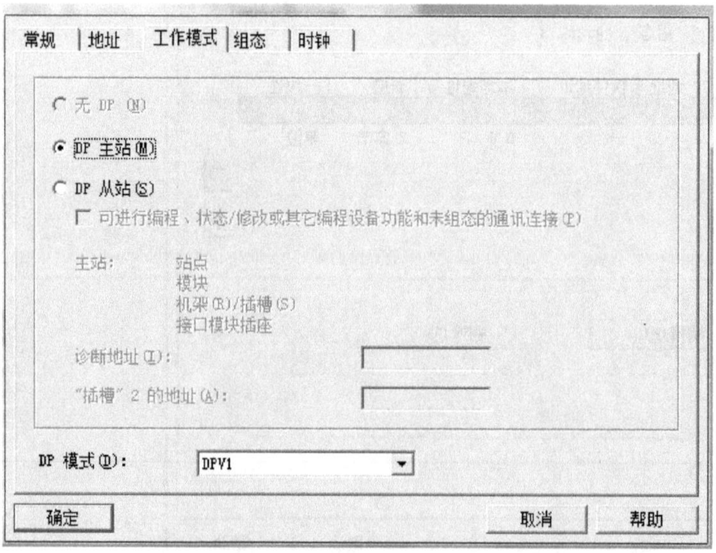

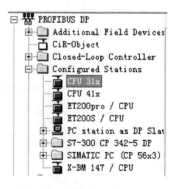

图 5-87   主站的工作模式　　　　　　　　　　　　图 5-88   目录中组态的从站

双击连接到主站上的从站即可对从站与主站的通信进行设置，这里的通信区是主站与从站的主从方式通信区，配置方式与前面的主从通信方式相同。主站的所有硬件和网络都配置

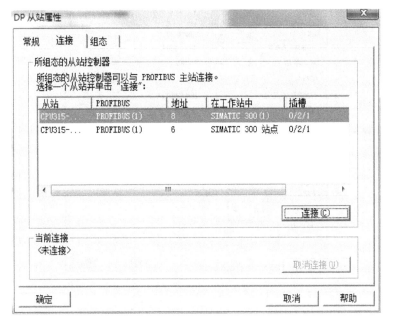

图 5-89　主站与从站的连接

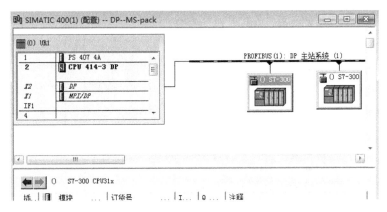

图 5-90　主站配置完成

结束后，可以将目前的配置编译保存并下载到主站的 CPU 中。

5. 从站之间的直接数据交换方式设置

以上步骤完成的是对主站与两个从站之间的主从通信方式的通信设置，下面是在此基础上对两个从站之间的直接数据交换方式进行设置。双击 8 号从站，出现 DP 属性对话框，在该对话框中选择组态，该对话框中显示已经配置好的主从通信的通信区，单击窗口中的"新建"按钮，出现新建的通信区，在通信模式设置中选择 DX（直接数据交换）。此时在下面的通信区设置中显示本地为接收者，DP 伙伴为发布端。本地地址默认为 8，DP 伙伴地址这里只能是 6，因为只有两个从站，如果有更多的从站，可以对从站进行选择，如图 5-91 所示。地址的设置要根据发布端与主站的通信地址来确定。根据前面的通信区，设置主站与 6 号从站之间的通信区，如图 5-92 所示。

图 5-91　在从站 S1 中建立的直接数据交换通信

图 5-92　在 S2 中建立的直接数据交换通信区

6. 软件编程

　　主站与从站之间的数据缓冲区设置在前面的通信组态中已经设置完成，图 5-93 中是将上面的关系用图直观地表示出来，其中主站与从站之间的数据交换关系是主从关系，从站与从站之间的数据传输关系是直接数据交换。主站与从站 S1 之间的数据传输关系，是主站数据从数据缓冲区 QW2 直接对应从站的数据缓冲区 IW8，从站的 QW8 通过数据缓冲区直接与主站的 IW2 对应数据传输。主站与从站 S2 之间的数据传输关系，是主站通过数据缓冲区 QW10 与从站的 IW6 自动对应数据传输，从站的输出数据缓冲区 QW6 与主站的数据缓冲区 IW10 自动对应。图 5-93 中的箭头表明了数据传输的方向，根据在直接数据交换通信区中配置的网络关系，两个从站的通信情况是从站 S1 在向主站发送数据的同时，将数据发送到从站 S2。从站 S1 向主站发送数据是通过发送数据缓冲区 QW8 实现的，在直接数据交换通信中该地址同时向从站 S2 发送数据，从站 S2 与它对应的接收数据缓冲区是 IW20。同样道理在从站 S2 中，S2 通过数据发送缓冲区向主站发送数据，同时该数据也发送到 S1 从站，从站 S1 与它相对应的接收缓冲区地址是 IW16。下面是根据数据对应关系在主站以及两个从站中编写的程序。

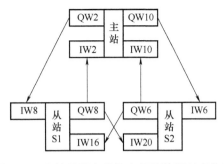

图 5-93　主站及两个从站之间的数据对应关系

图 5-94 所示为主站 OB1 内的程序，该程序中程序段 1 通过数据缓冲区 IW2 接收从站 S1 发送过来的数据并保存到 MW0 中。程序段 2 中通过数据缓冲区 QW2 将 MW2 中的数据发送到主站。主站的程序段 3 通过对应数据缓冲区 IW10 接收从站数据并保存到 MW4，程序段 4 通过数据缓冲区 QW10 将 MW12 数据传输到从站 S2 中。程序段 1 和程序段 2 对应从站 S1 的数据缓冲区，程序段 3 和程序段 4 对应从站 S2 的数据缓冲区。

图 5-94　主站 OB1 程序

图 5-95 所示为从站 S1 中的程序，程序段 1 通过数据缓冲区 QW8 将 MW10 中的数据传输到主站，同时该数据也传输到从站 S2 中。程序段 2 中通过数据缓冲区 IW8 接收主站数据并保存在 MW12 中。程序段 3 从自动对应 IW16 数据缓冲区中接收从站 S2 发送过来的数据，并保存到 MW16 中。

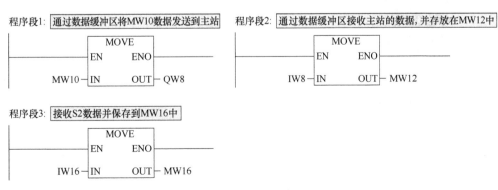

图 5-95　从站 S1 内的程序

115

图 5-96 中是在从站 S2 中编写的程序，其中程序段 1 将 MW20 中的数据通过数据缓冲区 QW6 发送到主站，同时也发送到从站 S1 中。程序段 2 中通过数据缓冲区将主站的数据接收过来并保存到 MW22 中。

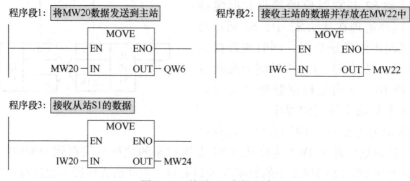

程序段1：将MW20数据发送到主站

```
        MOVE
    EN      ENO
MW20─IN    OUT─QW6
```

程序段2：接收主站的数据并存放在MW22中

```
        MOVE
    EN      ENO
IW6─IN     OUT─MW22
```

程序段3：接收从站S1的数据

```
        MOVE
    EN      ENO
IW20─IN    OUT─MW24
```

图 5-96　从站 S2 内的程序

程序段 3 中，通过数据缓冲区将从站 S1 的数据接收过来，并保存到 MW24 中之后，可以如前例一样建立变量表，对从站的通信数据进行改变，并观察各个站点数据间的传输关系，这里不再赘述。

5.4.2　直接数据交换用于多主站通信

基于 PROFIBUS-DP 的网络可以构建主从（MS）模式和直接数据交换（DX）通信方式。这里对 PROFIBUS-DP 连接的直接数据交换模式下的多主通信进行介绍。系统网络中各个环节之间的结构关系如图 5-97 所示。首先 2 号主站是 S7-400 PLC，该主站以主从关系与 3 号从站（S7-300 PLC）进行通信。另一个主站是 S7-300，使用的 PROFIBUS 地址为 8，该站点与 3 号从站之间以直接数据交换方式进行通信。实际上在多主站通信方式中，两个主站的通信关系可以认为是通过从站实现的，2 号主站访问 3 号从站时，3 号从站响应该站的访问信号，将数据发送到 2 号主站的同时，还可以发送到 8 号主站。此实例组态见附录 5.4.2。

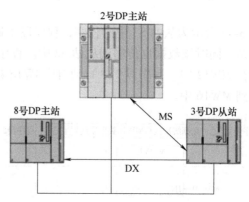

附录 5.4.2　直接数据交换用于多主站通信实例

图 5-97　PROFIBUS-DP 网络中的直接数据交换多主站通信

1. 2 号主站与 3 号从站之间的主从通信组态

打开 STEP 7 软件，新建项目，项目名称为 PB-DP-Multi-master，如图 5-98 所示。在该项目的窗口中，按照先从后主的顺序，根据实际硬件连接情况对通信硬件进行配置。如图

5-99 所示先插入从站，并对从站的硬件进行配置，具体硬件插入过程在前面主从试验中已经进行了介绍，这里不再重复。从站 PROFIBUS-DP 网络的建立过程中，首先双击 CPU315-2PN/DP 的 MPI/DP 一栏，出现如图 5-100 所示窗口，选择接口类型为 PROFIBUS，然后点击"属性"按钮新建 PROFIBUS 网络，如图 5-101 所示。

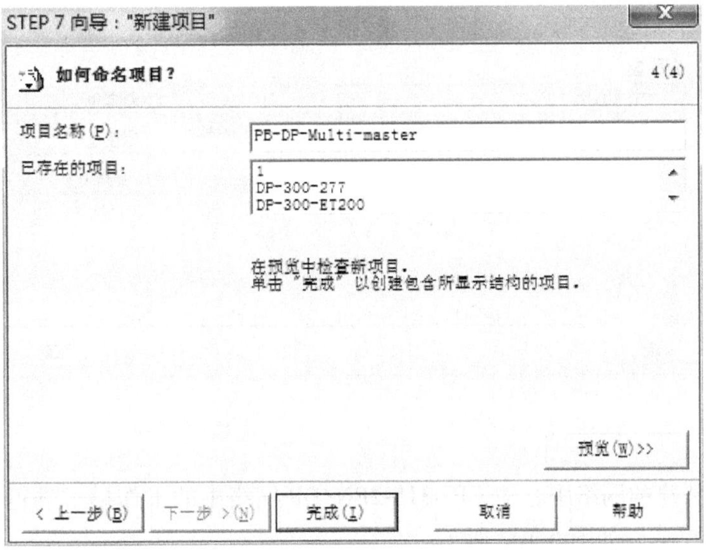

图 5-98　新建多主站通信项目 PB-DP-Multi-master

图 5-99　STEP 7 中新建的项目及从站

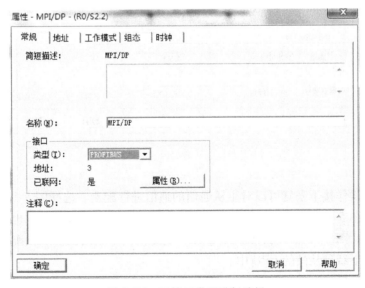

图 5-100　对接口类型进行选择

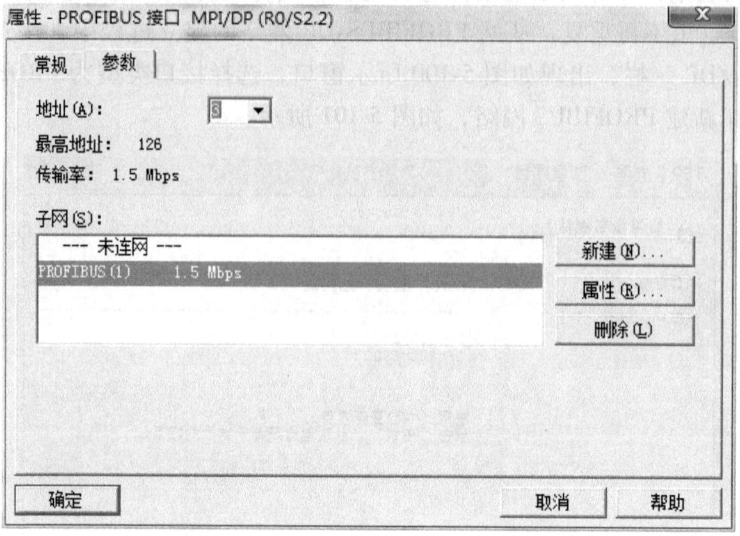

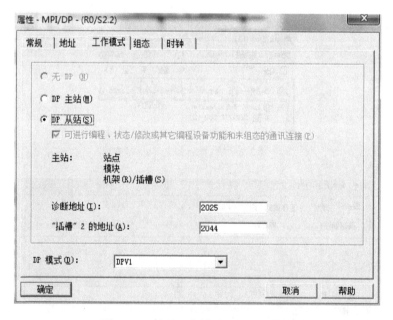

图 5-101 新建 PROFIBUS-DP 网络

下一步是在新建的网络中，对 CPU315-2PN/DP 网络中的工作模式进行选择，这里选择"DP 从站"工作模式，如图 5-102 所示。

图 5-102 从站工作模式设为 DP 从站

有了前面的操作接下来就可以对主从通信的通信进行配置。选择图 5-100 中的组态，可以新建通信区如图 5-103 所示，这里选择的数据传输方式是不打包方式，也可以将传输方式设置为打包方式。图 5-104 中显示的是在从站中建立的两个通信区。从站配置完整后可以将所有的组态情况下载到从站的 CPU 中。

从站组态下载后，可以在图 5-99 中插入主站，主站使用 CPU415-3 DP。与前面主从站

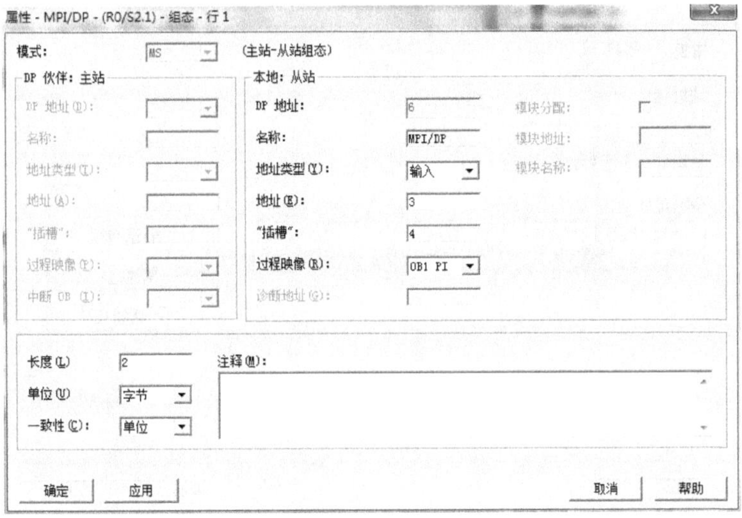

图 5-103　通信区设置

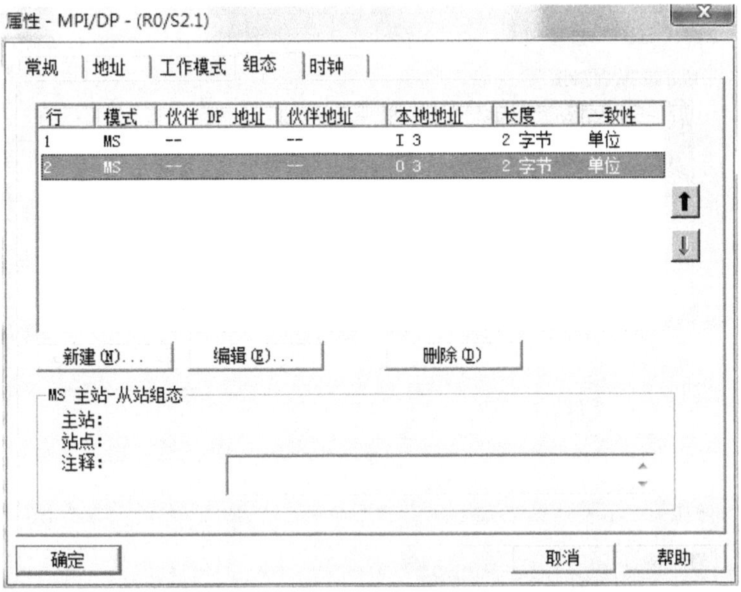

图 5-104　通信区设置后的组态窗口

点通信使用相同组态方式，按照实际的硬件的组态情况对PROFIBUS-DP主从网络中的主站进行组态。其中需要注意的是在对CPU网络进行选择时要使用在从站中已经建立的PROFI-BUS（1），选择该网络实际上表明主站和从站连接在同一个网络中，如图5-105所示。此外，还要在主站硬件组态完成后，从目录中将已经组态的从站拖拽到主站的PROFIBUS网络上，使得在同一个网络上的两个站点连接在一条PROFIBUS网线上，如图5-106所示。

从站与主站连接后，便可以双击从站，对未配置完成的通信区进行配置。双击图5-107中的S7-300从站，出现从站属性窗口，然后选择组态，对通信区进行编辑，如图5-108所示。此时可以对主站的硬件配置进行编译并下载到CPU中。

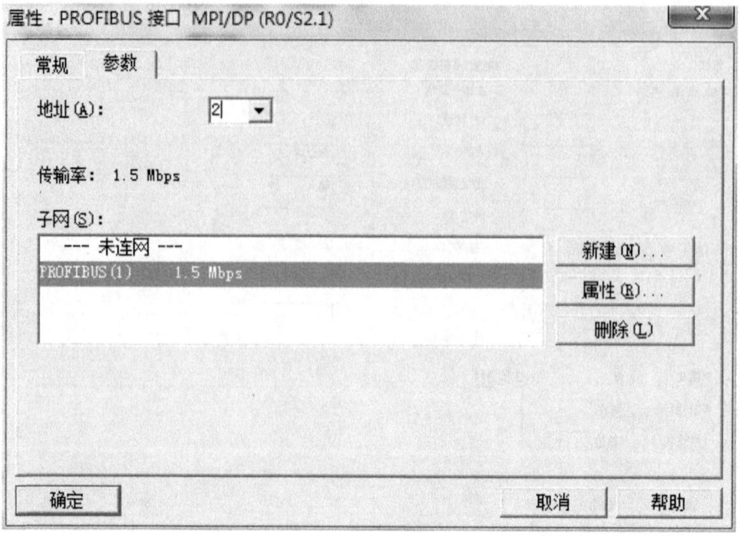

属性 - PROFIBUS 接口 MPI/DP (R0/S2.1)
常规
参数
地址(A):
2
传输率： 1.5 Mbps
子网(S):
--- 未连网 ---
PROFIBUS(1) 1.5 Mbps
新建(N)...
属性(R)...
删除(L)
确定
取消
帮助

图 5-105　主站 PROFIBUS-DP 网络

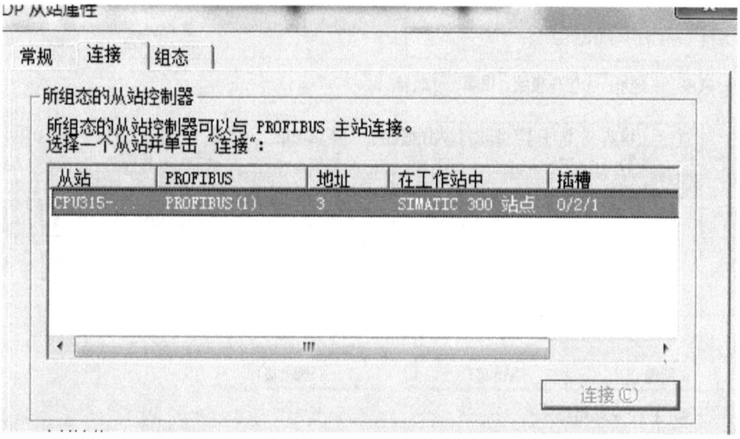

DP 从站属性
常规
连接
组态
所组态的从站控制器
所组态的从站控制器可以与 PROFIBUS 主站连接。
选择一个从站并单击"连接"：
从站
PROFIBUS
地址
在工作站中
插槽
CPU315-...
PROFIBUS(1)
3
SIMATIC 300 站点
0/2/1
连接(C)

图 5-106　主站与从站之间的连接

SIMATIC 400(1) (配置) -- DP--MS-unpack
(0) UR1
1
PS 407 4A
2
CPU 414-3 DP
X2
DP
X1
MPI/DP
IF1
4
5
6
7
PROFIBUS(1): DP 主站系统 (1)
(6) CPU31
(6)
CPU315-2 PN/DP(1)
插...
模块
订货号
I...
Q ...
注释

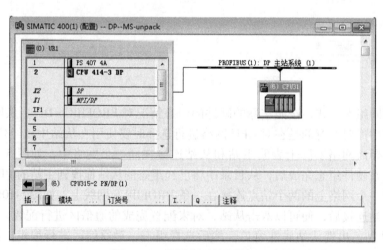

图 5-107　完整的主站硬件配置

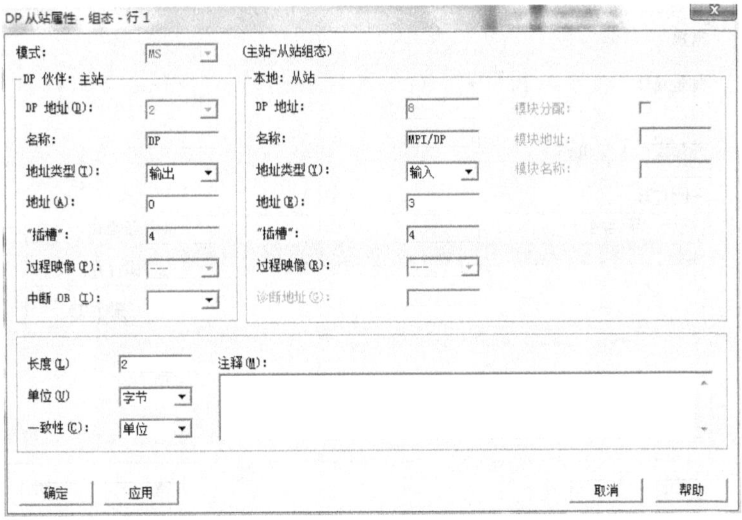

图 5-108　主站通信区设置

2. 8号DP主站配置

在项目中插入新的主站，主站的硬件与上面的过程一样，按照实际的硬件配置情况进行组态。在网络配置方面应该选择已经在前面的站点中使用的 PROFIBUS（1）网络，如图 5-109 所示，这表示该主站与前面的两个站点在同一个网络中。与前面站点的网络配置不同的是，这里将主站建立起来，即可对该站点的通信区进行设置。如图 5-110 所示，在 CPU 的 MPI/DP 属性中，选择组态对话框，在此处新建的通信区通信方式为直接数据交换（DX）。从图 5-110 中可以看出模式为 DX，而在前面的主从关系的数据传输中模式为 MS。此图中可以看出在直接数据交换通信方式下，DP 伙伴为发布端，本地为接收端，这与主从通信方式也不同。另外在主从通信方式下，通信区的设置通常为一端发布另一端接收；在直接数据交换方式下，从图 5-110 可以看出两端地址类型都是输入类型。实质上，直接数据交换方式的数据传输在多主站中的实现是从站向主站发送数据的同时，该数据也发送到另外一个主站。在本例中该通信的实现是 2 号主站与 3 号从站之间是主从关系，8 号主站与 2 号主站之间的通信是直接数据交换方式，2 号主站与 8 号主站之间的通信是通过 3 号从站实现的，即 3 号从站向 2 号主站发送数据的同时，也向 8 号主站发送同样的数据。如果主从关系中使用打包方式，那么直接数据交换也使用打包方式，如果主从关系中使用不打包方式，那么直接数据交换方式也使用该方式进行数据传输。

图 5-111 中的组态窗口已经设置了通信区，并且在方框处显示了该通信方式的简单信息。通信区已经配置的主站可以将硬件组态信息下载到 CPU 中。

3. 软件编程

根据硬件配置关系，编写下面的程序完成各个站点之间的通信关系。主站中将 MW0 中的数据发送到输出缓冲区 QW0，通过网络中设置的通信区的对应关系自动传送到从站的 IW3。从站中将 MW10 内容传送到发送缓冲区 QW3，同样根据设置的通信区对应关系，该数据自动传送到主站的接收缓冲区 IW2，并且该数据发送给主站的同时，也发送到 8 号 DP 主站的接收缓冲区。上面各个站点之间的通信关系可以用图 5-112 表示。

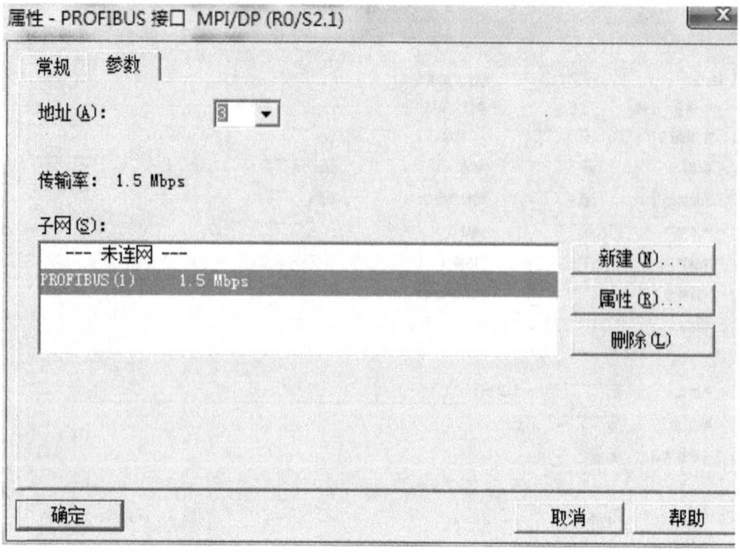

图 5-109 站点的网络选择

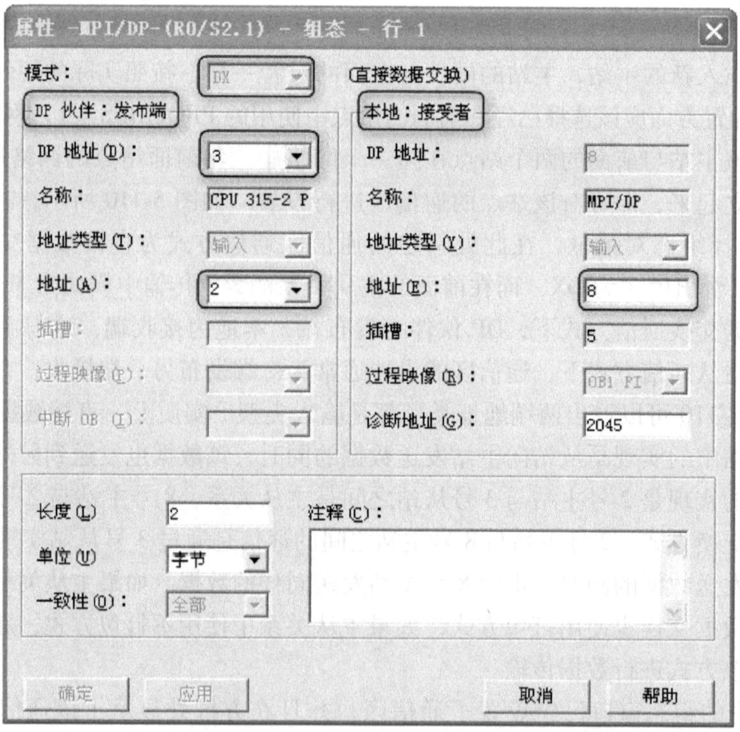

122

图 5-110 直接数据交换通信区的配置

（1）2 号 DP 主站的编程

如图 5-113 所示，为 2 号主站的 OB1 中编写的程序。程序段 1 的功能是通过发送缓冲区 QW0，将 MW0 中的数据传送到 3 号从站中，而接收工作则需要对应在 3 号从站的编程中。程序段 2 的功能是在接收缓冲区 IW2 中接收 3 号从站发送的数据，该段实际上应该对应于 3 号从站的发送程序。

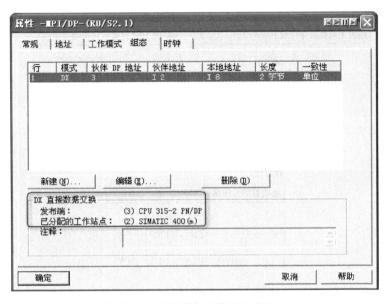

图 5-111 直接数据交换的组态窗口

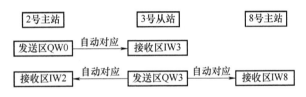

图 5-112 多主站通信中通信区对应关系

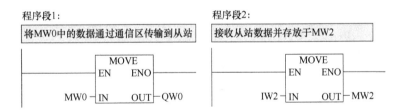

图 5-113 2 号 DP 主站程序

（2）3 号 DP 从站的编程

如图 5-114 所示，为在 3 号从站的 OB1 中编写的程序。程序段 1 对应主站中的程序段1，即在主站中发送的数据通过通信区自动对应，在从站的接收缓冲区 IW3 中自动接收并保存到 MW12。程序段 2 对应主站中的程序段 2，此处通过发送缓冲区 QW3 将 MW10 中的数据发送到主站，主站的程序段 2 便可以自动接收到数据。

（3）8 号 DP 主站的编程

如图 5-115 所示，为 8 号主站中的程序，该程序对应主站 3 号从站中发送数据的程序段，即程序段 2，该数据到 2 号主站的同时，也发送到 8 号主站，从而实现了 2 个主站之间的数据传输。

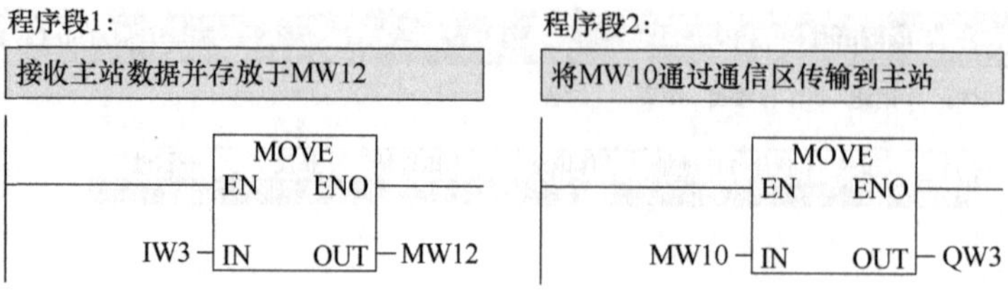

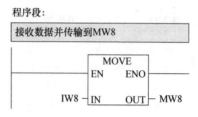

图 5-114　3 号 DP 从站中的程序

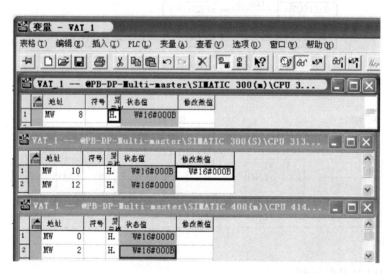

程序段：

接收数据并传输到MW8

图 5-115　8 号 DP 主站程序

为了在软件执行过程中观察执行情况，在相应站点内加入变量表，程序执行过程中对程序中的参数通过变量表进行修改，图 5-116 所示是在 MW10 中输入数据后，监控各个变量表的输出情况。8 号主站的 MW8 和主站内的 MW2 同时接收到数据。

图 5-116　对通信状态进行监控

习　题

5.1　PROFIBUS 有哪几种常见的网络组态？

5.2　直接数据交换一般适用于哪几种场合？试简述单主站的通信过程。

5.3　怎样进行 PROFIBUS 主从站的配置？

第 6 章

西门子公司工业以太网PROFINET原理

6.1 简介

长期以来，以 PROFIBUS 为代表的现场总线在工业生产中发挥了重要作用。通过现场总线，可以实现控制器与现场检测单元、执行机构等设备的数据交换；人们无须亲临现场而通过现场总线网络以及友好的人机界面就可以远程监控现场控制对象的各个参数，在提高了生产效率的同时也降低了人的劳动强度。

然而，现代工业对网络化、自动化程度要求越来越高，现场总线这类专用实时通信网络具有成本高、速度低和支持应用有限等缺陷，再加上总线通信协议的多样性，使得不同总线产品不能互连、互用和互操作等。另外，现场总线网络内的节点数、通信距离以及数据量都受到严格的控制，导致现场总线只能在小范围内进行组网，因而现场总线工业网络的进一步发展受到了极大的限制。

随着计算机、通信技术的飞速发展，以往仅仅应用在办公环境下的以太网技术逐渐被应用到环境恶劣的工业生产中，并逐步发展成工业以太网。工业以太网采用统一的电气与物理接口以及标准的通信协议，将企业的管理层、车间层以及现场层（包括控制层和执行、检测层）连接到同一个网络中，使企业的管理水平、网络化程度都发生了质的飞跃。

西门子公司 1998 年发布工业以太网白皮书，并于 2001 年发布工业以太网的规范，称为 PROFINET。它是一种基于工业以太网通信的解决方案。PROFINET 其实就是工业以太网，用于工业自动化领域创新的、开放式的以太网标准（IEC 61158）。使用 PROFINET，设备可从现场级一直连接到管理级。它既可以实现系统范围内的通信，又支持工厂范围内的工程与组态，直到现场级均支持 IT 标准。

6.2 局域网及其体系结构

在有限的距离内，将计算机、终端和各种外部设备用高速传输线路（有线或无线）连接而成的通信网络称为局域网。局域网覆盖的地理范围比较有限，但传输速率及可靠性较高，传输的介质标准化，且各站点之间形成平等关系而不是主从关系。

局域网常采用的传输介质有双绞线、光纤和无线通信信道，主干网通常采用的是光纤，连接到网络节点的通常采用双绞线和无线通信信道。

局域网通常采用的网络拓扑有星形、总线型、环形等。目前人们习惯将拓扑分为物理和逻辑两类。物理拓扑直接与传输媒体的铺设形式对应。逻辑拓扑则指的是信息发送时所采用的方式。总线型的局域网目前正在向星形网发展。

局域网在通信时必须为网络内的各个节点分配站地址。分配站地址时可以采用静态和动态分配两种方法。静态分配的地址采用的是 48 位二进制位形式，称为介质访问控制（Medium Access Control，MAC）地址。MAC 地址具有全球唯一性，它的前 24 位通常由 IEEE（美国电气和电子工程师学会）来分配给各个网络硬件制造商，后 24 位则由制造商为产品编号。而动态分配则是由系统管理员在安装网络时动态分配给上网设备（一般为 16 位）。

6.2.1 IEEE 802 模型

IEEE 于 1980 年 2 月成立了局域网标准委员会（IEEE 802 委员会），专门从事局域网标准化工作，并制定了 IEEE 802 标准，其中使用最广泛的有以太网、令牌环、无线局域网等。该标准所描述的局域网参考模型与 OSI 参考模型既有很大的区别，又有内在的联系。局域网参考模型只对应 OSI 参考模型的数据链路层与物理层，如图 6-1 所示。它将数据链路层划分为逻辑链路控制（Logical Link Control，LLC）子层与 MAC 子层。

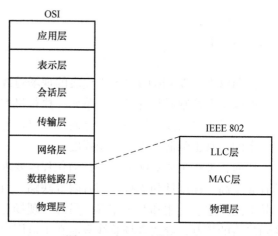

图 6-1　IEEE 802 模型层次图

6.2.2 IEEE 802 标准

局域网体系结构是通过一系列协议标准来描述的，这些标准统称为 IEEE 802 标准。IEEE 802 标准包括：

1）IEEE 802.1 关于高层局域网协议，包括局域网的体系结构、网络互连、管理等。

2）IEEE 802.2 关于逻辑链路控制的功能和服务的内容。

3）IEEE 802.3 关于 CSMA/CD（Carrier Sense Multiple Access/Collision Direct，载波多路访问和冲突检测）MAC 子层与物理层规范，主要是以太网采用。

4）IEEE 802.4 关于令牌总线介质访问控制子层与物理层规范的内容。

5）IEEE 802.5 关于令牌环（Token Ring）介质访问控制子层与物理层规范的内容。

6）IEEE 802.6 关于都会区网（也叫城域网）（Metropolitan Area Network，MAN）MAC 子层与物理层规范的内容。

7）IEEE 802.7 关于宽带 TAG 技术。

8）IEEE 802.8 关于光纤 FDDI 技术。

9）IEEE 802.9 关于同步局域网。

10）IEEE 802.10 关于局域网网络安全性规范 SILS。

11）IEEE 802.11 关于无线局域网技术的内容。

12）IEEE 802.12 关于需求优先级。

13）IEEE 802.13 未使用。

14）IEEE 802.14 关于电缆调制解调器等方面的内容。

15）IEEE 802.15 关于无线个人网。

16）IEEE 802.16 关于宽带无线接入。

17）IEEE 802.17 关于可靠个人接入技术。

IEEE 802.3 标准是在以太网（Ethernet）规范的基础上制定的。该标准详细阐述了以太网技术的核心内容——CSMA/CD 通信方式。

6.2.3 CSMA/CD

IEEE 802.3 标准定义的 CSMA/CD 通信方式是以太网的核心技术。

载波侦听是指发送节点在发送信息帧之前，必须侦听当前的通信媒体是否空闲。

多路访问，既表示多个节点可以同时访问网络媒体，也表示一个节点发送的信息可以被多个节点所接收。前者的动作可以确定究竟是哪个节点占用媒体；后者通过地址可以确定哪个节点是信息接收者。

冲突检测，是指发送节点在发出信息帧的同时，还必须监听媒体，判断是否发生了冲突。如果发生冲突（即其他节点也在发送信息），此时信息在媒体上的重叠将使接收点无法接收正确的信息。

1. CSMA/CD 的发送与接收

CSMA/CD 采用的总线争用技术，其发送过程如下：

1）侦听信道上是否有信号在传输。如果有，表明信道处于忙状态，就继续侦听，直到信道空闲为止。

2）若没有侦听到任何信号，就传输数据。

3）传输时继续侦听，若发现冲突则执行退避算法，随机等待一段时间后，重新执行步骤 1）（当冲突发生时，涉及冲突的计算机会返回到侦听信道状态。注意，每台计算机一次只允许发送一个包、一个拥塞序列，以警告所有的节点）。

4）若未发现冲突，则发送成功，所有计算机在试图再一次发送数据之前，必须在最近一次发送后等待 $9.6\mu s$（以 10Mbit/s 运行）。

CSMA/CD 在接收时，每个节点都在侦听媒体，如果有信号传输，则收集信息，得到 MAC 帧，实体分析和判断帧中的接收地址。如果接收地址为本节点地址，就保存该信息帧，否则丢弃该帧。

2. CSMA/CD 的特点

1）各节点采用竞争的方法抢占对共享媒体的访问权利。

2）网络维护方便，增删节点容易。

3）如果网络内节点较少（负载轻），节点能够及时地访问媒体，实时性相对较高。

4）如果负载比较重，节点冲突的机会就会大大增加，通信的实时性就会变得很差。

正是由于上述特点，CSMA/CD 通常被应用在网络变更比较频繁、节点数较少且实时性要求不高的办公场合。但是，随着以太网技术的飞速发展，尤其是高速甚至超高速以太网技术不断成熟，CSMA/CD 实时性不高的缺点也逐渐被克服，使得以太网技术在局域网乃至互联网上都得到了非常广泛的应用。

6.3 以太网

以太网是以 CSMA/CD 方式工作的局域网技术。最初的以太网采用无源传输媒体——同轴电缆作为总线传输信息，并以历史上用于表示传播电磁波的物质——以太（Ether）来命名。但是后来，爱因斯坦证明"以太"根本就不存在，但是该名称被一直沿用了下来。

20 世纪 70 年代，美国 Xerox（施乐）公司、英特尔公司和 DEC 公司共同研制开发的一种基带局域网技术，使用同轴电缆作为网络媒体，MAC 方法采用 CSMA/CD 机制，数据传输速率达到 10Mbit/s。

以太网不是一种具体的网络，而是一种局域网技术规范。它很大程度上取代了其他局域网标准，如令牌总线网（Token Bus）、令牌环网（Token Ring）、光纤分布式数字接口（FDDI）和 ARCnet 等。以太网的标准拓扑为总线型拓扑，但目前的快速以太网为了最大限度地减少冲突，最大限度地提高网络速度和使用效率，使用交换机（Switch）来进行网络连接和组织，这样，以太网的拓扑就成了星形。

IEEE 802.3 定义了以太网（采用 CSMA/CD 方式）的数据帧结构标准。

6.3.1 以太网的帧结构

采用 CSMA/CD 方式工作的以太网帧结构包括 8 个字段，如图 6-2 所示。

P	SFD	DA	SA	L	DATA	PAD	FCS

图 6-2 以太网的帧结构

图 6-2 中：

1）P（Preamble）：占用 7B，由交替的 1 和 0（1010…1010）组成的用于同步的前缀，它使网络有时间监听网上的信号，并决定是否接收数据帧或产生冲突。

2）SFD（Start Frame Delimiter）：帧起始分界符，占 1B，由 10101011 构成，用于指明数据帧开始。

3）DA（Destination MAC Addresses）：目的 MAC 地址，用于指明帧被传送的一个或多个目的地址，IEEE 802.3 标准允许地址字段为 2B 或 6B 长，但实际上所有现存的以太网都只使用 6B 地址。一个目的地址既可以作为单独地址指明一个唯一的站点，也可以作为多址地址指明一组站点，如一个全部由 1 组成的目的地址称为广播地址，用来指明 LAN 上的所有站点。

4）SA（Source MAC Addresses）：源 MAC 地址，用于指明发送帧的源站点。

5）L（Length/Type）：数据字段长度，占 2B，表明 DATA 的数据长度。

6）DATA：数据字段，这个字段包括从源站到目的站传输的数据，最多包含 1500B。如果这个字段小于 46B，那就必须使用下面的"PAD"字段，以使帧的总长度大于最小长度（64B）。

7）PAD：填充字段，如果需要，额外的数据字节将被附加到这个字段中，以使帧的长度大于 64B（从 DA 字段到 FCS 字段）。

8）FCS（Frame Check Sequence）：帧校验序列，这个字段包括 4B 的循环冗余校检码（CRC），用于检查错误。当一个原站组装一个 MAC 帧，它在所有字节（从 DA 到 PAD 字段）执行一个 CRC 计算，原站将计算的结果放入这个字段，并作为帧的一部分传输给目的站，当帧被目的站接收后，目的站进行同样的校检，如果校检和同字段中的值不同，目的站将认为在传输中发生错误，并丢弃这个帧。

最初的以太网标准定义的最小帧为 64B，最大帧为 1518B。这个数字包含从目的 MAC 地址字段到校检字段的所有字节，帧前缀和帧起始分界字段不包含在内。

6.3.2 以太网的拓扑

局域网中，相互连接的计算机和网线布局被称为网络的拓扑。

从物理拓扑来说，以太网分为两种：总线型和星形。有的资料上提到所谓的树形，实际上是总线型或星形的变形。通过中继器（集线器）或网桥（交换机），把各种介质的网段连成一个大的以太网，可以认为是一种树形结构。

1. 总线型

总线型的以太网所需的电缆较少、价格便宜，但是管理成本高、不易隔离故障点、采用共享的访问机制，易造成网络拥塞。早期以太网多使用总线型的拓扑，采用同轴电缆作为传输介质，连接简单，通常在小规模的网络中不需要专用的网络设备，但由于它存在固有缺陷，已经逐渐被以集线器和交换机为核心的星形网络所代替。

2. 星形

星形以太网管理方便、容易扩展、需要专用的网络设备作为网络的核心节点、需要更多的网线、对核心设备的可靠性要求高。采用专用的网络设备（如集线器或交换机）作为核心节点，通过双绞线将局域网中的各台主机连接到核心节点上，这就形成了星形结构。星形网络虽然需要的线缆比总线型多，但布线和连接器比总线型要便宜。此外，星形拓扑可以通过级联的方式，很方便将网络扩展到很大的规模，因此得到了广泛的应用，被绝大部分的以太网所采用。

从逻辑拓扑来看，以太网只有一种，就是总线型的。逻辑拓扑实质上是一种信号的拓扑。不管哪种以太网，实际上网络上的站点都是一起享受相同的一条逻辑信道的。就以双绞线的星形介质网来说，某个站点通过双绞线发送信号到集线器的某个端口上，集线器会把这个信号送到所有的端口上，就能使其他的站点也能侦测到这个信号。

6.3.3 以太网的发展

1. 标准以太网

以太网开始只有 10Mbit/s 的吞吐量，使用的是 CSMA/CD 的访问控制方法，这种早期的 10Mbit/s 以太网称为标准以太网。以太网主要有两种传输介质，那就是双绞线和光纤。所有的以太网都遵循 IEEE 802.3 标准，下面列出的是 IEEE 802.3 的一些以太网标准，在这些标准中前面的数字表示传输速度，单位是"Mbit/s"，最后的一个数字表示单段网线长度（基准单位是 100m），Base 表示"基带"的意思，Broad 代表"带宽"。

10Base-5 使用粗同轴电缆，最大网段长度为 500m，基带传输方法。

10Base-2 使用细同轴电缆，最大网段长度为 185m，基带传输方法。

10Base-T 使用双绞线电缆，最大网段长度为 100m。

1Base-5 使用双绞线电缆，最大网段长度为 500m，传输速度为 1Mbit/s。

10Broad-36 使用同轴电缆（RG-59/U CATV），最大网段长度为 3600m，是一种宽带传输方式。

10Base-F 使用光纤传输介质，传输速率为 10Mbit/s。

2. 快速以太网

随着网络的发展，传统标准的以太网技术已难以满足日益增长的网络数据流量速度需求。在 1993 年 10 月以前，对于要求 10Mbit/s 以上数据流量的 LAN 应用，只有光纤分布式数据接口（FDDI）可供选择，但它是一种价格非常昂贵的、基于 100Mbit/s 光缆的 LAN。1993 年 10 月，Grand Junction 公司推出了世界上第一台快速以太网集线器 Fastch10/100 和网络接口卡 FastNIC100，快速以太网技术正式得以应用。随后英特尔、SynOptics、3COM、BayNetworks 等公司亦相继推出自己的快速以太网装置。与此同时，IEEE 802 工程组亦对 100Mbit/s 以太网的各种标准，如 100Base-TX、100Base-T4、MII、中继器、全双工等标准进行了研究。1995 年 3 月 IEEE 宣布了 IEEE 802.3u 100Base-T 快速以太网（Fast Ethernet）标准，就这样开始了快速以太网的时代。

快速以太网与原来在 100Mbit/s 带宽下工作的 FDDI 相比，它具有许多优点，最主要体现在快速以太网技术可以有效地节省用户在布线基础实施上的投资，它支持 3、4、5 类双绞线以及光纤的连接，能有效地利用现有的设施。快速以太网的不足其实也是以太网技术的不足，那就是快速以太网仍是基于 CSMA/CD 技术，当网络负载较重时，会造成效率的降低，当然这可以使用交换技术来弥补。100Mbit/s 快速以太网标准又分为 100Base-TX、100Base-FX 和 100Base-T4 3 个子类。

100Base-TX 是一种使用 5 类数据级无屏蔽双绞线或屏蔽双绞线的快速以太网技术。它使用两对双绞线：一对用于发送数据；另一对用于接收数据。在传输中使用 4B/5B 编码方式，信号频率为 125MHz。符合 EIA586 的 5 类布线标准和 IBM 公司的 SPT 1 类布线标准。使用同 10Base-T 相同的 RJ45 连接器。它的最大网段长度为 100m。它支持全双工的数据传输。

100Base-FX 是一种使用光缆的快速以太网技术，可使用单模和多模光纤（62.5μm 和 125μm）：多模光纤连接的最大距离为 550m；单模光纤连接的最大距离为 3000m。在传输中使用 4B/5B 编码方式，信号频率为 125MHz。它使用 MIC/FDDI 连接器、ST 连接器或 SC 连接器。它的最大网段长度为 150m、412m、2000m 或更长至 10km，这与所使用的光纤类型和工作模式有关，它支持全双工的数据传输。100Base-FX 特别适合于有电气干扰的环境、较大距离连接或高保密环境等情况下的使用。

100Base-T4 是一种可使用 3、4、5 类无屏蔽双绞线或屏蔽双绞线的快速以太网技术。100Base-T4 使用 4 对双绞线，其中 3 对用于在 33MHz 的频率上传输数据，每一对均工作于半双工模式。第 4 对用于 CSMA/CD 冲突检测。在传输中使用 8B/6T 编码方式，信号频率为 25MHz，符合 EIA586 结构化布线标准。它使用与 10Base-T 相同的 RJ45 连接器，最大网段长度为 100m。

3. 千兆以太网

千兆以太网技术作为最新的高速以太网技术，给用户带来了提高核心网络的有效解决方案，这种解决方案的最大优点是继承了传统以太网技术价格便宜的优点。千兆技术仍然是以太网技术，它采用了与 10Mbit/s 以太网相同的帧格式、帧结构、网络协议、全/半双工工作方式、流控模式以及布线系统。由于该技术不改变传统以太网的桌面应用、操作系统，因此可与 10Mbit/s 或 100Mbit/s 的以太网很好地配合工作。升级到千兆以太网不必改变网络应用程序、网管部件和网络操作系统,能够最大限度节省投资。

千兆以太网技术有两个标准:IEEE 802.3z 和 IEEE 802.3ab。IEEE 802.3z 制定了光纤和短距离铜缆连接方案的标准。IEEE 802.3ab 制定了 5 类双绞线上较长距离连接方案的标准。

(1) IEEE 802.3z

IEEE 802.3z 工作组负责制定光纤(单模或多模)和同轴电缆的全双工链路标准。IEEE 802.3z 定义了基于光纤和短距离铜缆的 1000Base-X,采用 8B/10B 编码技术,信道传输速度为 1.25Gbit/s,去耦后实现 1000Mbit/s 传输速度。IEEE 802.3z 具有下列千兆以太网标准:

1) 1000Base-SX 只支持多模光纤,可以采用直径为 $62.5\mu m$ 或 $50\mu m$ 的多模光纤,工作波长为 770~860nm,传输距离为 220~550m。

2) 1000Base-LX 多模光纤可以采用直径为 $62.5\mu m$ 或 $50\mu m$ 的多模光纤,工作波长范围为 1270~1355nm,传输距离为 550m。单模光纤可以支持直径为 $9\mu m$ 或 $10\mu m$ 的单模光纤,工作波长范围为 1270~1355nm,传输距离为 5km 左右。

3) 1000Base-CX 采用 150Ω 屏蔽双绞线(STP),传输距离为 25m。

(2) IEEE 802.3ab

IEEE 802.3ab 工作组负责制定基于 UTP 的半双工链路的千兆以太网标准,产生 IEEE 802.3ab 标准及协议。IEEE 802.3ab 定义基于 5 类非屏蔽双绞线(UTP)的 1000Base-T 标准,目的是在 5 类 UTP 上以 1000Mbit/s 速率传输 100m。

4. 万兆以太网

万兆以太网规范包含在 IEEE 802.3 标准的补充标准 IEEE 802.3ae 中,它扩展了 IEEE 802.3 协议和 MAC 规范,使它支持 10Gbit/s 的传输速率。此外,通过 WAN 界面子层(WAN Interface Sublayer, WIS),万兆以太网也能被调整为较低的传输速率,如 9.584640Gbit/s(OC-192),这就允许万兆以太网设备与同步光纤网络(SONET)STS-192c 传输格式相兼容。

10GBase-SR 和 10GBase-SW 主要支持短波(850nm)多模光纤(MMF),光纤距离为 2~300m。

10GBase-SR 主要支持"暗光纤"(Dark Fiber),暗光纤是指没有光传播并且不与任何设备连接的光纤。

10GBase-SW 主要用于连接 SONET 设备,它应用于远程数据通信。

10GBase-LR 和 10GBase-LW 主要支持长波(1310nm)单模光纤(SMF),光纤距离为 2m~10km。

10GBase-LW 主要用来连接 SONET 设备。

10GBase-LR 则用来支持"暗光纤"。

10GBase-ER 和 10GBase-EW 主要支持超长波(1550nm)单模光纤(SMF),光纤距离为 2m~40km。

10GBase-EW 主要用来连接 SONET 设备。

10GBase-ER 则用来支持"暗光纤"。

10GBase-LX4 采用波分复用技术,在单对光缆上以 4 倍光波长发送信号。系统运行在 1310nm 的多模或单模暗光纤方式下。该系统的设计目标是针对 2~300m 的多模光纤模式或 2m~10km 的单模光纤模式。

6.3.4 交换型以太网

初期的以太网是一种共享式以太网，它的典型代表是使用 10Base2/10Base5（10Mbit/s，基带传输，200m/500m）的总线型网络和以集线器（HUB）为核心的星形网络。共享式以太网不易隔离故障点，而且容易造成网络拥塞，降低了网络通信的效率。

为了解决共享型以太网的问题，于是产生了交换型以太网。交换型以太网的特点是使用交换机代替集线器（HUB），交换机可以使多个用户同时使用此网络。这样一来，如果使用的是 10Mbit/s 交换型以太网，则每个用户就可以独自享用 10Mbit/s 的传输速率而不用去考虑其他用户的使用情况，因此网络的实际带宽得到大幅度提高，可以实现高速的数据传输。如果选用的是快速交换型以太网或者千兆交换型以太网，那么一个用户就可以独享 100Mbit/s 甚至是 1000Mbit/s 的数据传输速率，任何应用都不会因带宽而担忧了。当然，以太网交换机的价格比集线器（HUB）自然是要贵得多。

类似传统的桥接器，交换机提供了许多网络互连功能。交换机能经济地将网络分成小的冲突网域，为每个工作站提供更高的带宽。协议的透明性使得交换机在软件配置简单的情况下直接安装在多协议网络中。交换机使用现有的电缆、中继器、集线器和工作站的网卡，不必做高层的硬件升级。交换机对工作站是透明的，这样管理开销低廉，简化了网络节点的增加、移动和网络变化的操作。

6.4 TCP/IP 模型

为了清楚地描述一个网络并顺利实现各种网络上的数据通信，国际标准化组织（ISO）联合许多知名厂商和专家在总结各个网络体系的基础上提出了开放系统互连的参考模型（OSI/RM）。该模型共分 7 层，分别为物理层、数据链路层、网络层、传输层、会话层、表示层以及应用层。这 7 层网络提供给用户为完成某项特定应用所需的所有通信能力。

由于 OSI/RM 定义复杂，实现困难，有些功能在每一层重复出现，导致效率低下，在实际应用当中，这 7 层功能并没有真正被严格执行，它仅仅给用户提供了一个网络互连时的参考模型。有的网络只用到了物理层和链路层，如图 6-1 中的 IEEE 802 模型局域网所示。有的网络只用到了物理层和链路层以及应用层，如前面所介绍的 PROFIBUS 网络。还有目前与人们生活联系非常紧密的互联网，它采用的就是 TCP/IP 模型。

TCP/IP 模型并不完全符合 OSI 的 7 层参考模型，而是采用了结构更加简洁的 4 层网络：网络接口层、互连网络层、传输层和应用层。TCP/IP 是互联网最基本的协议，简单地说，就是由网络层的 IP 和传输层的 TCP 组成的。

TCP/IP 模型广泛应用于局域网和广域网，甚至与人们生活非常紧密的互联网，TCP/IP 更是成了公认的标准。如今计算机上互联网都要进行 TCP/IP 设置，显然该协议成了当今"人与人"之间的"牵手协议"。

TCP/IP 模型其实只是一种抽象的模型，它是由一组协议簇构成的，其中 TCP 和 IP 是该协议簇中最核心的两个协议，因此就以这两个协议命名该模型。

6.4.1 TCP/IP 与 OSI/RM 参考模型

TCP/IP 模型以及每层所支持的协议可参考图 6-3。

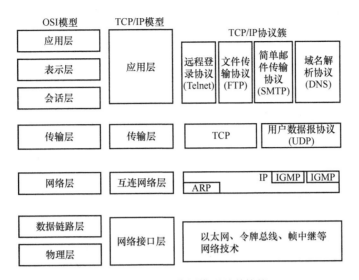

图 6-3　TCP/IP 分层模型及其协议

从上到下，TCP/IP 模型中的每一层所承担的任务以及所采用的协议分别如下：

1）应用层：应用程序间沟通的层，如 SMTP、FTP、Telnet 等。

2）传输层：在此层中，它提供了节点间的数据传输、应用程序之间的通信服务，主要功能是数据格式化、数据确认和丢失重传等。如 TCP、UDP 等，TCP 和 UDP 给数据包加入传输数据并把它传输到下一层中，这一层负责传输数据，并且确定数据已被送达并接收。

3）互连网络层：负责提供基本的数据封包传送功能，让每一块数据包都能够到达目的主机（但不检查是否被正确接收），如 IP。

4）网络接口层：接收 IP 数据报并进行传输，从网络上接收物理帧，抽取 IP 数据报转交给下一层，对实际的网络媒体进行管理，定义如何使用实际网络［如以太网（Ethernet）、令牌环（Token Ring）、帧中继（Frame Relay）、异步传输（ATM）等］来传输数据。

TCP 和 IP 构成了 TCP/IP 模型的主体。TCP 应用在传输层，负责信息如何传输，而 IP 应用在互连网络层，负责将数据发送到目的地。在网络接口层，可以采用以太网、令牌环、帧中继或者 ATM 等技术来组建。

6.4.2　IP

1. IP 简介

IP 定义在 TCP/IP 模型的第 2 层——互连网络层，是互联网最重要的协议。在 IP 中规定了在互联网上进行通信时应遵守的规则，例如 IP 数据包的组成、路由器如何将 IP 数据包送到目的主机等。

各种物理网络在链路层所传输的基本单元为帧（MAC 帧），帧格式随物理网络而异，各物理网络的物理地址（MAC 地址）也随物理网络而异。IP 的作用就是向传输层（TCP 层）提供统一的 IP 包，即将各种不同类型的 MAC 帧转换为统一的 IP 包，并将 MAC 帧的物理地址变换为全网统一的逻辑地址（IP 地址）。这样，这些不同物理网络 MAC 帧的差异对上层而言就不复存在了。正因为这一转换，才实现了不同类型物理网络的互连。

IP 面向无连接，IP 网中的节点路由器根据每个 IP 包的包头 IP 地址进行寻址，这样

133

同一个主机发出的属于同一报文的 IP 包可能会经过不同的路径到达目的主机。

2. IP 的功能

（1）寻址

首先先来了解一下 TCP/IP 网络中用来标识网络以及网络节点的常用的地址。

1）MAC 地址。MAC 地址一般位于网卡中，用于标识网络设备，控制对网络介质的访问。例如，网络设备要访问传输电缆（网线，位于物理层），必须具备一个 MAC 地址，发送的数据要到达目的地，必须知道目的地的 MAC 地址。因为一个网卡具有唯一的 MAC 地址，所以又叫作物理地址。

2）网络地址。一个网络地址可以根据逻辑分配给任意一个网络设备，所以又叫逻辑地址。网络地址通常可分成网络号和主机号两部分，用于标识网络和该网络中的设备。采用不同网络层协议，网络地址的描述是不同的，如 IPX 协议，以 PAD. 0134. 02d3. es50 为例，PAD 为网络号，而 0134. 02d3. es50 是标识该网络中设备的主机号。再如 IP，是用 32 位二进制来表示网络地址，一般就叫作 IP 地址。MAC 地址用于网络通信，网络地址是用于确定网络设备位置的逻辑地址。

IP 寻址的功能体现在：一方面 IP 要为网络中的每个节点分配一个能唯一标识网络号和设备号的逻辑地址，即 IP 地址；另一方面 IP 在打包数据时，数据包里总会包含通信源地址和目的地址，并利用 ARP（地址解析协议）实现 IP 地址和 MAC 地址的转换，以便寻址到目的地址。

（2）路由

IP 数据报在传输过程中，每个中间节点（IP 网关等）还需要为它选择从源主机到目的主机的合适的转发路径，即路由。

路由选择是以单个 IP 数据包为基础的，概括而言是确定某个 IP 数据包到达目的主机需经过哪些路由器。路由选择可以由源主机决定，也可以由 IP 数据包所途经的路由器决定。

在 IP 中，路由选择依靠路由表进行。在 IP 网上的主机和路由器中均保存了一张路由表，路由表指明下一个路由器（或目的主机）的 IP 地址。路由表由目的主机地址和去往目的主机的路径两部分组成。其中，去往目的主机的路径通常是下一个路由器的地址，也可是目的主机的 IP 地址。

（3）分段与组装

IP 数据包在实际传输过程中所经过的物理网络帧的最大长度可能不同，当长 IP 数据包需通过短帧子网时，需对 IP 数据包进行分段与组装。

IP 实现分段与组装的方法是给每个 IP 数据包分配一个唯一的标志符，且报头部分还有与分段和组装相关的分段标记及位移。IP 数据包在分段时，每一段需包含原有的标志符。为了提高效率、减轻路由器的负担，重新组装工作由目的主机来完成。

3. IP 地址及其分类

在互联网上连接的所有计算机，从大型机到微型机都是以独立的身份出现的，人们称它为主机。为了实现各主机间的通信，每台主机都必须有一个唯一的网络地址。就好像每一个住宅都有唯一的门牌一样，才不至于在传输资料时出现混乱。

大家都知道，互联网是由许多小型网络构成的，每个网络是由成千上万台计算机互相连接而成的。而要确认网络上的每一台计算机，靠的就是能唯一标识该计算机的网络地址，这个地址就是 IP 地址。

目前，IP地址采用的是32位二进制数来表示。为了便于记忆，人们将它们分为4组，分别用4B来表示，每字节8位，并由小数点分开。用点分开的每个字节的数值范围是0～255，如192.168.0.111，这种书写方法叫作点数表示法。

IP地址在设计时考虑到地址分配的层次特点，将每个IP地址都分割成网络号和主机号两部分。为了有效地利用IP资源以及清楚地区分主机及其所在的网络，通常采用一组被称作子网掩码的32位二进制数和IP地址配合使用。

根据网络规模的大小，一般将IP地址分为A、B、C、D、E五类，并通过3种默认的子网掩码来区分各个子网的网络号和子网内的主机号。

（1）A类地址

A类地址的表示范围为1.0.0.0～127.255.255.255，子网掩码为255.0.0.0。A类地址分配给规模特别大的网络使用。A类网络用第一组数字表示网络本身的地址，后面三组数字作为连接于网络上的主机的地址。分配给具有大量主机（直接个人用户）而局域网络个数较少的大型网络，例如IBM公司的网络。

（2）B类地址

B类地址的表示范围为128.0.0.0～191.255.255.255，子网掩码为255.255.0.0。B类地址分配给一般的中型网络。B类网络用第一、二组数字表示网络的地址，后面两组数字代表网络上的主机地址。

（3）C类地址

C类地址的表示范围为192.0.0.0～223.255.255.255，子网掩码为255.255.255.0。C类地址分配给小型网络，如一般的局域网，它可连接的主机数量是最少的，采用把所属的用户分为若干的网段进行管理。C类网络用前三组数字表示网络的地址，最后一组数字作为网络上的主机地址。

（4）D类地址

D类地址以"1110"开始，第一个字节的数字范围为224～239，是多点播送地址，用于多目的地信息的传输，并作为备用。

（5）E类地址

以"11110"开始，即第一段数字范围为240～255。E类地址保留，仅作实验和开发用。

全零（"0.0.0.0"）地址对应于当前主机，全"1"的IP地址（"255.255.255.255"）是当前子网的广播地址，用于多点播送。

在上述地址分类中留出了3块IP地址空间（1个A类地址段，16个B类地址段，256个C类地址段）作为私有的内部使用的地址。在这个范围内的IP地址不能被路由到。这3块地址空间可以参见表6-1。

表6-1　私有IP地址空间

IP地址类别	地址范围协议
A类	10.0.0.0～10.255.255.255
B类	172.16.0.0～172.31.255.255
C类	192.168.0.0～192.168.255.255

使用私有地址将网络连至互联网，需要将私有地址转换为公有地址。这个转换过程称为

网络地址转换（Network Address Translation，NAT），通常使用路由器来执行 NAT。

在互联网中，一台计算机可以有一个或多个 IP 地址，就像一个人可以有多个通信地址一样，但两台或多台计算机却不能共享一个 IP 地址。如果有两台计算机的 IP 地址相同，则会引起异常现象，无论哪台计算机都将无法正常工作。

6.4.3　TCP

1. TCP 简介

TCP 位于传输层，是一个端对端、面向可靠连接的协议。该协议弥补了 IP 的某些不足，其中比较突出的有两个方面：一是 TCP 能够保证在 IP 数据包丢失时进行重发，能够删去重复收到的 IP 数据包，还能保证准确地按原发送端的发送顺序重新组装数据；二是 TCP 能区别属于同一应用报文的一组 IP 数据包，并能鉴别应用报文的性质。这一功能使得某些具有 4 层协议功能的高端路由器可以对 IP 数据包进行流量、优先级、安全管理、负荷分配和复用等智能控制。

2. TCP 的功能

（1）保证传输的可靠性

TCP 是面向连接的。所谓连接，是指在进行通信之前，通信双方必须建立连接才能进行通信，而在通信结束后终止连接。相对于面向无连接的 IP 而言，TCP 具有高度的可靠性。

当目的主机接收到由源主机发来的 IP 包后，目的主机将向源主机回送一个确认消息，这是依靠目的主机的 TCP 来完成的。TCP 中有一个重传定时器（RTO），源主机发送 IP 包即开始计时。若在超时之前收到确认信号，则定时器回零；如果定时器超时，则说明该 IP 包已丢失，源主机应进行重传。对于重传定时器，确定合适的定时时长是十分重要的，它由往返时间来决定。TCP 能够根据不同情况自动调节定时时长。

需要说明的是，TCP 所建立的连接是端到端的连接，即源主机与目的主机间的连接。互联网中每个转接节点（路由器）对 TCP 段透明传输。

总之，IP 不提供差错报告和差错纠正机制，而 TCP 向应用层提供了面向连接的服务，以确保网络上所传输的数据包被完整、正确、可靠地接收。一旦数据有损伤或丢失，则由 TCP 负责重传，应用层不参与解决。

（2）提供部分应用层信息的功能

在 TCP 之上是应用层协议（如 FTP、SMTP、Telnet 等），最终需依靠它们实现主机间的通信。TCP 携带了部分应用层信息，可用来区别同一报文数据流的一组 IP 包及其性质。

TCP 对这些应用层协议规定了整数标志符，称为端口序号。被规定的端口序号称为保留端口，它的值为 0~1023（如端口序号 23，用于远程终端服务）。此外还有自由端口序号，供个人程序使用，或者用来区分两台主机间相同应用层协议的多个通信，即两台主机间复用多个用户会话连接。

进行通信的每台主机的每个用户会话连接都有一个插口序号，它由主机的 IP 地址和端口序号组成。在互联网中插口序号是唯一的，一对插口序号唯一地标识了一个端口的连接（发端插口序号=源主机 IP 地址+源端口序号，收端插口序号＝目的主机 IP 地址+目的端口序号）。利用插口序号可在目的主机中区分不同源主机对同一个目的主机相同端口序号的多个用户会话连接。

6.4.4　以太网与 TCP/IP

TCP/IP 定义在网络层、传输层以及应用层。在应用层，用户通过 FTP、SMTP 等协议实现文件传输、邮件发送以及远程登录等应用。通过 TCP 来保证数据的正确传输，而 IP 负责将 TCP 组织的数据通过 IP 地址路由的方式传送到目的地。

以太网在成功地应用到数据链路和物理层之后，就与 TCP/IP 紧密地捆绑在一起了。并且，由于后来国际互联网也是以以太网和 TCP/IP 为核心，人们甚至把如超文本传输协议（HTTP）等 TCP/IP 协议簇放在一起，称为以太网技术。TCP/IP 的简单实用已为广大用户所接受，不仅在办公自动化领域内，而且在各个企业的管理网络、监控层网络也都广泛使用以太网技术，并开始向现场设备层网络延伸。如今，TCP/IP 已成为最流行的网际互连协议，并由单纯的 TCP/IP 发展成为一系列以 IP 为基础的 TCP/IP 协议簇。

TCP/IP 中一般通过 3 种地址实现数据通信：域名地址、IP 地址、物理网络地址。用户一般通过域名地址来实现数据的访问，如 cmpbook.com、nju. edu. cn、163. com，这些域名地址方便了用户的记忆和区别。但是 TCP/IP 并不识别这些地址，需要通过域名解析系统把域名地址与 IP 地址进行映射。IP 地址标识了网络上每台主机所处的位置，TCP/IP 正是通过 IP 地址来寻找合适的路径将数据包发送到目的地。而负责传输的就是以太网。以太网采用 CSMA/CD 机制通过以太网卡及其驱动程序、交换机、双绞线、光纤、路由器、网关等传输设备实现数据的传输。以太网使用的是物理网络地址——MAC 地址。它是每个网卡的"身份证"，而且具有全球唯一性。MAC 地址包含 48 个二进制位，分成 6B。前 3B 标记网卡的生产厂家，后 3B 用来标识该厂家每个网卡的生产序号。在装有 TCP/IP 的每台主机内都保存着一张 ARP（Address Resolution Protocol，地址解析协议）表，它用来缓存 IP 地址和 MAC 地址的对应关系。通过 ARP 表，可以实现 IP 地址向 MAC 地址的转换，当然，反过来也是成立的。可以通过在 DOS 状态下输入"ARP—A"来查看当前主机的 ARP 表。

从上面的分析可以看出，TCP/IP 结构简单，分工明确，它在用户和物理网络（如以太网）之间承担了桥梁的作用。通过 TCP/IP，用户的访问被制作成带有目的地址的数据包，利用路由器等网络设备在以太网上传输。目的主机收到数据包后再通过 TCP/IP 将数据包转换成用户能够识别的文档，从而实现用户之间的通信。

如果数据通信仅仅发生在某个局域网内，还可以通过以太网的 MAC 地址直接进行寻址通信，省去了路由的时间，这样做可以大大提高数据通信实时性。

6.5　工业以太网原理

工业以太网是应用于工业控制领域的以太网技术，在技术上与商用以太网（即 IEEE 802.3 标准）兼容。设计产品时，在材质的选用、产品的强度、适用性以及实时性、可互操作性、可靠性、抗干扰性、本质安全性等方面能满足工业现场的需要。而常规的商用以太网技术当初是为信息网络而设计的，并没有考虑到用于工业环境的要求。因此直接将以太网用于工业场合存在着诸多的缺陷，特别是 CSMA/CD 机制的使用，使得网络在确定性和实时性上无法满足工业控制的要求。

137

6.5.1 以太网应用于工业环境的缺陷

1. 通信的确定性与实时性

工业控制网络不同于普通数据网络的最大特点在于它必须满足控制作用对确定性和实时性的要求，即信号传输要足够快并且满足信号的确定。工业上对数据传输的实时性要求十分严格，往往数据的更新是在数十毫秒内完成的。然而，由于以太网采用 CSMA/CD 方式，网络负荷较大时，很容易发生冲突，这时候就得重发数据，最多可以尝试 16 次之多。网络传输的不确定性不能满足工业控制的实时要求，故传统以太网技术难以满足控制系统准确定时通信的实时性要求，一直被认为是"非确定性"的网络。

然而，快速以太网与交换型以太网技术的发展，给解决以太网的非确定性问题带来了新的契机。首先，以太网的通信速率从 10Mbit/s、100Mbit/s 增大到如今的 1000Mbit/s、10Gbit/s，甚至更高，在数据吞吐量相同的情况下，通信速率的提高意味着网络负荷的减轻和网络传输延时的减小，即网络碰撞概率大大下降。其次，采用星形网络拓扑，交换机将网络划分为若干个网段。以太网交换机由于具有数据存储、转发的功能，使各端口之间输入和输出的数据帧能够得到缓冲，不再发生碰撞，同时交换机还可对网络上传输的数据进行过滤，使每个网段内节点间数据的传输只限在本地网段内进行，而不需经过主干网，也不占用其他网段的带宽，从而降低了所有网段和主干网的网络负荷。再次，全双工通信又使得端口间两对双绞线（或两根光纤）上分别同时接收和发送报文帧，也不会发生冲突。因此，采用交换式集线器和全双工通信，可使网络上的冲突域不复存在（全双工通信），或碰撞概率大大降低（半双工），因此使以太网通信确定性和实时性大大提高。

2. 网络的稳定性与可靠性

传统的以太网并不是为工业应用而设计的，没有考虑工业现场环境的适应性需要。由于工业现场的机械、气候、尘埃等条件非常恶劣，因此对设备的工业可靠性提出了更高的要求。在工厂环境中，工业网络必须具备较好的可靠性、可恢复性及可维护性。即保证一个网络系统中任何组件发生故障时，不会导致应用程序、操作系统，甚至网络系统的崩溃和瘫痪。

为了解决在不间断的工业应用领域，在极端条件下网络也能稳定工作的问题，除了不断提高通信速率，工业以太网技术在网络硬件和协议上采用特殊的措施和处理，使得网络的通信能力、抗干扰能力、稳定性得到了极大的提高。

3. 网络的安全性

工业系统的网络安全是工业以太网应用必须考虑的另一个安全性问题。工业以太网可以将企业传统的 3 层网络系统，即信息管理层、过程监控层、现场设备层，合成一体，使数据的传输速率更快、实时性更高，并可与互联网无缝集成，实现数据的共享，提高工厂的运行效率。但同时也引入了一系列的网络安全问题，工业网络可能会受到包括病毒感染、黑客的非法入侵与非法操作等在内的网络安全威胁。一般情况下，可以采用网关或防火墙等对工业网络与外部网络进行隔离，还可以通过权限控制、数据加密等多种安全机制加强网络的安全管理。

4. 网络总线供电问题

总线供电（或称总线馈电）是指连接到现场设备的线缆不仅传输数据信号，还能给现场设备提供工作电源。对于现场设备供电可以采取以下方法：

1）在目前以太网标准的基础上适当地修改物理层的技术规范，将以太网的曼彻斯特信号调制到一个直流或低频交流电源上，在现场设备端再将这两路信号分离开来。

2）不改变目前物理层的结构，而通过连接电缆中的空闲线缆为现场设备提供电源。

快速以太网以及交换型以太网的飞速发展，再加上通信设备的材质、强度等性能的提高，使得以太网技术在工业中得到了广泛的应用。工业以太网技术不断成熟和完善，优势也越来越明显，从而逐渐打破了现场总线在工厂中一统天下的局面。

6.5.2　工业以太网的特点

工业以太网秉承了传统以太网的诸多优势，并在材质的选用、产品的强度、确定性以及实时性、可互操作性、可靠性、抗干扰性、本质安全性等方面更加成熟。

1. 通信速率高

目前，10Mbit/s、100Mbit/s、1Gbit/s的快速以太网已广泛应用，10Gbit/s以太网技术也逐渐成熟，而传统的现场总线（如PROFIBUS）最高速率只有12Mbit/s。显然，以太网的速率要比传统现场总线快得多，完全可以满足工业控制网络不断增长的带宽要求。

2. 成本低廉

以太网网卡的价格较之现场总线网卡要便宜得多（约为1/10）。另外，以太网已经应用多年，人们对以太网的设计、应用等方面有很多经验，具有相当成熟的技术。大量的软件资源和设计经验可以显著降低系统的开发和培训费用，降低系统的整体成本，并大大加快系统的开发和推广速度。

3. 资源共享能力强

随着互联网/内部网的发展，以太网已渗透到各个角落，网络上的用户已解除了资源地理位置上的束缚，在连入互联网的任何一台计算机上就能浏览工业控制现场的数据，实现"控管一体化"，这是其他任何一种现场总线都无法比拟的。

4. 可持续发展潜力大

以太网的引入将为控制系统的后续发展提供可能性，用户在技术升级方面无需独自的研究投入。同时，机器人技术、智能技术的发展都要求通信网络具有更高的带宽和性能，通信协议有更高的灵活性，这些要求以太网都能很好地满足。

6.5.3　工业以太网的发展趋势

由于以太网具有应用广泛、价格低廉、通信速率高、软硬件产品丰富、应用技术成熟等优点，目前它已经在工业企业综合自动化系统中的资源管理层、执行制造层得到了广泛应用，并呈现向下延伸直接应用于工业控制现场的趋势。从目前国际、国内工业以太网技术的发展来看，工业以太网在制造执行层已得到广泛应用，并成为事实上的标准。未来工业以太网将在工业企业综合自动化系统中现场设备之间的互连和信息集成中发挥越来越重要的作用。总的来说，工业以太网技术的发展趋势将体现在以下3个方面：

1. 与现场总线相结合

工业以太网技术的研究还只是近几年才引起国内外工控专家的关注。而现场总线经过十几年的发展，在技术上日渐成熟，在市场上也开始了全面推广，并且形成了一定的市场。就目前而言，全面代替现场总线还存在一些问题，需要进一步深入研究基于工业以太网的全新控制系统体系结构，开发出基于工业以太网的系列产品。因此，近一段时间内，工业以太网技术的发展将与现场总线相结合，具体表现如下：

1）物理介质采用标准以太网连线，如双绞线、光纤等；

2）在工业现场使用工业级以太网交换机；

3）采用 IEEE 802.3 物理层和数据链路层标准、TCP/IP 协议簇；

4）应用层（甚至是用户层）采用现场总线的应用层、用户层协议；

5）兼容现有成熟的传统控制系统，如 DCS、PLC 等。

2. 将直接应用于工业现场设备间的通信

随着以太网通信速率的提高，全双工通信、交换技术的发展，为以太网的通信确定性的解决提供了技术基础，从而消除了以太网直接应用于工业现场设备间通信的主要障碍，为以太网直接应用于工业现场设备间通信提供了技术可能。为此，IEC 正着手起草实时以太网（Real-Time Ethernet，RTE）标准，旨在推动以太网技术在工业控制领域的全面应用。针对这种形势，浙江大学、浙江浙大中控技术有限公司、中科院沈阳自动化研究所、清华大学、大连理工大学、重庆邮电大学等单位，在国家"863 计划"的支持下，开展了 EPA（EtherNet for Plant Automation）技术的研究，重点是研究以太网技术应用于工业控制现场设备间通信的关键技术。

3. 应用于现场设备间通信的关键技术获得重大突破

针对工业现场设备间通信具有实时性强、数据信息短、周期性较强等特点和要求，经过认真细致的调研和分析，采用以下技术基本解决了以太网应用于现场设备间通信的关键技术。

（1）实时通信技术

其中采用以太网交换技术、全双工通信、流量控制等技术，以及确定性数据通信调度控制策略、简化通信栈软件层次、现场设备层网络微网段化等针对工业过程控制的通信实时性措施，解决了以太网通信的实时性。

（2）总线供电技术

采用直流电源耦合、电源冗余管理等技术，设计了能实现网络供电或总线供电的以太网集线器，解决了以太网总线的供电问题。

（3）远距离传输技术

采用网络分层、控制区域微网段化、网络超小时滞中继以及光纤等技术，解决以太网的远距离传输问题。

（4）网络安全技术

采用控制区域微网段化，各控制区域通过具有网络隔离和安全过滤的现场控制器与系统主干相连，实现各控制区域与其他区域之间逻辑上的网络隔离。

（5）可靠性技术

采用分散结构化设计、EMC 设计、冗余、自诊断等可靠性设计技术等，提高基于以太网技术的现场设备可靠性，经实验室 EMC 测试，设备可靠性符合工业现场控制要求。

目前，在国际上有多个组织从事工业以太网的标准化工作。2001 年 9 月，我国科学技术部发布了基于高速以太网技术的现场总线设备研究项目，其目标是攻克应用于工业控制现场的高速以太网的关键技术，其中包括解决以太网通信的实时性、可互操作性、可靠性、抗干扰性和本质安全等问题，同时研究开发相关高速以太网技术的现场设备、网络化控制系统和系统软件。

6.5.4 西门子公司工业以太网

西门子公司工业以太网 SIMATIC NET 符合 IEEE 802.3 以及 IEEE 802.11 标准，并采用 10Mbit/s 以及 100Mbit/s、1Gbit/s 快速以太网技术。SIMATIC NET 提供了开放的、适用于工业环境下各种控制级别的不同的通信系统，这些通信系统均基于国家和国际标准，符合 ISO/OSI 或者 TCP/IP 网络参考模型。经过多年的实践，SIMATIC NET 工业以太网的应用已多于 40 万个节点，遍布世界各地，用于严酷的工业环境，包括有高强度电磁干扰的地区。

SIMATIC NET 工业以太网主要体系结构是由网络硬件、网络部件、拓扑、通信处理器和 SIMATIC NET 软件、协议等部分组成的。

1. SIMATIC NET 网络硬件

（1）传输介质

SIMATIC NET 工业以太网通常使用的物理传输介质是屏蔽双绞线（Twisted Pair，TP）、工业屏蔽双绞线（Industrial Twisted Pair，ITP）以及光纤。TP 连接常用于端对端的连接。数据终端设备与连接元件之间通过 TP 或 ITP 电缆连接。

（2）工业以太网交换机

SIMATIC NET 工业以太网技术发展历程中，SCALANCE 交换机的应用具有里程碑式的意义，因为它是构建统一网络的最新一代有源网络组件，也是实现西门子全集成自动化技术在全球范围内成功实施的重要推动力。这些有源网络组件是完全匹配的，是针对恶劣的工业环境而设计的，是统一、灵活、安全和高性能网络的关键。

SCALANCE 交换机包括三大系列：SCALANCE-S，利用安全机制，如验证、数据编码或权限控制，可保护公司内部的网络和数据免受侵扰、操作和非法访问；SCALANCE-W，基于工业无线局域网，并通过提供专用的数据传输速率或监控无线电连接，可以实现端到端的连接，延伸到过去很难或不可能到达的区域；SCALANCE-X，提供了一系列工业以太网交换机，这些交换机具有各类功能，如通过 PROFINET、SNMP 或 Web 进行诊断等，可适用于最广泛的应用领域（如网络结构、数据传输速率、端口数等）。

SCALANCE 从名字上来说就是指 SCALableperformANCE，也就是具有可伸缩性的性能，即交换机不会随着网络负荷的增大而降低性能。SCALANCE 交换机尤其是 400 交换机是一种模块化的交换机，可以进行扩展，最重要的是支持 1000Mbit/s 的以太网技术，其中 SCALANCE 414 有 2 个千兆端口，SCALANCE 408 有 4 个千兆端口。SCALANCE X400 系列交换机支持 Office、支持 VLAN、STP、passivelistening、路由等，全面支持 PROFINET。目前主要有 SCALANCE X400 系列、SCALANCE X300 系列、SCALANCE X200 系列、SCALENCE X100 系列以及 SCALENCE X005 系列，它们的性能是逐渐降低的。另外，还有一种交换机为 SCLANCE X200 IRT，全面支持 PROFINET IRT。

传统的 OSM/ESM 能使用固定的端口，没有 SCALANCE 组态环网灵活，因为 SCALANCE 的环网的环形端口可以根据需要来定义端口。OSM/ESM 类型的交换机处于即将被淘汰的边缘。

（3）通信处理器

SIMATIC NET 工业以太网中常用的通信处理器（Communication Processor，CP）包括用在 S7 PLC 站上的处理器 CP243-1 系列、CP343-1 系列、CP443-1 系列等。

CP243-1 是属于 S7-200 系列 PLC 的工业以太网通信处理器。通过 CP243-1 模块，用户可以很方便地将 S7-200 系列 PLC 连接到工业以太网。使用 STEP 7-Micro/WIN 编程环境，通过以太网对 S7-200 进行远程组态、编程和诊断，同时，S7-200 也可以同 S7-300、S7-400 系列 PLC 进行以太网的连接。

S7-300 系列 PLC 的以太网通信处理器是 CP343-1 系列，按照所支持协议的不同，可以分为 CP343-1、CP343-1 ISO、CP343-1 TCP、CP343-1 IT 和 CP343-1 PN 等。

S7-400 系列 PLC 的以太网通信处理器是 CP443-1 系列，按照所支持协议的不同，可以分为 CP443-1、CP443-1 ISO、CP443-1 TCP 和 CP443-1 IT。

2. SIMATIC NET 工业以太网的拓扑

同其他工业以太网的拓扑类似，SIMATIC NET 工业以太网可以根据网络的具体要求而组建成星形、总线型和环形。

3. SIMATIC NET 工业以太网的通信协议

（1）S5 兼容协议

S5 兼容协议包括 TCP/IP、UDP、ISO-ON-TCP 和 ISO 等。

（2）S7 通信协议

S7 通信属于 OSI 参考模型第 7 层应用层的协议，它独立于各个网络，可以应用于多种网络（MPI、PROFIBUS 和工业以太网）。S7 通信通过不断地重复接收数据来保证网络报文的正确。在 SIMATIC S7 中，通过组态建立 S7 连接来实现 S7 通信，在 PC 上，S7 通信需要通过 SAPI-S7 接口函数或 OPC（过程控制用对象链接与嵌入）来实现。

在 STEP 7 中，S7 通信需要调用功能块 SFB（S7-400）或 FB（S7-300），最大的通信数据可以达 64KB。对于 S7-400，可以使用系统功能块 SFB 来实现 S7 通信，对于 S7-300，可以调用相应的 FB 功能块进行 S7 通信。

6.6 实时工业以太网 PROFINET

PROFINET 是由 PROFIBUS International（PI）组织于 2000 年 8 月提出的基于工业以太网技术的新一代自动化总线标准，同时它也符合 TCP/IP 以及 IT 标准。

全球自动化技术发展的趋势之一就是工业以太网向现场级渗透。西门子公司的 PROFINET 在兼容 TCP/IP 的基础上增加了实时数据传输通道（SRT/IRT）满足工业现场实时可靠的控制要求，实现了工业以太网在现场级的完美应用。尤其是在运动控制领域，最小实时周期为 250μs，抖动小于 1μs 的性能是 PROFIBUS 现场总线无法比拟的。

作为跨供应商的技术，PROFINET 构成了从现场级至协调管理级的基于组件的分布式自动化系统的体系结构，而且可以完全兼容工业以太网和现有的现场总线技术，实现与 PRO-FIBUS、INTERBUS 等现场总线在整个系统中无缝地集成，保护了用户现有投资。

PROFINET 基于工业以太网，其网络规模可以根据实际的需求，可大可小。与其他某些实时以太网不同，PROFINET 允许其他的 TCP/IP 或 IT 数据一起在以太网上进行传输。这也是 PROFINET 开放性的一个体现，这样通过 PROFINET 网络可以实现真正的"一网到底"。

6.6.1 PROFINET 协议结构

PROFINET 就是工业以太网，支持 TCP/IP、UDP、ARP、DHCP 以及其他的 IT 标准协议，但为了能够更好地应用于分布式 I/O 设备以及类似于运动控制的场合，PROFINET 又加入了实时（Real-Time，RT）协议通道，使得数据通信的时钟周期从100ms降到了1ms。表6-2列出了PROFINET协议的3个版本。

表6-2　PROFINET协议的版本分类

序号	版本名称	功能描述
1	PROFINET V1.0	基于组件的系统主要用于控制器与控制器通信、一般的工业以太网通信
2	PROFINET-SRT	加入软实时通道，用于控制器与I/O设备通信
3	PROFINET-IRT	通过ERTEC芯片加入硬实时通道，用于运动控制等

在这些版本中，PROFINET提出了对IEEE 802.1D和IEEE 1588进行实时扩展的技术方案，并对不同实时要求的信息采用不同的实时通道技术。PROFINET通信协议模型如图6-4所示。从图6-4中可以看出，PROFINET符合TCP/IP以及IT标准，同时它也是一种实时工业以太网。PROFINET提供一个标准通信通道和两类实时通信通道。

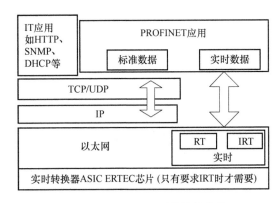

图6-4　PROFINET通信协议结构

标准通道是使用TCP/IP的非实时通信通道，主要用于设备参数化、组态和读取诊断数据。

软实时（Software RT，SRT）通道，主要用于过程数据的高性能循环传输、事件控制的信号与报警信号等，提供精确通信能力。为优化通信功能，PROFINET在实时通道没有使用TCP/IP，而是采用类似现场总线的机制，用设备名称来代替总线地址，极大地降低了数据的响应时间。同时根据IEEE 802.1定义了报文的优先级，最多可用7级。

PROFINET实时工业以太网的数据帧结构符合IEEE 802.3定义的标准以太网的帧结构；但是由于增加了实时数据通道，为了区别TCP/IP数据，PROFINET在帧中用2B来标识以太网的类型。PROFINET RT帧和IRT帧结构如图6-5和图6-6所示。

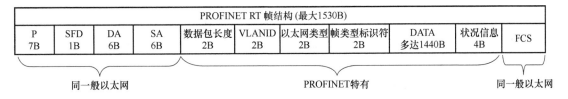

图6-5　PROFINET RT帧结构

143

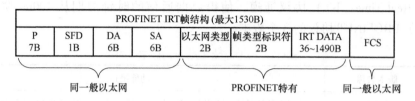

图 6-6　PROFINET IRT 帧结构

等时同步实时（Isochronous Real Time，IRT）通道采用了 ASIC-ERTEC（增强的实时以太网控制器）芯片实现了等时同步实时的解决方案，以进一步缩短通信栈软件的处理时间，特别适用于高性能传输、过程数据的等时同步传输，以及快速的时钟同步运动控制。

如果该帧为 TCP/IP 数据，"以太网类型"2B 的值为"0x0800"；若该帧为 PROFINET 实时帧，则"以太网类型"的值为"0x8892"。

通过"应用标识符"所接收的数据来分配"循环传输"或"非循环传输"（报警和事件）。

设备和数据的状况（例如运行、停止、出错）通过 4B 的"状态信息"来表示。

图 6-5 与图 6-6 所示的帧结构中除了 PROFINET 特有的部分，其余部分字段的含义与标准以太网的相应字段含义是一致的。相关内容可参见 6.3.1 节。

6.6.2　PROFINET 的功能范围

作为一项战略性的技术创新，PROFINET 为自动化通信领域提供了一个完整的网络解决方案。从协议结构中可以看出，PROFINET 的功能涉及 8 个方面，依次为实时通信、分布式现场设备、运动控制、分布式自动化、网络安装、IT 标准和信息安全、故障安全以及过程自动化。这些功能几乎涵盖了过程控制、智能控制、运动控制、信息技术、检测技术、诊断技术等各个方面。

1. 实时通信

实时表示系统在一个确定的时间内处理外部事件，通俗地说就是系统对输入的变化来得及反应。实时性用来衡量系统的反应能力。确定性意味着系统有一个可预知的响应。

PROFINET 根据通信的响应时间制定了 3 个版本，分别对应 3 种通信方式：TCP/IP 标准通信、软实时（SRT）通信以及 IRT 通信。

（1）TCP/IP 标准通信

基于工业以太网技术的 PROFINET 符合 TCP/IP 和 IT 标准。响应时间大概在 100ms 的数量级，完全可以满足工厂控制级的应用。

（2）SRT 通信

对于传感器和执行器设备之间以及控制器之间（如 PLC）的数据交换，系统对响应时间的要求更为严格，因此 PROFINET 提供了一个优化的、基于数据链路层的实时通信通道；通过该实时通道，极大地减少了数据在通信栈中的处理时间，PROFINET 实时通信（RT）的典型响应时间是 5~10ms。

SRT 主要是依靠 PROFINET 网络中各设备自身的时钟进行计时，计时的时间就是在 STEP 7 中组态所设定刷新时间。当刷新时间到后，提供者会向用户发送数据，实现实时传输。对于实时性，主要体现在这个刷新时间的长短，也就是在 STEP 7 中设定的时间长短，越短实时性越好。软实时数据的到达会有很大的抖动，这个抖动可能会受交换机或网线传输延迟的影响，可能会在看门狗时间内波动。当抖动超过这个波动时，就会出现丢站故障。不过 PROFINET RT 的数据用 4 个字标识优先级，RT 的优先级是 6，对于大多数普通应用，例如 TCP/IP 或 IT 数据，PROFINET RT 的数据会被交换机优先转发，这样保证了通信的确定性。

（3）IRT 通信

在现场级通信中，运动控制对以太网通信的要求最高，通信时间必须严格同步而且时间必须确定。采用 PROFINET 的 IRT 技术可以满足运动控制的高速通信需求。IRT 的通信系统调度如图 6-7 所示。

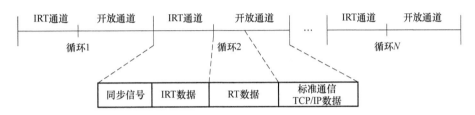

图 6-7　IRT 的通信系统调度

在每个循环周期内，IRT 通道时间是确定的，每个 IRT 数据都是基于一个同步信号的，这样数据就能够在一个确定的时间内传送到目的地。而这种性能只在现场总线主从站轮询的机制中出现。

IRT 的通信抖动被控制在一定的范围内，小于 $1\mu s$。之所以会有如此低的抖动，主要是因为它有 ERTEC 芯片，也就是说要实现 IRT 就必须使用带有 ERTEC 芯片的设备。通过该硬件可以对带宽实现预留。IRT 的数据就是在预留的带宽内进行数据通信，这时没有任何其他数据在这个预留的带宽内通信。IRT 是 RT 的高级应用。这时不但预留了带宽，而且还定义了同步信号，这样可以保证刷新时间最小。在 STEP 7 中需要组态拓扑，这也是与软实时不同的。

IRT 和 SRT 机制的不同可以通过表 6-3 来区别。

表 6-3　IRT 与 SRT 的区别

项目	SRT	IRT
传输方式	通过以太网的优先级来确定 SRT 消息帧的优先级	通过预留的等时实时通道（预留的带宽）
确定性	通过与其他协议（如 TCP/IP）共用传输带宽所带来的传输时间的差异	通过预留带宽来确保当前循环中传递的是 IRT 帧
是否需要特殊的硬件支持	不需要	需要

2. 分散的现场设备

通过集成的 PROFINET 接口，分散的现场设备可以直接连接到 PROFINET 上，这些现场设备被称为 PROFINET IO 设备。PROFINET IO 使用同 PROFIBUS-DP 一样的组态技术，所以用户使用起来非常方便。

对于现有的现场总线通信系统，可以通过代理服务器实现与 PROFINET 的透明连接。例如，通过 IE/PB Link（PROFINET 和 PROFIBUS 之间的代理服务器）可以将一个 PROFIBUS

网络透明地集成到 PROFINET 中，PROFIBUS 各种丰富的设备诊断功能同样也适用于 PROFINET。对于其他类型的现场总线，可以通过同样的方式，使用一个代理服务器将现场总线网络接入到 PROFINET 中。

3. 运动控制

PROFINET 的协议中增加了 IRT 功能，可以轻松实现对运动控制系统的控制。在 PROFINET 同步实时通信中，每个通信周期被分成两个不同的部分：一个是循环的、确定的部分，称为实时通道；另外一个是标准通道，标准的 TCP/IP 数据通过这个通道传输。

在实时通道中，为实时数据预留了固定循环间隔的时间窗，而实时数据总是按固定的次序插入，因此实时数据就在固定的间隔被传输，循环周期中剩余的时间用来传递标准的 TCP/IP 数据。两种不同类型的数据就可以同时在 PROFINET 上传递，而且不会互相干扰。通过独立的实时数据通道，保证对伺服运动系统的可靠控制。

4. 分布式自动化

随着现场设备智能程度的不断提高，自动化控制系统的分散程度也越来越高。工业控制系统正由分散式自动化向分布式自动化演进，因此，基于组件的自动化（Component Based Automation，CBA）成为新兴的趋势。工厂中相关的机械部件、电气/电子部件和应用软件等具有独立工作能力的工艺模块抽象成为一个封装好的组件，各组件间使用 PROFINET 连接。通过 SIMATIC iMap 软件，即可用图形化组态的方式实现各组件间的通信配置，不需要另外编程，大大简化了系统的配置及调试过程。图 6-8 和图 6-9 显示了分布式和分散式方案的区别。

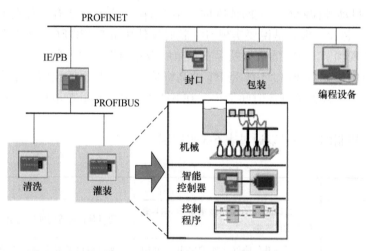

图 6-8　分布式自动化方案示意图

5. 过程自动化

PROFINET 不仅可以用于工厂自动化场合，也同时面对过程自动化的应用。工业界针对工业以太网总线供电，及以太网应用在本质安全区域的问题的讨论正在形成标准或解决方案。

通过代理服务器技术，PROFINET 可以无缝地集成现场总线 PROFIBUS 和其他总线标准。PROFIBUS 是世界范围内唯一可覆盖从工厂自动化场合到过程自动化应用的现场总线标准。集成 PROFIBUS 现场总线解决方案的 PROFINET 是过程自动化领域应用的完美体验。

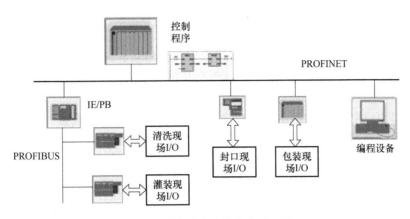

图 6-9　分散式自动化方案示意图

6. 网络安装

PROFINET 支持除星形、总线型和环形拓扑。为了减少布线费用，并保证高度的可用性和灵活性，PROFINET 提供了大量的工具帮助用户方便地实现 PROFINET 的安装。特别设计的工业电缆和耐用连接器满足 EMC 和温度要求，并且在 PROFINET 框架内形成标准化，保证了不同制造商设备之间的兼容性。

7. PROFINET IT 标准与网络安全

PROFINET 的一个重要特征就是可以同时传递实时数据和标准的 TCP/IP 数据。在它传输 TCP/IP 数据的公共通道中，各种业已验证的 IT 技术都可以使用（如 HTTP、HTML、SNMP、DHCP 和 XML 等）。在使用 PROFINET 时，可以使用这些 IT 标准服务加强对整个网络的管理和维护，这意味着调试和维护中成本的节省。

PROFINET 实现了从现场级到管理层的纵向通信集成，一方面，方便管理层获取现场级的数据，另一方面，原本在管理层存在的数据安全性问题也延伸到了现场级。为了保证现场级控制数据的安全，PROFINET 提供了特有的安全机制，通过使用专用的安全模块，可以保护自动化控制系统，使自动化通信网络的安全风险最小化。

8. PROFINET 故障安全

在过程自动化领域中，故障安全是相当重要的一个概念。所谓故障安全，即指当系统发生故障或出现致命错误时，系统能够恢复到安全状态（即"零"态）。在这里，安全有两个方面的含义：一方面是指操作人员的安全；另一方面指整个系统的安全，因为在过程自动化领域中，系统出现故障或致命错误时很可能会导致整个系统的爆炸或毁坏。故障安全机制就是用来保证系统在故障后可以自动恢复到安全状态，不会对操作人员和过程控制系统造成损害。

PROFINET 集成了 PROFISafe 行规，实现了 IEC 61508 中规定的 SIL3 等级的故障安全，很好地保证了整个系统的安全。

6.7　PROFINET IO

6.7.1　PROFINET IO 简介

PROFINET IO 是 PROFINET 网络中一个非常重要的自动化解决方案，主要用于分布式外部设备。PROFINET IO 支持实时通信，适合传输对时间要求较严格的工厂自动化和过程自动化的场合。

PROFINET IO 是一个基于快速以太网第 2 层协议的可扩展实时通信系统。对于时间性很强的过程数据，它具有 RT 传输程序；对于极其精确以及同步的过程（如运动控制），它具有 IRT 传输程序，因此它可以提供两种性能级别的实时支持。

PROFINET IO 网络包括 PROFINET IO 控制器（如 PLC）和 IO 设备（如 ET200S），以及 IO 监视器（如 WinCC）。这些设备之间的关系如图 6-10 所示。

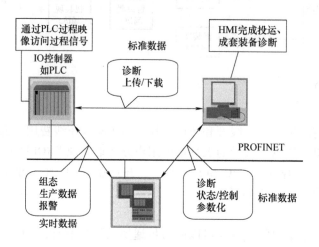

图 6-10 PROFINET IO 网络部件间的关系

从图 6-10 中可以看出，IO 控制器与 IO 设备通过实时通道实现生产数据、过程数据、报警等数据的实时交换。而上位机可以利用 PROFINET 的 TCP/IP 标准通信实现网络的诊断、参数化等操作。实时数据帧与标准数据通过 PROFINET IO 一个网络实现了并行传输。

6.7.2 PROFINET IO 与 PROFIBUS-DP

PROFINET IO 与 PROFIBUS-DP 的功能类似，而且 PROFIBUS-DP 的组态方法也可以移植到 PROFINET IO 上。PROFINET IO 是 PROFIBUS-DP 和工业以太网的持续深入发展。PROFINET IO 基于 PROFIBUS-DP 的成功应用经验，并将通常的用户操作与以太网技术的新概念相结合。PROFINET IO 以交换型以太网全双工操作和 100 Mbit/s 的带宽为基础。从表 6-4 中可看出 PROFINET IO 与 PROFIBUS-DP 的区别。

表 6-4 PROFINET IO 与 PROFIBUS-DP 的区别

特性	PROFINET IO	PROFIBUS-DP
物理层	以太网	PROFIBUS 的网络设备（如 PROFIBUS 电缆、接口等）
地址分配	在 PROFINET IO 配置工具分配地址 在 PROFINET IO 配置设备名称	在 PROFIBUS 配置中分配地址
主站设备名称	IO 控制器	DP 主站
从站设备名称	IO 设备	DP 从站
网络地址	IP 地址	PROFIBUS 地址

6.7.3 PROFINET IO 设备类型

PROFINET IO 支持 4 种不同的设备类型，分别为 IO 控制器、IO 设备、IO 监视器、IO 参数服务器。表 6-5 是对这些设备的描述。

表 6-5 PROFINET IO 的设备类型

名称	PROFINET IO
IO 控制器	如 PLC 等能够执行一定的控制程序，类似于 DP 主站
IO 设备	类似于 DP 从站，如 ET200S
IO 监视器	如 PC、HMI 等设备，主要完成调试、诊断、实时监控
IO 参数服务器	参数初始化、数据归档等

6.7.4 PROFINET IO 协议

PROFINET IO 提供了标准通信和 RT 通信两种通信通道，以满足不同的工厂应用场合。使用一根网线，就可以实现 TCP/IP 数据和 RT 过程数据、运动控制数据同时传输。RT 通道中的数据是通过 RT 协议来传输的。通过图 6-4 可以看出，PROFINET IO 在进行 RT 通信时将数据分成了两类：用于诊断、参数化的数据依然使用的是 TCP/IP，RT 协议则通过优先级旁路了第 3 层和第 4 层，减少了协议栈的读写时间；IRT 协议更是在硬件的支持下为 RT 数据开辟专用通道。表 6-6 列出了 PROFINET IO 用到的各种协议。

表 6-6 PROFINET IO 的协议功能

名称	协议名称	功能
TCP/IP 数据	SNMP（Simple Network Management Protocol，简单网络管理协议）	管理网络上的各种软硬件平台，包括各种节点、状态、统计信息等
	DNS（Domain Name System，域名系统）	完成网络域名和 IP 地址的转换
	IP（Internet Protocol，网际协议）	决定数据在网络上如何传输
	DCP（Discovery and basic Configuration Protocol，发现和基本配置协议）	分配 PROFINET 设备的地址和名字
	ARP（Address Resolution Protocol，地址解析协议）	把 IP 地址映射到对应的 MAC 地址上
	TCP（Transmission Control Protocol，传输控制协议）	负责向通信双方提供可靠连接，检查数据传输的正确性
实时（RT 和 IRT）数据	RT（Real-Time，实时）	数据的周期性传输 时间同步 通用管理功能
	LLDP（Link Layer Discovery Protocol，链路层发现协议）	邻居识别，与直接邻居交换自身的 MAC 地址、设备名字和端口号
	PTCP（Precision Transparent Clock Protocol，精确透明时钟协议）	记录传输链路的所有时间参数，起到时间同步的作用

6.7.5 PROFINET IO 诊断

PROFINET IO 系统的组建方法在本书第 7 章中将有详细的介绍，这里暂不说明。本节主要介绍 PROFINET IO 系统的诊断方法。

诊断是 PROFINET 系统必不可少的一个功能，可以通过多种途径对 PROFINET IO 系统进行诊断。

1. 基于 SIMATIC Manager 的在线诊断

SIMATIC Manager 不仅提供了工程管理、硬件组态、程序编辑等功能，用户还可以通过其中的菜单或者按钮方便地对网络系统进行在线检测。

（1）通过"Online（在线）"诊断

在 SIMATIC Manager 界面下，单击"View（视图）"，并选择"Online（在线）"，或者直接单击工具栏 按钮，就可以出现如图 6-11 所示的诊断对话框。

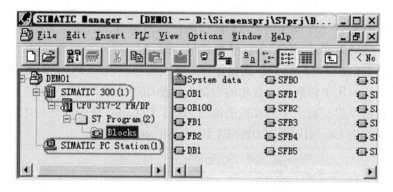

图 6-11 站点在线诊断对话框

在图 6-11 中，可以选择任意一个站点下的项目（如 CPU、块）进行诊断。单击块时，在视图的右侧会出现该站点存储器内的所有组织块、系统功能块。

如果选择了 CPU，可以进一步对"HardWare（硬件组态）"进行诊断，如图 6-12 所示。

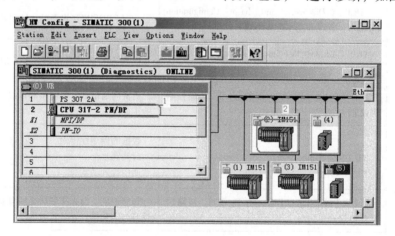

图 6-12 硬件组态在线诊断

双击图 6-12 中的 1 号框，可以对 IO 控制器"CPU 317-2 PN/DP"进行诊断，如图 6-13

所示。在此视图中用户可以诊断到站点的存储区的使用情况。在"Diagnostic Buffer（诊断缓冲区）"选项卡中可以浏览到最近一段时间内 CPU 的动态。在"Scan Cycle Time（扫描周期）"选项卡中可以清楚地看到系统扫描周期的时间。在"Communication（通信）"选项卡中可以了解到通信端口的通信类型、通信速率、通信故障类型等信息。

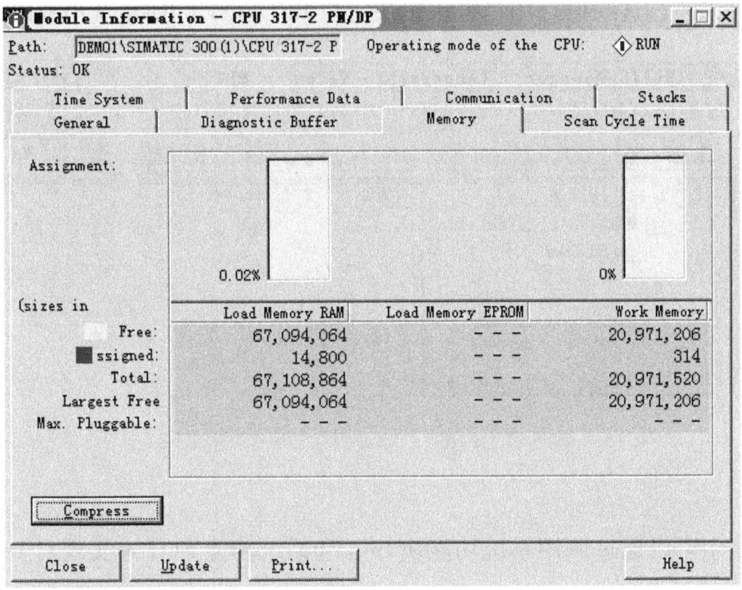

图 6-13　存储区在线诊断

双击图 6-12 中的 2 号框，可以完成对 PROFINET IO 设备的诊断。如图 6-14 所示，在该视图中可以看到该 IO 设备的"Standard Diagnostics"标准诊断信息，所有的故障都会在此显示。当然也可以对指定的某个通道进行诊断，如某个模拟量输入通道是否断线等。

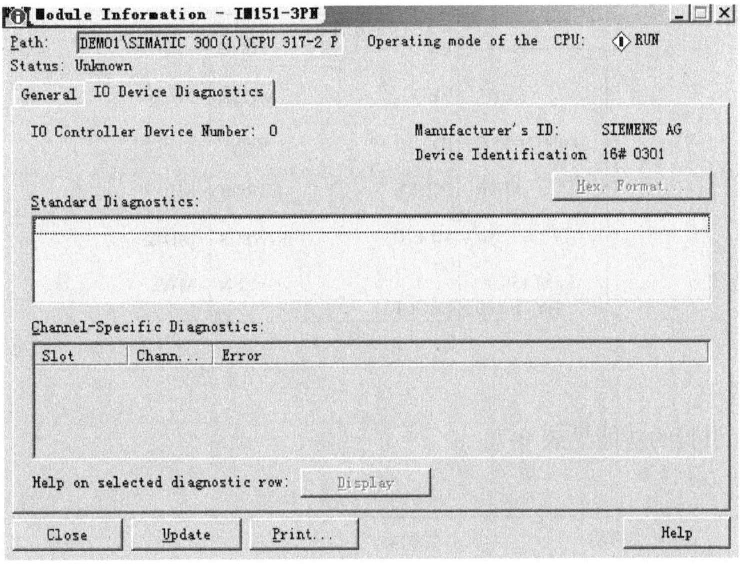

图 6-14　PROFINET IO 设备的诊断

（2）通过"Accessible Nodes（可访问节点）"诊断

在 SIMATIC Manager 界面下，单击"PLC"菜单，选择"Display Accessible Nodes（显示可访问节点）"，或者直接单击 按钮，进入站点诊断视图，如图 6-15 所示。从该视图中可以清楚地看到成功连接到该 PROFINET IO 系统所有的站点，包括这些站点的站地址、插槽号、运行状态等，通过这些信息用户可以很快定位 PROFINET IO 系统中故障的位置。

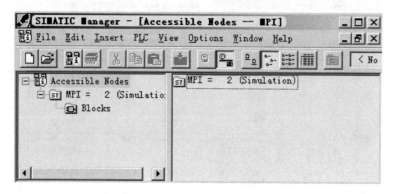

图 6-15　PROFINET IO 网络站点的诊断

2. 基于用户程序的在线诊断

在用户程序中可以通过调用系统功能块 SFB 和系统功能 SFC 来实现对 PROFINET IO 的诊断。

PROFINET IO 为诊断信息的记录定义了一种跨供应商的结构，仅对故障通道产生诊断信息。系统状态列表 SSL 完整地描述了 PROFINET IO 系统的状态，可以使用 SFB51 "RDSYSSL"来读取 SSL。

当然也可以使用 SFB52 "RDREC"直接从故障模块读取诊断记录，如图 6-16 所示。

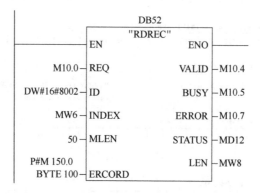

图 6-16　调用 SFB52 读取诊断记录

SFB52 各个引脚的功能见表 6-7。

表 6-7　SFB52 引脚功能说明

参数	声明	数据类型	注释
REQ	INPUT	BOOL	REQ=1，传输数据记录
ID	INPUT	DWORD	PROFINET IO 组件的逻辑地址

（续）

参数	声明	数据类型	注释
INDEX	INPUT	INT	记录号，在 MW6 中加载诊断记录 W#16#800A 以读取诊断数据
MLEN	INPUT	INT	记录信息的长度
VALID	OUTPUT	BOOL	表示记录是否有效
BUSY	OUTPUT	BOOL	BUSY=1，表示数据没有传完
ERROR	OUTPUT	BOOL	该位为1，传输错误
STATUS	OUTPUT	DWORD	调用代码和标识符
LEN	OUTPUT	INT	已装载的记录数据长度
RECORD	IN_OUT	ANY	记录数据的存储区
EN	INPUT	BOOL	使能输入端
ENO	OUTPUT	BOOL	使能输出端

至于表 6-7 中所涉及的记录号（INDEX）以及每个记录中的数据内容和格式，PROFINET IO 系统有专门的规定，具体内容用户可查阅《从 PROFIBUS DP 到 PROFINET IO 编程手册》，10/2006，A5E00879152-01。

3. 基于状态 LED 在线诊断

PROFINET 的网络设备为用户提供了大量的 LED 来直观地显示系统的运行情况与故障现象。用户只要了解了这些 LED 的含义，就能根据这些 LED 的变化判断出系统出现了什么故障以及故障发生在什么位置，状态 LED 的含义见表 6-8。

表 6-8 状态 LED 的含义

LED		PROFINET IO 中的含义	
BUSE	红灯亮起	总线故障/传输错误/未激活全双工通信等	
	闪烁	PROFINET IO 控制器	IO 设备故障/组态不正确
		PROFINET IO 设备	响应超时或者 PROFINET 总线上通信中断 IP 地址不正确/组态不正确/设备名称不正确
RX	黄灯亮	通信正常	
	闪烁	通信量比较小	
TX	黄灯亮	通信正常	
	闪烁	通信量比较小	
Link	绿色灯亮起	通信正常	

PROFINET IO 系统的诊断涉及的内容非常多，以上所介绍的仅仅是 PROFINET IO 诊断系统最常用的一部分，还有其他一些诊断方法，功能也比较强大，如通过 FB126 以及 WinCC Flexible、WinCC 软件能够更加直观、全面地了解网络的运行情况，由于涉及的软件比较多，这里不再赘述，用户可查阅西门子公司官方网站的相关内容。PROFINET 在发展，其诊断系统也在发展。诊断已经成为系统保障、维护的一个强有力的工具。

6.8 PROFINET CBA

6.8.1 PROFINET CBA 简介

PROFINET CBA（Component Based Automation，基于组件的自动化）支持分布式自动化系统的通信。每个模块内部是由智能控制器运行相应的控制程序实现特定的功能，形成组件。这些模块中的生产对象可以属于不同的生产厂商，也可以分布在不同的地域。PROFINET CBA 通过组件的接口实现数据的交换。因此，PROFINET CBA 有两个非常重要的组成部分：接口和组件。

每个组件都是相对独立的，例如图 6-17 所示的封口模块。该模块的功能就是给饮料瓶封口，模块内的生产对象、控制器、程序、机电部件一起构成了"封口"这个组件。它必须接收灌装组件发来的信息并向包装等组件发送信息。

组件间通过 PROFINET 的实时通道交换着生产过程数据。而对于诊断、参数化、下载等数据则是依靠标准的 TCP/IP 进行传输。

通过 PROFINET CBA 创建分布式自动化系统，首先应该利用 SIMATIC Manager 创建组件和接口。PROFINET CBA 的组件和接口可以通过 STEP 7 等编程软件创建，再生成 PCD（PROFINET Component Description，PROFINET 组件描述）文件，并分别下载到各组件的控制器内。在 SIMATIC iMap 软件将这些组件和接口连接起来，由 iMap 软件来管理组件的通信。图 6-17 所示是创建原理图。

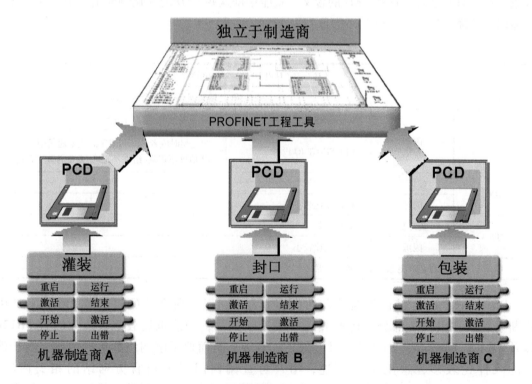

图 6-17 组件及接口组件原理图

6.8.2 PROFINET CBA 组件

1. 组件的概念

自动化系统的机械、电气和电子部件在自动化系统或制造过程中将处理某些工艺功能。属于一个工艺功能的所有自动化系统部件和关联的控制程序形成一个独立的技术模块。如果该技术模块符合 PROFINET 规格的通信要求，则可以在工程系统中从该模块创建 PROFINET 组件。

PROFINET 组件包括要在 PROFINET CBA 中使用的所有硬件配置数据、模块参数以及关联的用户程序。PROFINET 组件包括两部分内容：

（1）工艺功能

工艺功能包括与其他 PROFINET 组件进行连接的接口，该接口采用可互连的输入和输出形式。

（2）设备

设备表示物理 PLC 或现场设备，包括所有 I/O 接口、传感器与执行器、机械系统和设备固件。

以灌装工序为例，一个组件包括了机械、智能控制器以及控制程序，从而形成一定的功能，如图 6-18 所示。

2. 创建 PROFINET 组件

利用设备供应商的组态和编程工具（例如 STEP 7）对 PROFINET 组件内的智能控制器或现场设备进行组态和编程，然后从智能控制器及其用户程序的组态，创建一个 PROFINET 组件。这将封装带有特定应用程序的设备功能。而从外部只能访问技术接口（组件接口）。这些接口需要在机器或设备、诊断、可视化和垂直集成之间进行交互。图 6-19 显示了组件创建过程的示意图。

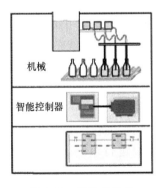

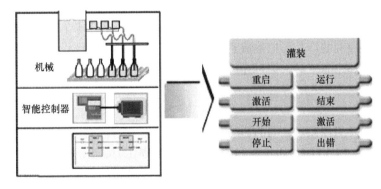

图 6-18　组件的概念　　　　　　　　图 6-19　组件的创建过程

创建 PROFINET 组件一般可以按照以下步骤来进行：

1）了解控制对象及其控制功能，选择好智能控制器或现场设备（如 PLC、ET200S 等），在控制器的编程软件中创建工程。

2）使用厂家专用的组态软件进行硬件组态和参数化设备，编写控制程序，如 FB。

3）利用制造商组态软件（如西门子公司的 STEP 7）定义组件的接口，组件的接口一般都是以变量的 I/O 形式出现的，定义接口时需要给定变量的名称、数据类型、数据方向（IN/OUT），西门子公司的软件中组件接口的定义其实就是定义数据块（DB）。

4）为具有可编程序能力的设备（如 PLC）编制控制程序。

5）调试编制的程序是否已经满足控制要求。

6）利用制造商编程软件（如 STEP 7）生成 PROFINET 组件，包括组件的名称、版本号、存储位置等。

组件通常是以 PCD 文件的形式存储的，由后续的通信互连软件（如 SIMATIC iMap）导入并进行连接。PCD 文件是用 XML（可扩展的标记语言）语言编写的。一个 PCD 文件包括以下内容：

1）库元素的描述，如组件 ID、组件名称（例如灌装）等。

2）硬件的描述，包括 IP 地址、访问诊断数据、下载连接等。

3）软件功能的描述，涉及软件和硬件之间的分配、组件的接口、变量的属性（名称、数据类型、传输方向）。

4）组件方案的存储位置。

3. PROFINET 组件的优点

使用 PROFINET 组件，可以获得下述工艺特性以及优点：

（1）模块化和可重复使用性

PROFINET 组件的概念允许自动化系统的广泛模块化。PROFINET 组件可以根据不同自动化解决方案的需求任意重复使用。

（2）通过支持 PROFINET 规范而实现全集成通信

无论内部功能如何，每个 PROFINET 组件都提供标准化接口，通过工业以太网或 PROFIBUS 与其他组件进行通信。PROFINET 规范说明了与 PROFINET 兼容设备的开放式通信接口。

（3）独立于供应商的工程

使用针对特定供应商的工程工具对每个设备的工艺功能进行编程。但是对于工艺功能的设备范围内的互连，则使用供应商独立的工程工具（例如 SIMATIC iMap）。这使得来自不同供应商的产品可以集成到 PROFINET 通信中。现场设备和 PLC 的供应商只需升级各自的编程和组态工具，即可连接设备独立的工程工具。

6.8.3 PROFINET CBA 互连

组件接口之间的通信链路称为互连。组件的互连可以通过各种通信管理软件实现。

SIMATIC iMap 是 PROFINET 的工程工具，用于对组件之间的通信进行组态。SIMATIC iMap 可以用来组态各个机器与工厂模板之间的数据交换，把以技术功能为基础的程序库元素相互连接，不管它们是哪里制造的，也不管功能如何。项目工程师把技术功能软件组件相互连接起来，并且组态网络拓扑中的相关设备，该项目随后就完成了。通过在线模式，项目工程师可以测试和监控设备之间的通信。图 6-20 所示是组件互连后的效果。

1. 互连的类型

SIMATIC iMap 中可以组态 3 种不同类型的互连：

1）常值互连，即给定一个常数，通常在系统调试时用得比较多。

2）周期性互连，不管输出值有无变化，输入数据都会用组态好的频率传输输出值，这是使用 PROFINET 的实时协议来传输数据，一般用在有严格时间要求的过程数据交换的场合。

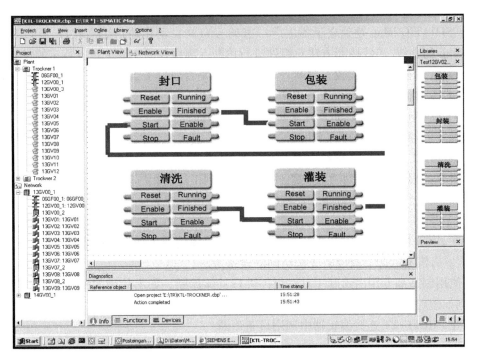

图 6-20　组件互连图

3) 非周期性互连, 这种类型的连接一般用在没有严格时间要求的场合, 一般使用 TCP/IP 传输数据。

2. PROFINET CBA 通信协议

PROFINET CBA 通信是基于工业以太网的。PROFINET 控制器之间以及 HMI 和 PROFINET 控制器之间的非周期通信使用的都是 TCP/IP, 而 PROFINET 控制器与 I/O 设备之间的周期传输使用的则是实时协议。PROFINET CBA 使用的通信协议见表 6-9。

表 6-9　PROFINET CBA 通信协议

序号	协议名称	使用说明
1	TCP/IP	PROFINET CBA 工程组建及运行
2	UDP/IP	PROFINET IO 系统运行
3	SRT、IRT	PROFINET CBA 运行或 PROFINET IO 系统运行
4	TCP/IP 或 OPC	上位机通信
5	PROFIBUS-DP	PROFIBUS-DP 主从站通信
6	TCP/IP、ISO、S5 兼容、S7 协议	硬件组态、下载、调试

6.8.4　PROFINET CBA 诊断

同 PROFINET IO 系统的诊断类似, PROFINET CBA 也提供丰富的诊断途径。通过这些途径, 用户可以很快定位系统的故障, 并借助指示元件来分析故障的原因。

对于各个组件来说, 由于存在生产厂家不一致的情况, 组件的诊断可以借助于各厂家的编程软件来进行, 例如 STEP 7 的 "Online/OFFline" 功能, 或者借助于各智能控制器的 LED

指示元件来进行诊断。

由于 SIMATIC iMap 是独立于各生产厂家的分布式自动化通信组态软件，可以利用 SI-MATIC iMap 的在线/离线诊断方法对组件进行诊断。离线诊断主要是设备特定的性能参数与实际的设备组态参数进行比较，判断一下性能参数是否超过了组态的能力、该设备是否支持互连组态的传输属性（如是否支持周期性传输）等。

SIMATIC iMap 的在线诊断首先需要满足以下条件：

1）确定已经建立 SIMATIC iMap 工程。

2）编程用的 PC/PG 必须经以太网连接到现场。

3）所有的程序以及各种互连的组件均已下载到工厂的相应设备中。

在线诊断主要进行的是设备和连接的诊断。

1. 设备的诊断

1）在 PROFINET 连接编辑器中，诊断组件的总体情况，如设备的当前状态，包括设备是否正常、有没有故障、有没有无法访问的设备等。

2）使用制造商专用的诊断工具对组件进行具体诊断，如出故障的槽号、通道号、出错文本（例如短路）等。

3）在 PROFINET 连接编辑器中调用设备诊断。

2. 连接的诊断

在 PROFINET 的工程设计中，用户可以诊断连接的状态，如是否断线、短路等。诊断的效果如图 6-21 所示。

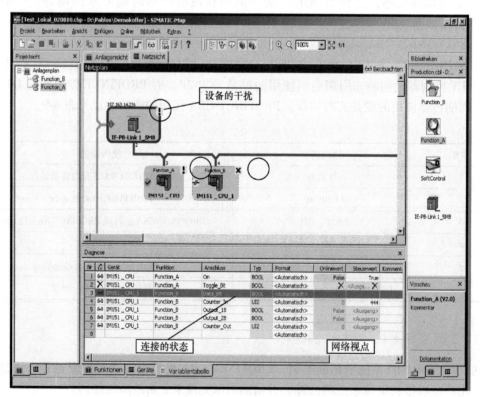

图 6-21　设备诊断效果

在线诊断可以全面地了解 PROFINET CBA 通信中各个组件的实时运行情况。在 SIMATIC iMap 中通过单击"Online"→"Monitor"等按钮，上述的诊断内容即可显示出来。在"Info"对话框中，用户可以选择"Function""Device""Variable Table"等选项卡详细地了解组件中功能的执行情况、设备的运行情况、变量数据的传输是否正确。

<h2 style="text-align:center">习　　题</h2>

6.1　简述 TCP/IP 模型及每层协议。

6.2　工业以太网的特点及缺陷分别是什么？

6.3　SIMATIC NET 工业以太网体系结构由哪几部分构成？

6.4　简述 PROFINET 通信协议结构及功能范围。

6.5　简述 PROFINET IO 与 PROFIBUS-DP 的区别。

第 7 章

西门子公司工业以太网组网技术

7.1 S7-200 PLC 间的客户端/服务器端通信

客户端/服务器端（Client/Server，C/S）通信就是通信双方中的一方作为客户端发起数据读写请求，另一方仅仅为数据的读写服务，不会主动发起通信。

S7-200 系列的部分 PLC 在工业以太网中既可以作为客户端，也可以作为服务器端使用。每次通信一般是由客户端发起的，服务器端只是为数据通信服务。

S7-200 系列的部分 PLC 本身并没有集成以太网接口，不过它可以通过通信处理模块 CP243-1 方便地连接到工业以太网上。CP243-1 是为 S7-200 系列 PLC 设计的，该模块提供了一个 RJ45 的网络接口。

本节先介绍 S7-200 之间的工业以太网组建与数据通信，实验对象为 2 个 CPU222，且各自扩展了一个 CP243-1 模块。

根据实验室的现有条件，安装好两个机架，在每个机架上按顺序分别安装 CPU222、EM277 和 CP243-1。通过以太网网线将两个 CP243-1 连接到工业交换机上。将其中一个 CP243-1 命名为客户端，另一个命名为服务器端。此实例组态见附录 7.1。

7.1.1 C/S 网络客户端配置

附录 7.1 S7-200 PLC 间的客户端/服务器端通信实例

为了清楚地说明 C/S 网络客户端的配置过程，方便用户进行组态，现将整个组态过程归纳为 5 个步骤来说明客户端的配置。

1. 打开以太网向导

打开 STEP 7-Micro/WIN，在项目管理器中找到"工具"菜单，单击"以太网向导"命令，如图 7-1 所示。

打开后的以太网向导对话框如图 7-2 所示，由该对话框的叙述可以知道，通过该向导，可以配置 CP243-1 通信处理器模块，以便将 S7-200 PLC 连接到工业以太网上。

2. 读取 CP243-1 模块位置号

在图 7-3 中，可以指定 CP243-1 在机架上相对于 PLC 的位置，直接与 PLC 通过扩展总线连接的模块处于 0 号位置，紧随其后的依次为 1 号、2 号、…。对于本例，与客户端的 PLC 直接连接的是 CP243-1，所以模块号为 0，与服务器端的 PLC 直接相连的是 EM277 模

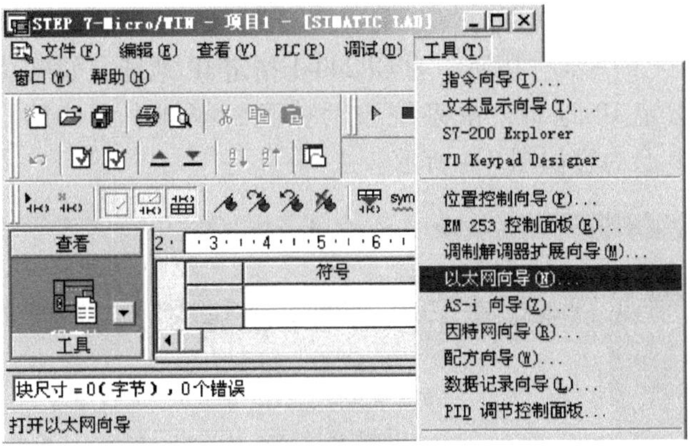

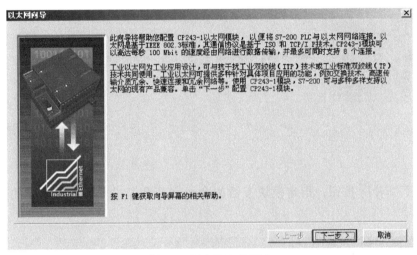

图 7-1　打开以太网向导

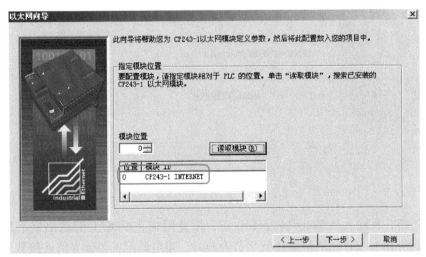

图 7-2　以太网向导简介

块，CP243-1 连接在 EM277 的后面，所以模块号为 1。如果不知道 CP243-1 确切的模块号，也可以连接通信电缆（PPI 电缆），选择好下载路径，单击图 7-3 中的"读取模块"按钮来读取 CP243-1 的准确位置。

图 7-3　指定机架上 CP243-1 所处的位置

3. 配置 CP243-1 参数

单击图 7-3 中的"下一步"按钮，为 CP243-1 指定 IP 地址。如果网络内有 BOOTP 服务器，则不需要在此指定 IP 地址，由系统自动分配。本例中为该站点配置的 IP 地址为"192.168.10.50"。其余内容如图 7-4 所示。

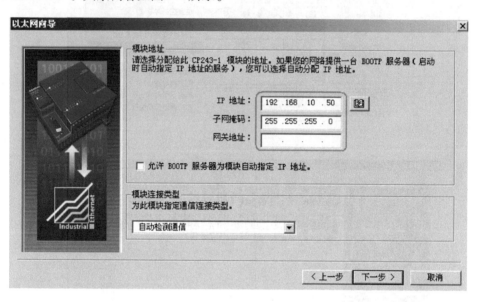

图 7-4　分配 CP243-1 的 IP 地址

单击"下一步"按钮，指定模块参数的命令字节和通过 CP243-1 建立的连接数，如图 7-5 所示。

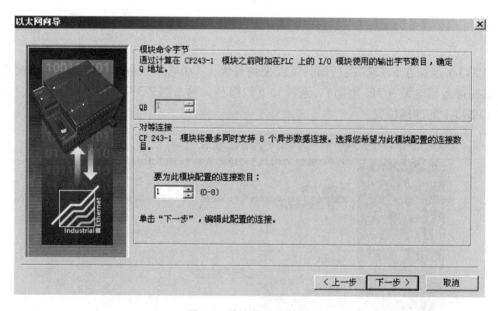

图 7-5　确定模块连接数

CPU222 具有 8 输入/6 输出 14 个 I/O 点，因此附加在 PLC 上的输出字节地址占用了 QB0，由此计算出 CP243-1 的模块命令字节为 QB1，指定该配置要建立的连接数为 1。

4. 建立连接

在图7-6中需要用户填写TSAP（Transport Service Access Point，传输层服务访问点）的内容。TSAP是向应用层提供服务的端口。每个TSAP上绑定一个应用进程，应用进程通过各自的TSAP调用传输层服务。

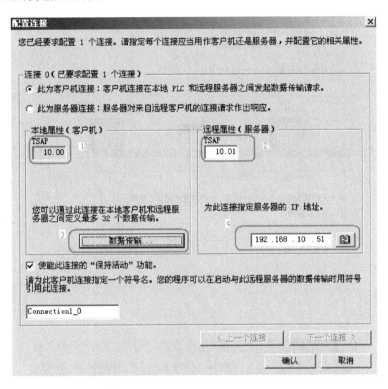

图7-6　连接0为客户端连接

TSAP由两个字节组成：第1个字节定义连接数，本地的TSAP范围可填写16#02、16#10～16#FE，远程服务器的TSAP范围为16#02、16#03、16#10～16#FE；第2个字节定义了机架号和CP槽号（或模块位置）。由于本例中远程服务器的CP243-1处于1号位置，本地的CP243-1处于0号位置，所以远程的TSAP均填入10.01，本地的TSAP填入的是10.00。需要指定服务器端的IP地址，这里填入192.168.10.51。

要实现数据通信，必须建立"数据传输"通道，每一个连接最多可以建立32个数据传输，包括读、写操作。

单击3号框的"数据传输"，选择"从远程服务器连接读取数据。"单选按钮，如图7-7所示。

为了简要说明，这里定义从服务器仅读1B数据，即将服务器VB500内的数据读入到本地VB50内。VB50作为客户端的接收缓冲区，VB500作为服务器端的发送缓冲区。然后定义下一个传输，写数据到服务器，如图7-8所示。

该步骤定义了一个写数据传输，将本地VB60内的数据写入服务器的VB502。VB60作为客户端的发送缓冲区，VB502作为服务器端的接收缓冲区。

每个数据传输都有一个符号名来标记，以便在程序中区分发送还是接收。本例中读数据传输用符号名"PeerMessage10_1"来标记，而数据传输写用"PeerMessage10_2"来标记。

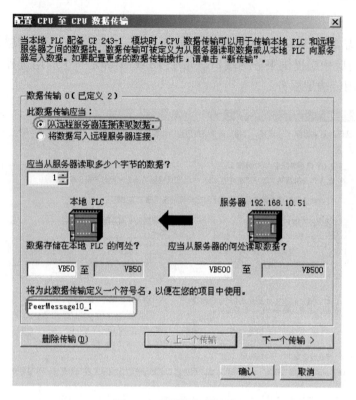

图 7-7　定义数据传输读

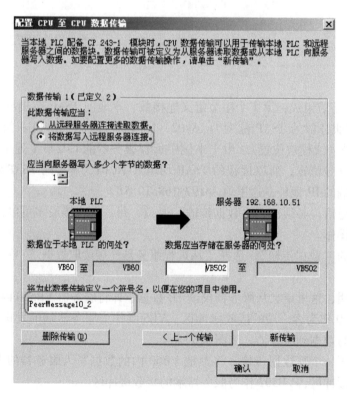

图 7-8　定义数据传输写

5. 生成 CRC 文件并分配内存

CRC 保护可以防止模块配置参数被无意中的存储器访问修改，但同时也限制了用户在模块运行时来修改模块配置参数，如图 7-9 所示。

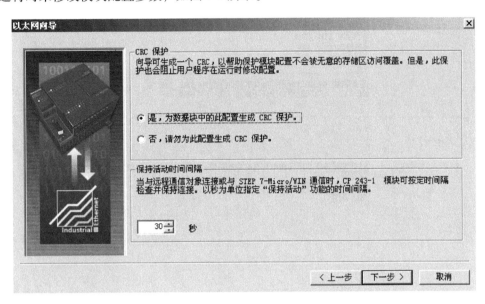

图 7-9 生成 CRC 保护

用户可以指定参数存储区的起始地址，整个存储区的大小由系统根据刚才的配置自动计算，无需用户干预。这里指定存储区从 VB65 开始，如图 7-10 所示。

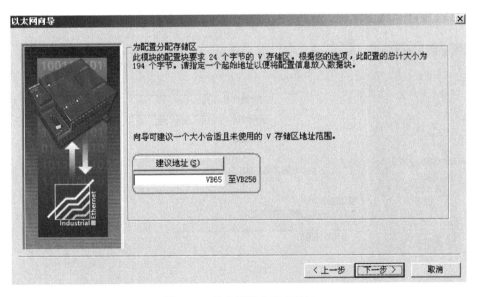

图 7-10 指定配置参数存储区

单击"完成"按钮，由系统生成 ETH1_CTRL 控制子程序、ETH1_XFR 数据传输子程序、ETH1_SYM 全局符号表。在程序中通过调用 ETH1_CTRL 和 ETH1_XFR 来完成数据发送和接收，如图 7-11 所示。

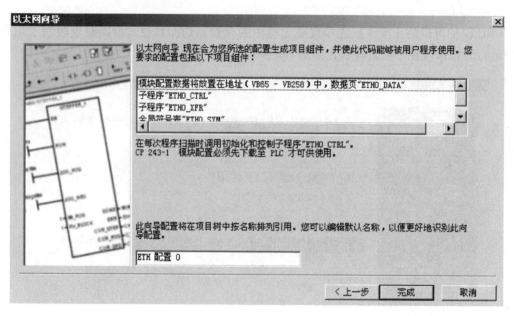

图 7-11　系统生成控制、初始化子程序

7.1.2　C/S 网络服务器端配置

服务器端配置的开始几步与客户端配置相同（可以参考图 7-1~图 7-5），只不过服务器端 IP 地址设为 192.168.10.51，如图 7-12 所示。

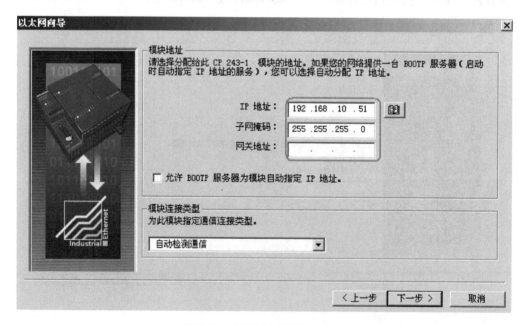

图 7-12　分配服务器端 IP 地址

单击"下一步"按钮，在配置连接对话框内选择"此为服务器连接：服务器对来自远程客户机的连接请求作出响应。"单选按钮，客户端的 TSAP 修改为 10.00，对方的 IP 地址

输入客户端的 IP 地址,结果如图 7-13 所示。

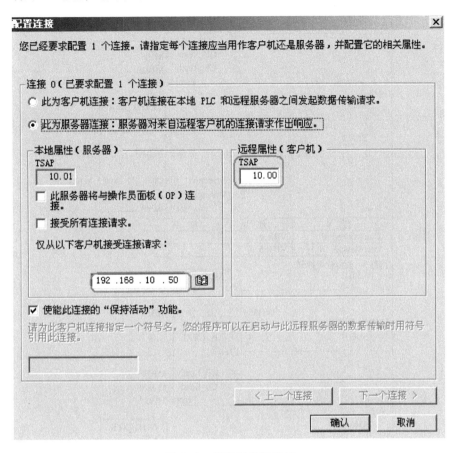

图 7-13 配置服务器连接

接下来的步骤与组态客户端相同,但是服务器端配置完成后只生成一个 ETH1_CTRL 控制子程序,程序中需要调用该子程序。

7.1.3 程序编写

1. 编写客户端程序

在客户端,需要调用 ETH1_CTRL 来初始化并使能 CP243-1 模块,而且在每个扫描周期都必须调用一次,如图 7-14 所示。这段程序的功能就是客户端每隔 1s 将服务器端 VB500 内的数据读入到本地 VB50,并存入 MB28 内。每隔 5s 将本地 VB60 内的数据写入服务器端的 VB502。本地数据由 MB30 提供。

从图 7-14 中可以看出,ETH1_CTRL、ETH1_XFR 是通信时必不可少的两个模块,它的引脚功能见表 7-1。

2. 编写服务器程序

服务器端不必激活数据传输,只需在每个扫描周期调用 ETH1_CTRL 子程序即可,如图 7-15 所示。为了便于监控,程序中利用了传送指令,给输出缓冲区发送数据,并读取从客户端接收到的数据。

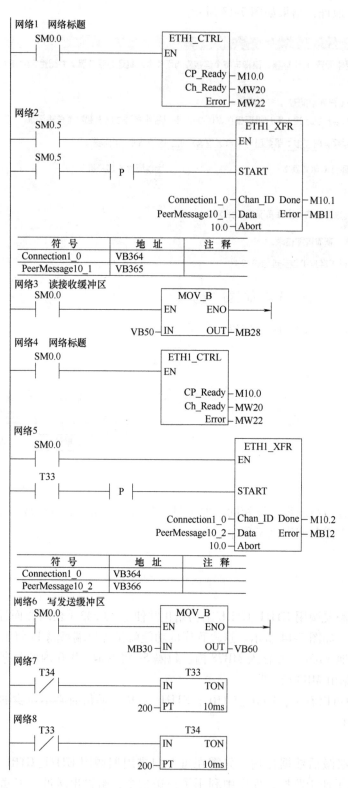

图 7-14　客户端程序

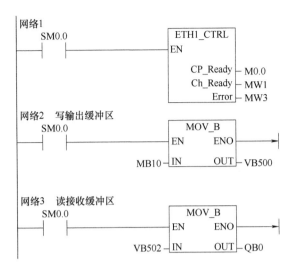

图 7-15　服务器端程序

表 7-1　ETH1_CTRL、ETH1_XFR 的引脚功能说明

引脚名称	功能说明	引脚名称	功能说明
ETH1_CTRL		ETH1_XFR	
EN	模块的使能端，每个扫描周期必须为 1	EN	模块的使能端
CP_Ready	输出 1 显示 CP243-1 模块准备就绪	START	执行时需要判断 CP243-1 模块是否忙，若不忙，则通过 START 向它发送命令
Ch_Ready	输出 1 显示通道准备就绪	Chan_ID	连接通道号
Error	输出发生错误的状态字	Data	数据传输的标号（建立数据传输通道）
		Abort	异常中止命令，停止在指定通道上的数据传送
		Done	CP243-1 完成命令时输出 1
		Error	输出发生错误的状态字

3. 组态及程序下载

用西门子公司专门的下载电缆分别连接两个 PLC。将客户端的组态和程序下载到其中一个 PLC 内，而将服务器端的组态和程序下载到另一个 PLC 内。

下载完成后，将两个 CP243-1 用屏蔽双绞线连接到工业交换机上，并将编程 PC 也连接到交换机上，并修改 PC 的 IP 地址，使它与两个 CP243-1 处于同一个子网内。这里设置 PC 的 IP 为 192.168.10.100。再次修改"设置 PG/PC 接口"，如图 7-16 所示，选择"TCP/IP"访问路径，单击"确定"按钮。

在"通信"对话框中双击"双击刷新"，可以发现找到了对应 IP 地址的站点，如图 7-17 所示。

分别选中一个站点，单击"确认"按钮，即可在 PC 和 PLC 间建立通信。以后，用户可以依靠以太网下载组态、程序，同时监控多台 PLC 的运行情况。

169

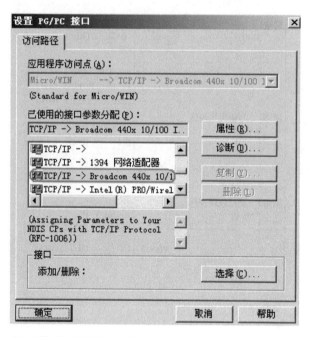

图 7-16   修改 PC 端监控路径

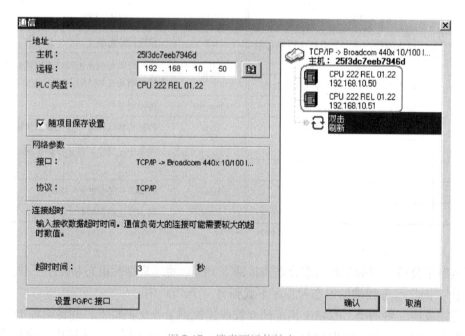

图 7-17   搜索到通信站点

不过需要特别提出的是，在用以太网下载程序时，应注意要下载的是客户端程序还是服务器端程序，以便选择相应的站点。

4. 程序运行监控

根据以太网向导和编写的程序，不难看出客户端与服务器端的通信缓冲区，如图 7-18 所示。

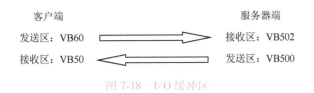

图 7-18　I/O 缓冲区

在客户端内打开状态表。根据客户端程序，输入 MB30，强制它的值为 7，如果通信正常则在服务器端的接收区可以读到该值，同时客户端程序将读取接收区的数值存入 MB28 内。

服务器端通过 MB10 给 VB500 内写入数据 9，并读取 VB502 的值存入 QB0。

由图 7-19 和图 7-20 可以看到，客户端 MB30 发送的数值 7 被服务器端接收到并存入 QB0，而服务器端的 MB10 内的数据被读入客户端的 MB28，说明通信能够正常进行。

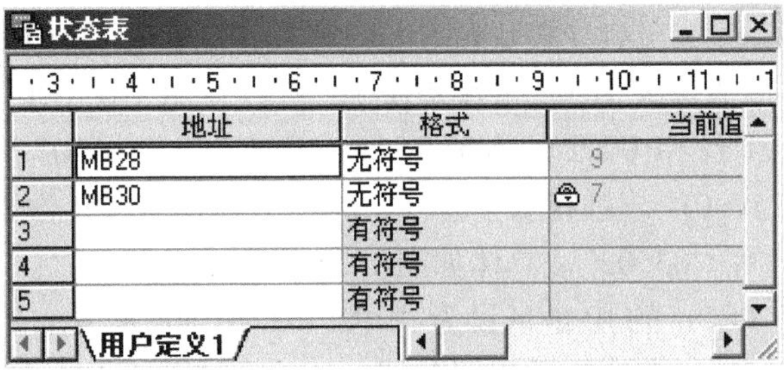

图 7-19　客户端监控结果

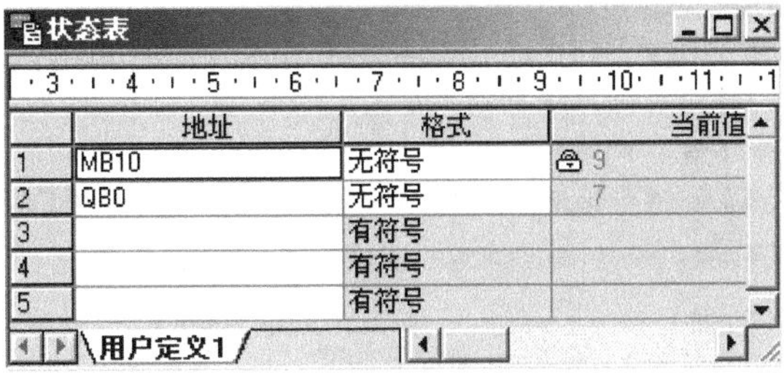

图 7-20　服务器端监控结果

7.2　S7-300 与 S7-200 PLC 之间的 IE 通信

S7-300 与 S7-200 之间构成的工业以太网通信，根据组网所使用 CPU 的不同，在某些细节上处理起来也不一样。如果用户能够遵循以下原则来组网，通常都会成功。S7-200 之间的 IE 通信可以构成客户端/服务器端（C/S）结构。S7-300 的大多数模块之间的 IE 通信因为采用了 ISO 或者是 TCP/IP，节点之间应该建立基于可靠连接的通信。S7-200 与 S7-300 之间的通信，则一般情况下是把 S7-200 组态成客户端，而把 S7-300 组态成服务器。以上所介绍的原则不是绝对的，根据 CPU 类型不同，网络的组态也是千差万别的，往往是根据硬件和功能上的要求来组建工业以太网。

本节主要介绍 1 台 S7-300 PLC 和 2 台 S7-200 PLC 所构成的工业以太网以及它们之间是

如何实现通信的。1 台 S7-300 PLC 是 CPU315-2PN/DP，2 台 S7-200 PLC 均是 CPU222。网络结构是这样的：2 台 CPU222 外加 CP243-1 均组态成客户端，1 台 CPU315-2PN/DP 作为 2 台 CPU222 的服务器端。此实例组态见附录 7.2。

7.2.1 2 台 CPU222 客户端组态

附录 7.2 S7-300 与 S7-200 PLC
之间的 IE 通信实例

如何将 CPU222 组态成客户端在 7.1 节中已做了详尽的描述，这里不再一一列出。相关组态步骤可以参考附录 7.2 中所附的实际工程项目。

不过需要指出的是，当组态到图 7-3 所示步骤时，CP243-1 模块在机架上的位置务必要设置准确，如果读者不能确定，则连接 PPI 电缆进行自动读取。编者所用的硬件中，一块 CP243-1 的模块位置为 0，另一块的模块位置为 1（模块位置是这样标记的：直接和 CPU 连接的模块位置为 0，和 0 号模块直接连接的位置为 1，依次类推）。所以在图 7-6 中填写 TSAP 时应该注意：按照编者的硬件条件，1 台 CPU222 的本地 TSAP 应该填写 "10.00"，而另一台 CPU222 的本地 TSAP 应该填写 "10.01"。远程服务器（1 台 CPU315-PN/DP 作为 2 台 CPU222 的服务器）的 TSAP 两者都填写 "03.02"。具体如图 7-21 所示。

其中一台客户端 1（C1）的 IP 地址设为 "192.168.10.50"，另一台客户端 2（C2）的 IP 地址设为 "192.168.10.51"。在填写远程服务器（S）的 IP 地址时，填写 "192.168.10.52"，如图 7-21 所示。

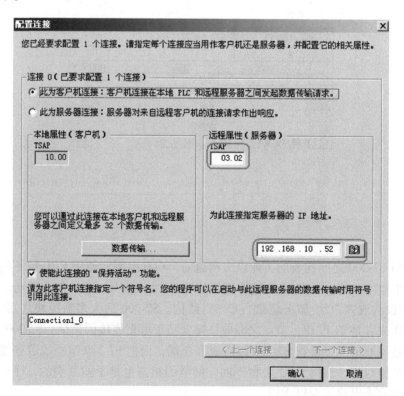

图 7-21 正确填写服务器的 IP 和 TSAP

客户端 C1 与服务器"数据传输"的定义如图 7-22 和图 7-23 所示。

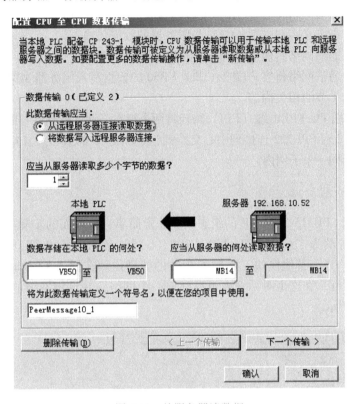

图 7-22　从服务器读数据

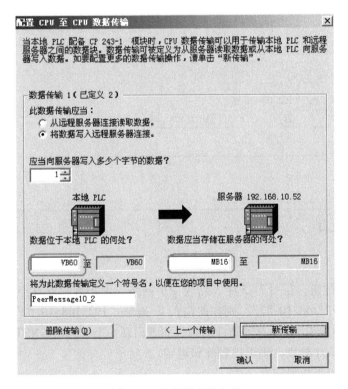

图 7-23　写数据到服务器

定义读操作：通信网络将服务器 MB14 的数据读入客户端 1 （C1）的 VB50。

定义写操作：通信网络将客户端 1 （C1）VB60 的数据写入服务器 MB16。

用同样的办法来定义客户端 2 （C2）与服务器的数据传输。

定义读操作：通信网络将服务器 MB10 的数据读入客户端 2 （C2）的 VB50。

定义写操作：通信网络将客户端 2 （C2）VB60 的数据写入服务器 MB12。

其余步骤同 7.1 节的相关内容。

组态完成后使用 PC/PPI 电缆（PPI）路径将两个组态分别下载到各自的 CPU 内。使用网线通过 CP243-1 将 2 台 CPU222 连接到中心交换机上。修改 PC 的 IP 为"192.168.10.100"，使它与 PLC 节点处于同一个子网内。

7.2.2　S7-300 的服务器组态

作为服务器端 CPU315-2PN/DP 的组态其实非常简单，与前面的步骤类似。在一个新建的项目中（项目名设为"COM_ET_1300-2200（S）"）依次插入机架 0、电源、CPU315-2PN/DP。如果用户还有其他模块，则插入相关的插槽内。在插入 CPU 时，系统会提示建立一个以太网对话框，在这个对话框内可以建立一个网络，并设定网络的 IP 地址、网络名称等，如图 7-24 所示。

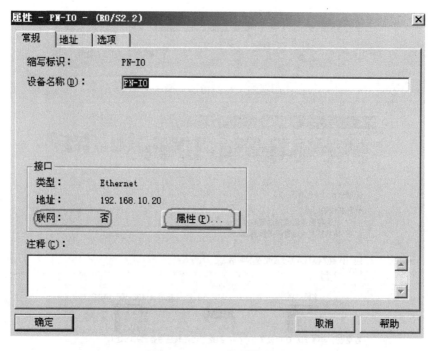

图 7-24　PN-IO 的属性配置

单击"属性"按钮，在图 7-25 中，新建一个网络。由于客户端在组态时定义的服务器端的 IP 地址为"192.168.10.52"，则在此输入 IP 地址"192.168.10.52"。

单击"确定"按钮，可以看到硬件组态界面下出现一个"PROFINET IO 电缆"，如果用户不需要组态远程 I/O 模块，则可以删除该电缆。

对刚才的硬件组态编译保存。

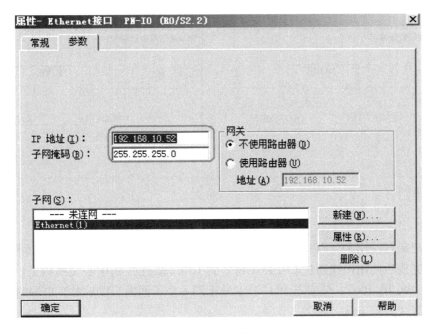

图 7-25　输入服务器的 IP 地址

7.2.3　程序编写

1. 客户端（C1）内的编程

客户端 1 的编程思路同 7.1.3 节中所介绍的方法一样。具体的程序也大同小异，读者可参照附录 7.1 中的"COM_ET_1300-2200"文件夹下的"COM_ET_200-300（c1）.mwp"文件。

程序完成的功能是每秒将服务器中的数据读入 MB18，每 5s 将 MB15 内的数据发给服务器。

2. 客户端（C2）内的编程

客户端 2 的编程思路同 7.1.3 节中所介绍的方法也是一样的。只不过通信双方的缓冲区有所变化，读者可参照附录 7.1 中的"COM_ET_1300-2200"文件夹下的"COM_ET_200-300（c2）.mwp"文件。

程序完成的功能是每秒将服务器中的数据读入 MB28，每 5s 将 MB30 内的数据发给服务器。

3. 服务器端的编程（见图 7-26 和图 7-27）

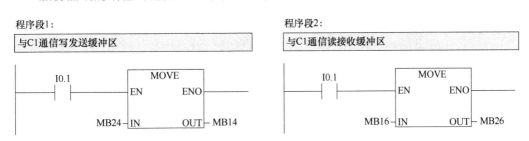

图 7-26　服务器端与客户端 C1 的通信

175

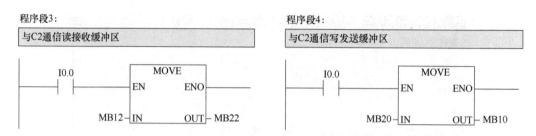

图 7-27 服务器端与客户端 C2 的通信

7.2.4 项目下载

1. 客户端下载

建议用户最好使用 PC/PPI Cable（PPI）路径将 2 个客户端组态分别下载到各自的 CPU 内。待下载完成后使用网线通过 CP243-1 将 2 台 CPU222 连接到中心交换机上。修改 PC 的 IP 为 "192.168.10.100"，使它与 PLC 节点处于同一个子网内。以后对客户端的修改可以采用以太网的形式进行下载。

2. 服务器端项目下载

对于服务器端项目的下载，用户可以采用 7.3.1 节所介绍的方法使用 MPI 协议，或者是使用 PROFIBUS 协议先将硬件组态下载到 PLC 内，然后下载整个站点（包括硬件组态和程序）。

下载完成后，将 CPU315-2PN/DP 用网线连接到中心交换机上。如果网络中各个站点 PLC 上只有 "RUN" 和 "DC5V" 两个绿色指示灯亮，说明组态是正确的。通过下面的内容来监控程序的运行。

7.2.5 通信结果监控

在这个项目内，客户端 C1 向服务器端发送数据 88，客户端 C2 向服务器端发送数据 34，通过观察服务器端的变量表可以发现，负责接收 C1 数据的 MB26 接收到数据 88，负责接收 C2 数据的 MB22 接收到数据 34。图 7-28 所示为服务器端的监控变量表。

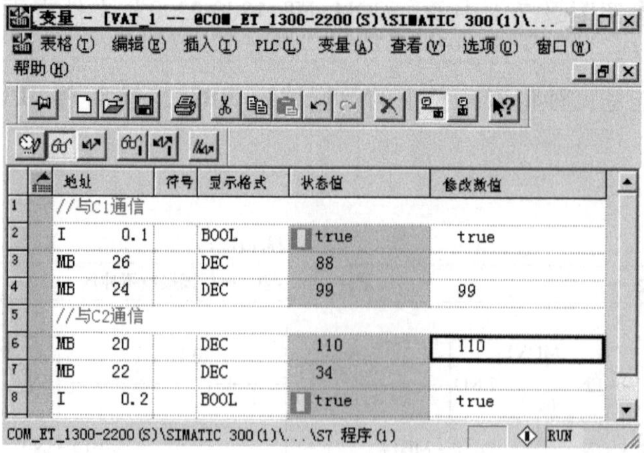

图 7-28 服务器端的监控变量表

在服务器端向 C1 发送数据 99，向 C2 发送数据 110，则可以看到在客户端 C1 的状态表内，负责接收的 MB18 数据为 99，客户端 C2 的状态表内，负责接收的 MB15 数据为 34，如图 7-29 和图 7-30 所示。

	地址	格式	当前值	
1	MB18	无符号	99	
2	MB15	无符号	88	
3		有符号		
4		有符号		
5		有符号		

图 7-29　客户端 C1 的状态表

	地址	格式	当前值	
1	MB28	无符号	110	
2	MB30	无符号	34	34
3		有符号		
4		有符号		
5		有符号		
6		有符号		
7		有符号		

图 7-30　客户端 C2 的状态表

由以上数据表明，本节的硬件组态、通信程序和网络连接是正确的。

7.3　多台 S7-300 PLC 之间的 IE 通信

在生产现场，用户还会遇到几台 S7-300PLC 组成小型局域网实现互相通信的情况。为了解决这个问题，本书将采用 3 台 CPU315-2 PN/DP 通过建立 S7 连接来说明多台 S7-300 PLC 的工业以太网的组网技术。此实例组态见附录 7.3。

7.3.1　组建网络

本例中所使用的 CPU 是 3 台 CPU315-2 PN/DP，通过集成的 PN 口连接到局域网。与前面所述一样，首先创建一个新的项目，项目名称为"COM_ET_3300"，在项目内依次插入 3 个 300 站点："SIMATIC 300（1）""SIMATIC 300（2）"和"SI-MATIC 300（3）"。接下来是分别对 3 个站点进行组态。

附录 7.3　多台 S7-300 PLC 之间的 IE 通信实例

1. SIMATIC 300（1）站的硬件组态

双击"SIMATIC 300（1）"站的"硬件"，进入硬件组态对话框。在对话框内依次插入机架 0、CPU315-2 PN/DP，如果物理机架上还有其他物理模块，则继续插入相关模块。为了叙述方便，本节不再插入其他模块。

在插入 CPU315-2 PN/DP 时，系统提示是否组建以太网对话框，如图 7-24 所示。单击"属性"按钮，在图 7-25 内新建一个网络"Ethernet（1）"，并输入 IP 地址"192.168.10.60"，子网掩码"255.255.255.0"，单击"确定"按钮。在硬件组态中，双击 2 号插槽内的"CPU315-2 PN/DP"，在图 7-31 所示的 CPU 属性对话框内的"周期/时钟存储器"内勾选"时钟存储器"，并输入存储器字节号为 100，单击"确定"按钮。

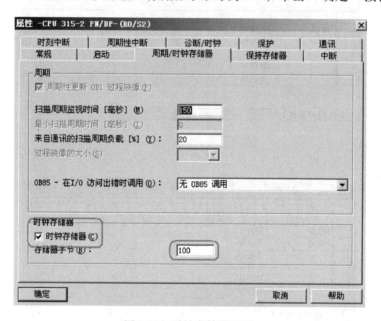

图 7-31 时钟存储器配置

在硬件组态管理器界面下，对刚才的组态进行"编译保存"。

2. SIMATIC 300（2）站的硬件组态

SIMATIC 300（2）站的硬件组态的步骤和内容与 SIMATIC 300（1）站的组态一样，只不过该站的 IP 地址改为"192.168.10.61"，子网掩码依然是"255.255.255.0"，同时也设定 MB100 为时钟存储器。编译保存。

3. SIMATIC 300（3）站的硬件组态

SIMATIC 300（3）站的硬件组态也是同第 1 站和第 2 站，但是该站的 IP 地址改为"192.168.10.62"，子网掩码依然是"255.255.255.0"，同时也设定 MB100 为时钟存储器。编译保存。在"SIMATIC Manager"下打开"组态网络"对话框，如图 7-32 所示。

4. 建立 S7 连接

在图 7-32"组态网络"下选择"SMATIC 300（1）"站的"CPU315-2 PN/DP"，右击并选择"插入新连接"，出现图 7-33 所示"插入新连接"对话框。

其中 1、2 号框显示的是能够与"SMATIC 300（1）"站建立连接的站点，用户可以选择其中的一个。3 号框内是可以建立的连接类型。通过了解 CPU315-2 PN/DP 的 CPU 属性（在硬件组态内双击 CPU 即可）可知，单独由该 CPU 可以建立 S7 连接、MPI、PROFIBUS 通信，或者作为 PROFINET IO 的控制器。所以在本例中的连接类型只能选择"S7 连接"，其他的连接如 TCP、TCP-ON-ISO、ISO 等连接需要能够支持的 CP 接口或模块。

在这里选择 1 号框的"SMATIC 300（2）"站，并选择"S7 连接"，单击"确定"按

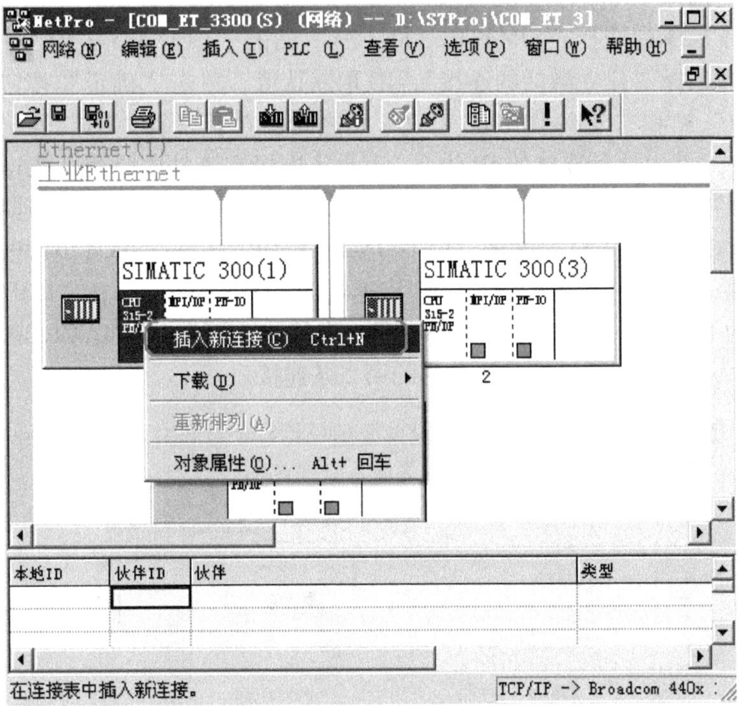

图 7-32 在"组态网络"里插入新连接

钮。在随后出现的对话框内选择"建立激活的连接",另外要注意的是"本地 ID"采用默认。用户要特别注意 ID,并且要记住,在后续的通信程序中要用到,单击"确定"按钮。这样就在"SMATIC 300(1)"站与"SMATIC 300(2)"站之间建立了一个 S7 连接类型的通道,使用 ID 号来标记这条通道就是"1-1"连接通道。这条通道在"SMATIC 300(1)"站来看是 1 号连接,在"SMATIC 300(2)"站来看也是 1 号连接,这是因为在图 7-34 内的 ID,这里使用的都是默认值。为了不产生混乱,以后都采用系统默认值。

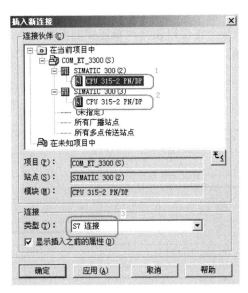

图 7-33 插入新连接

在图 7-32 内选择"SIMATIC 300（2）"站的"CPU315-2 PN/DP"，同样的步骤插入一个新连接。在图 7-33 内选择"SIMATIC 300（3）"站的"CPU 315-2 PN/DP"，建立 S7 连接。在图 7-34 内选择"建立激活的连接"，ID 取默认值，单击"确定"按钮。这样在"SIMATIC 300（2）"站和"SIMATIC 300（3）"站之间建立了一个"7-1"连接通道。在"SIMATIC 300（2）"站内这条连接的 ID 为 2，表示该连接在该站内是第 2 条连接，而在"SIMATIC 300（3）"站内这条连接的 ID 为 1，表示该连接在该站内是第 1 条连接。

选择"SIMATIC 300（3）"站的"CPU315-2 PN/DP"，与"SIMATIC 300（1）"站之间插入一个新连接，ID 依然采用默认值，则该连接为"7-2"连接，在"SIMATIC 300（1）"站内这条连接的 ID 为 2，表示这是该站内的第 2 条连接，而在"SIMATIC 300（3）"站内这条连接的 ID 也为 2，表示该连接是该站内的第 2 条连接。

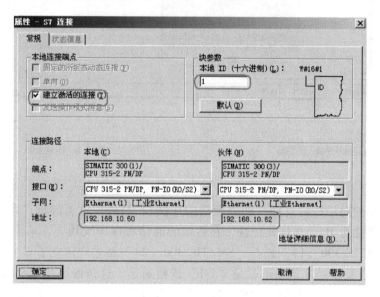

图 7-34　S7 连接的属性

图 7-35 显示了 SIMATIC 300（1）站内建立的所有连接情况，包括 ID、通信双方站点和连接类型等。用户可以双击某个连接以便修改该连接的参数。

单击图 7-35 中其他站的"CPU315-2 PN/DP"，在下方同样显示出该站所建立的连接情况。

至此，在网络内建立了 3 条连接，它们之间的关系见表 7-2。

表 7-2　连接与 ID 的关系

站号	SIMATIC 300（1）	SIMATIC 300（2）	SIMATIC 300（3）
ID	1	1	
连接	←————————————→		
ID		2	1
连接		←————————————→	
ID	2		2
连接	←——————————————————————→		

180

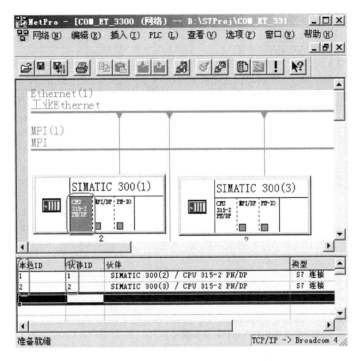

图 7-35 SMATIC 300 (1) 站的连接

组态完网络后,接下来应该对上面的组态进行编译保存,在图 7-35 内单击"编译保存"。如果编译结果有错误,则根据报错信息找出错误所在并改正,如果编译无错误,则等待前面的硬件组态下载后,也下载到 PLC 内。

7.3.2 程序编写

本例中所使用的 PLC 属于 S7-300 系列,在进行基于 TCP/IP 的通信时,需要调用库内"Standard Library"下"Communication Blocks"内的 FB12"BSEND"和 FB13"BRCV"或者 FB8"USEND"、FB9"URCV"。

FB12"BSEND"用来向类型为"BRCV"的远程伙伴 FB 发送数据。通过这种类型的数据传送,可以在通信伙伴之间为所组态的 S7 连接传输更多的数据,即可以为 S7-300(扩展 CP 模块)发送多达 32768B,为 S7-400 发送多达 65534B,以及通过集成接口为 S7-300 发送多达 65534B 的数据。另外,要发送的数据区是分段的。各个分段单独发送给通信伙伴。通信伙伴在接收到最后一个分段时对此分段进行确认。

FB8"USEND"向类型为"URCV"的远程伙伴 FB 发送数据。执行发送过程而不需要和伙伴进行协调。也就是说,在进行数据传输时不需要伙伴 FB 进行确认。

FB13"BRCV"接收来自类型为"BSEND"的远程伙伴 SFB/FB 的数据。在收到每个数据段后,向伙伴 SFB/FB 发送一个确认帧,同时更新 LEN 参数。

为了获得大数据量的、稳定的通信,本节采用 FB12 和 FB13 进行双边编程(在通信双方都调用发送/接收程序)。当然用户也可以采用 FB14"GET"、FB15"PUT"实现单边编程。关于单边编程,本章不再叙述编程过程和通信结果。

下面先来认识 FB12"BSEND"和 FB13"BRCV"模块的外形结构以及引脚功能。它们的结构如图 7-36 所示，引脚功能可以参见表 7-3 及表 7-4。

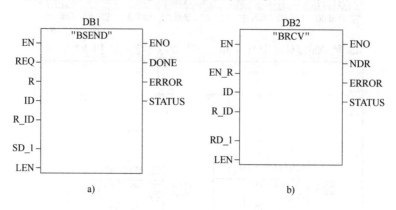

图 7-36　FB12 与 FB13 的结构图

a）FB12　b）FB13

表 7-3　FB12 的引脚说明

引脚名称	功能说明
EN	模块的使能端，为 1 时模块准备发送
REQ	上升沿触发数据的发送
R	上升沿中止数据的发送
ID	连接号，可参见表 7-2，WORD 型数据
R_ID	标记本次发送的数据包号，DWORD 型数据
SD_1	发送数据存储区，数据类型任意，可以使用指针
LEN	数据发送的长度
ENO	使能输出
DONE	数据发送作业的状态：1 发送完；0 未发送完
ERROR	与 STATUS 配合使用，通信的报错状态
STATUS	用数字表示通信错误的类型

下面来编写 3 个站的通信程序，本节所采用的测试思路是：在 "SIMATIC 300（1）" 站内发送一个数据 "33333" 给 "SIMATIC 300（2）" 站，"SIMATIC 300（2）" 站接收到该数据后再发送给 "SIMATIC 300（3）" 站，"SIMATIC 300（3）" 站接收到该数据后再转发给 "SIMATIC 300（1）" 站，通过 "SIMATIC 300（1）" 站内的 MD10 所接收的由 "SIMATIC 300（3）" 站发来的数据验证整个网络是否能够正常通信。

表 7-4　FB13 的引脚说明

引脚	功能说明
EN	模块的使能端，为 1 时模块才能接收
EN_R	高电平准备接收数据
ID	连接号，必须与发送端对应为同一连接
R_ID	标记本次接收的数据包号，必须与发送端相同

（续）

引脚	功能说明
RD_1	接收的数据存储区，数据类型任意，可以使用指针
LEN	数据接收的长度
ENO	使能输出
NDR	数据接收作业的状态：1 接收完；0 未接收完
ERROR	与 STATUS 配合使用，通信的报错状态
STATUS	用数字表示通信错误的类型

下面列出"SIMATIC 300（1）"和"SIMATIC 300（2）"的通信程序（见图 7-37 和图 7-38）、"SIMATIC 300（2）"和"SIMATIC 300（3）"以及"SIMATIC 300（3）"和"SI-MATIC 300（1）"的通信程序。

程序段1：
| SIMATIC 300(1)站向SIMATIC 300(2)站发送数据 |

程序段1：
| SIMATIC 300(2)站接收SIMATIC 300(1)站发送的数据 |

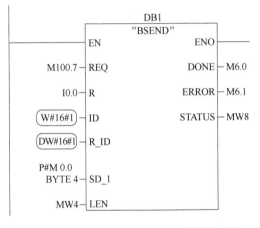

图 7-37 "SIMATIC 300（1）"站的数据发送

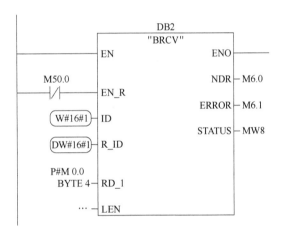

图 7-38 "SIMATIC 300（2）"站的数据接收

其中图 7-37 中"REQ"引脚连接的是 M100.7，这是在硬件组态的时候所做的时钟存储器，它可以发出频率为 0.5Hz 的脉冲序列，在脉冲的上升沿触发数据发送作业。而在"EN_R"端使用了 M50.0 的常闭触点，使得 FB13 时钟处于准备接收状态。

另外，"R_ID"在通信双方必须相同，否则是不能通信的，这个值可以由用户自己设定。

ID 在通信双方可能相同，也可能不相同（见表 7-2），取决于通信时采用的是哪一条连接，一旦连接通道确定下来，则编程时双方的 ID 就已经定下来了。例如表 7-2 中"SIMATIC 300（2）"和"SIMATIC 300（3）"的通信连接，在"SIMATIC 300（2）"方 ID 就是 2，而在"SIMATIC 300（3）"方 ID 就是 1，这里要特别注意。

"SIMATIC 300（2）"和"SIMATIC 300（3）"的通信以及"SIMATIC 300（3）"和"SIMATIC 300（1）"的通信程序不再一一列出，相关程序可以参见附录 7.3。

183

7.3.3 项目下载及运行监控

1. 下载硬件组态

可以通过 MPI 或者 TCP/IP 采用 7.3.1 节或者 7.3.2 节所述步骤下载硬件组态。采用 TCP/IP 下载时，用户最好保证编程 PC 始终和目的站的 IP 地址处于同一个子网内（不论是下载前还是下载后），否则会产生"无法和对方建立连接"的问题。

2. 下载网络组态

对图 7-35 所示的网络组态进行编译保存后，必须将 3 个站点的网络连接通道情况下载到各自的站点内。在图 7-35 内选择"SIMATIC 300（1）"站的"CPU315-2 PN/DP"，直接单击下载按钮即可。同样的办法将"SIMATIC 300（2）"站、"SIMATIC 300（3）"站的连接情况下载到各自的 PLC 内。

3. 下载整个项目

在"SIMATIC Manager"下分别选择 3 个站点，依次单击"下载"按钮，在随后的对话框中单击"是"按钮即可将整个项目下载到 PLC 内。

观察各个站点 PLC 的指示灯，如果有红色灯亮，检查原因，重复上述工作，直至故障排除。

下载完项目后，在各个站点的"块"内分别插入变量表，对照图 7-39，在各自的变量表内输入如下变量，打开监控按钮，修改"SIMATIC 300（1）"站中 MD0 的值为"DW#16# 33333"，可以观察到 2、3、4 号框内分别收到该数据。表明基于 3 台 CPU315-2 PN/DP 的以太网通信网络组态正确，通信正常。

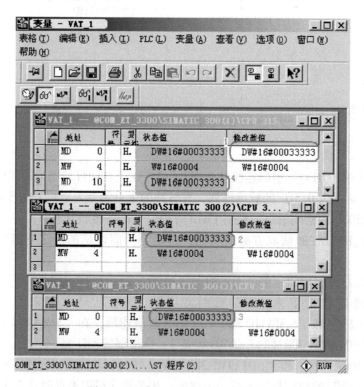

图 7-39 3 台 PLC 的以太网通信结果

7.4　S7-300 与 ET200S 的 PROFINET IO 通信

工业以太网在工业现场的应用大多数还是集中在车间，这是由于工业以太网在数据通信时存在着许多不确定性因素，影响了工业以太网的可靠性。因此很难向现场设备级进行延伸。即使偶尔也有工业以太网在现场设备中使用，但是成本、稳定性都是不利条件。目前依然是各种现场总线在底层的现场设备中得到广泛应用。PROFIBUS 作为现场总线的一种，已经在我国得到了认可，并广泛应用在各种场合。将 TCP/IP 技术应用在现场总线是西门子公司近年来的重要成果，这就是 PROFINET，它是一种基于工业以太网技术的现场总线，并得到了国际电工委员会（IEC）的认可，正式成为十大现场总线之一。

本节主要介绍由 1 台 CPU315-2 PN/DP 通过 PROFINET 总线扩展 2 台 IM151-3 接口模块实现远程 I/O 读写的方法。此实例组态见附录 7.4。

7.4.1　组建 PROFINET 网络

1. 硬件连接

扩展的模块硬件上通过 IM151-3 连接了电源模块 PM-E DC24V、2 个 2DI 模块、2 个 2DO 模块、1 个电压模拟量输入（2AIU）模块和一个电压模拟量输出（2AOU）模块等。IM151-3 的订货号为"6ES7 151-3AA00-0AB0"。首先将 IM151-3 模块固定在导轨的左端，紧接着安装 PM-E DC24 电源模块，然后依次安装 2DI、2DO、2AIU、2AOU 等。

附录 7.4　S7-300 与 ET200S 的 PROFINET IO 通信实例

使用工业以太网网线连接中心交换机和 IM151-3 模块，CPU315-2 PN/DP PLC 和编程 PC 同样也连接到交换机上。

2. 网络组态

首先新建一个项目，项目名为"COM_PN_315-2ET200SPN"，在该项目内如前所述插入一个"SIMATIC 300（1）"站，双击"硬件"。在硬件组态对话框内依次插入机架 0、CPU315-2 PN/DP 等模块。在插入 CPU 时，系统提示是否建立配置以太网接口属性。对话框如图 7-25 所示，在"IP 地址"框内输入 IP 地址"192.168.10.80"，单击"确定"按钮。可以看到"CPU315-2 PN/DP"后面引出一条 PROFINET IO 电缆，如图 7-40 的 1 号框所示。

在图 7-40 的 2 号框中将"PROFINET IO"下的"IM151-3PN"模块拖到 1 号框的电缆上，如图 7-41 的 1 号框所示。单击 1 号框的"IM151-3PN"模块，在 2 号框的插槽内依次插入"IM151-3"模块后面的各个模块。模块的名称和次序必须严格和硬件的名称、次序保持一致，否则容易出错。

模块插入后的结果如图 7-42 的 1 号框所示。

本例中使用了两套这样的远程 I/O 模块，因此用同样的方法插入另外一个 IM151-3 模块以及各个 I/O 模块。如图 7-42 中的 2 号框所示。

双击第 1 个 IM151-3，在随后出现的对话框内设定设备名称为"S7315-ET200S-151-3PN-1"，设备号为 1，IP 地址为"192.168.10.81"，单击"确定"按钮。双击第 2 个 IM151-3，设定设备名称为"S7315-ET200S-151-3PN-2"，设备号为默认 2，IP 地址为"192.168.10.82"。单击"确定"按钮。

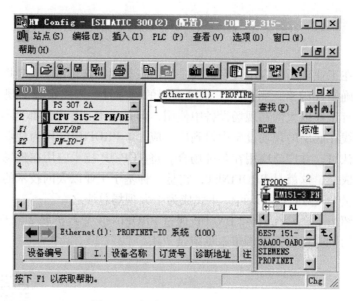

图 7-40 新建 PROFINET IO 网络

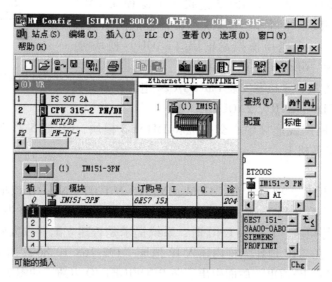

图 7-41 插入 IM151-3 模块

3. 分配设备名称

首先在 SIMATIC 管理器下的"设定 PG/PC"内选择下载路径为"TCP/IP+本机以太网卡驱动",并确定。

在图 7-42 中选择"Ethernet(1)PROFINET-IO 系统(100)"电缆,然后单击"PLC"→"Ethernet(T)"→"分配设备名称",弹出对话框如图 7-43 所示。

从图 7-43 中可以看到 2 个 ET200S 站的一些信息。①"IP 地址":由于以前下载过组态,所以 IP 地址已经存在。②"MAC 地址":是 ET200S 的 PN 接口模块在出厂时固化的硬件地址,不能修改。③"设备类型":此时指示在 Ethernet(1)上的 PN IO 的类型均为 ET200S。④"设备名称":目前在 ET200S 的 MMC 卡中存储的信息。

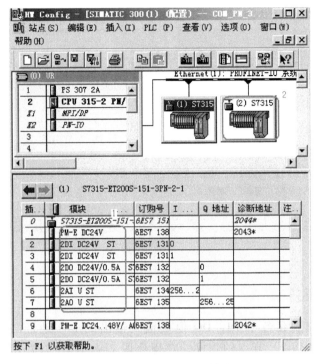

图 7-42　插入远程 I/O 模块

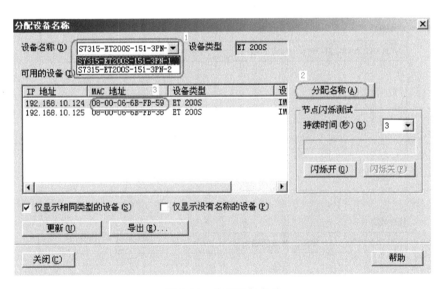

图 7-43　分配设备名称

在 1 号框内通过下拉菜单选择第 1 台设备名称"S7315-ET200S-151-3PN-1"，单击"分配名称"按钮，等待系统分配结束。同样的方法选择第 2 台设备名"S7315-ET200S-151-3PN-2"，单击"分配名称"按钮。

将硬件组态下载到 PLC 内，然后单击硬件组态的"PLC"菜单，选择"验证设备名称"，可以看到图 7-44 所示的连接状态。在"状态"栏，出现两个"√"，刚才组态的 IP 地址也能够搜索到。"设备名称"正是刚才组态时使用的名称。

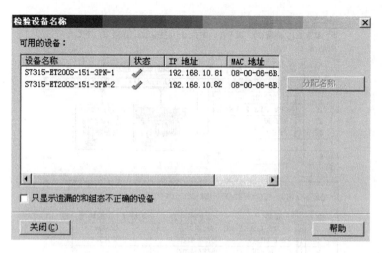

图 7-44　验证设备名称

7.4.2　程序编写及验证

在图 7-42 内仔细观察各个 DI、DO 模块输入输出的 I/O 地址。在程序段 1 内编写"S7315-ET200S-151-3PN-1"节点的程序，在程序段 2 内编写"S7315-ET200S-151-3PN-2"节点的程序，如图 7-45 所示。编写后保存并下载到 PLC 内，打开监控，可以看到远程 I/O 模块已经能够正常输出了，说明该网络通信正常。

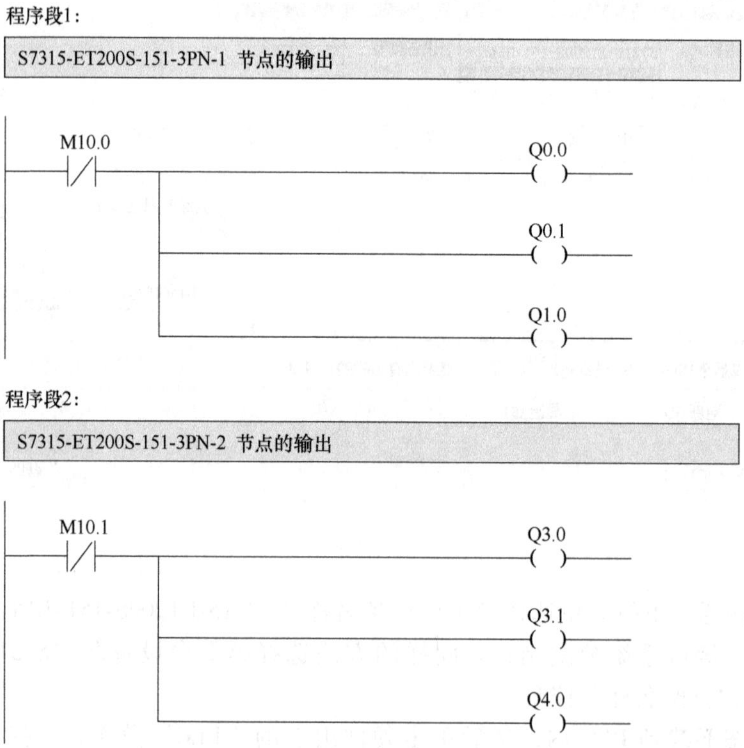

程序段1：

S7315-ET200S-151-3PN-1 节点的输出

```
        M10.0                              Q0.0
      ───┤/├─────────────┬─────────────────( )
                         │                 Q0.1
                         ├─────────────────( )
                         │                 Q1.0
                         └─────────────────( )
```

程序段2：

S7315-ET200S-151-3PN-2 节点的输出

```
        M10.1                              Q3.0
      ───┤/├─────────────┬─────────────────( )
                         │                 Q3.1
                         ├─────────────────( )
                         │                 Q4.0
                         └─────────────────( )
```

图 7-45　通信网络的监控

7.5　西门子 S7-1500 PLC 与 S7-1200 PLC 的 S7 通信

7.5.1　通信的工艺要求

本实例要实现的是一台 S7-1500 PLC 与 S7-1200 PLC 的 S7 通信，数据的交换是通过远程读写指令实现的，网络通信示意如图 7-46 所示。

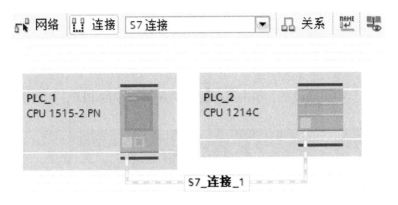

图 7-46　网络通信示意图

S7-1500 的 CPU 带显示屏，工作存储器可存储 500KB 代码和 3MB 数据，位指令执行时间 30ns，4 级防护机制，能够进行运动控制、闭环控制和计数与测量。

S7-1500 的第 1 个接口的 PROFINET I/O 控制器，支持 RT/IRT，双端口，智能设备，支持 MRP、MRPD，传输协议 TCP/IP，安全开放式用户通信，S7 通信，Web 服务器，DNS 客户端，OPC UA 服务器数据访问，恒定总线循环时间，路由功能。第 2 个接口的 PROFINET I/O 控制器，支持 RT，智能设备，传输协议 TCP/IP，安全开放式用户通信，S7 通信，Web 服务器，DNS 客户端，OPC UA 服务器数据访问，运行系统选件，固件版本 V2.5。此实例组态见附录 7.5。

189

7.5.2　创建 S7 通信的项目

在 TIA Portal V15 中选择"启动"，创建新项目"基于以太网的 S7 通信"，单击"创建"按钮，如图 7-47 所示。

附录 7.5　西门子 S7-1500 PLC 与 S7-1200 PLC 的 S7 通信实例

图 7-47　创建新项目

单击"新手上路"→"创建 PLC 程序"，进入 PLC 的编程界面，如图 7-48 所示。

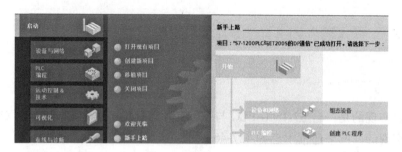

图 7-48　创建 PLC 程序

7.5.3　添加硬件与组态

在"PLC 编程"中添加设备，单击图标添加项目中的 PLC，如图 7-49 所示。

图 7-49　在 PLC 编程中添加设备

单击"控制器"→"SIMATIC S7-1500"→"CPU"→"CPU 1515-2PN"→"6ES7 515-2AM01-0AB0"，版本号选择 V2.5，单击"确定"按钮添加 S7-1500 PLC，如图 7-50 所示。

图 7-50　添加 S7-1500 PLC

双击 Main 的图标  ，进入 TIA Portal V15 的"项目视图"，如图 7-51 所示。

图 7-51　双击 Main 的图标

单击"项目树"→"PLC_1［CPU1515-2PN］"，双击"设备组态"，单击"硬件目录"→"PM"→"PM 70W 120/230VAC"，单击轨道 0 后双击"6EP1332-4BA00"为 S7-1500PLC 添加电源模块，如图 7-52 所示。

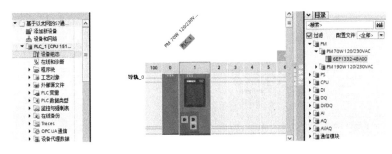

图 7-52　为 S7-1500 PLC 添加电源模块

单击"项目树"→"PLC_1［CPU1515-2PN］"→"PLC 变量"，双击"显示所有变量"，编写全局变量表，如图 7-53 所示。

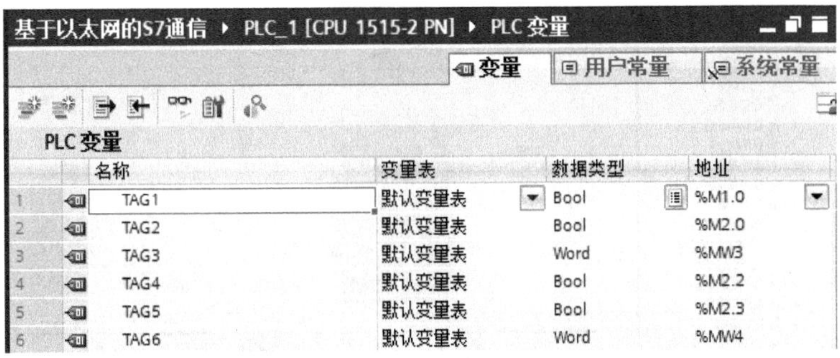

	名称	变量表	数据类型	地址
1	TAG1	默认变量表	Bool	%M1.0
2	TAG2	默认变量表	Bool	%M2.0
3	TAG3	默认变量表	Word	%MW3
4	TAG4	默认变量表	Bool	%M2.2
5	TAG5	默认变量表	Bool	%M2.3
6	TAG6	默认变量表	Word	%MW4

基于以太网的S7通信 ▶ PLC_1 [CPU 1515-2 PN] ▶ PLC 变量

图 7-53　变量表

在项目树中，双击"添加新设备"，如图 7-54 所示。

单击"控制器"→"SIMATIC S7-1200"→"CPU"→"CPU 1214C DC/DC/DC"→"6ES7 214-1AG40-0XB0"，版本号选择 V4.2。单击"确定"按钮添加新设备 S7-1214，如图 7-55 所示。

单击"项目树"→"PLC_1［CPU1515-2PN］"，双击"设备组态"可以见到 CPU 模块，单击信息窗口中"属性"→

图 7-54　双击添加新设备

图 7-55　添加新设备 S7-1214 CPU

"PROFINET 接口 [X1]"，添加新子网"PN/IE_1"，设置 S7-1515 CPU 的 IP 地址为 192.168.0.1，子网掩码为 255.255.255.0，如图 7-56 所示。

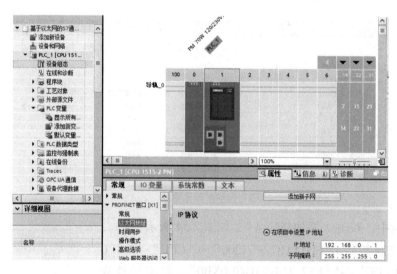

图 7-56　设置 S7-1515 CPU 的 IP 地址

单击"PROFINET 接口 [X2]"，可以看到 IP 地址为 192.168.1.1，子网掩码为 255.255.255.0，如图 7-57 所示。

单击"项目树"→"PLC_2 [CPU1214C DC/DC/DC]"，双击"设备组态"，可以看到

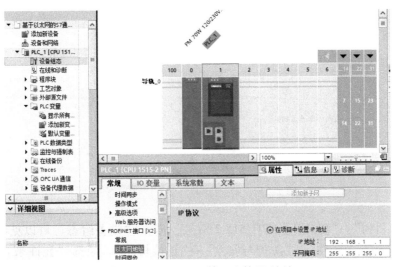

图 7-57 PROFINET 接口 2 的 IP 地址

CPU 模块，单击信息窗口中"属性"→"PROFINET 接口［X1］"，添加新子网"PN/IE_1"，设置 S7-1214 CPU 的 IP 地址 192.168.1.2，子网掩码为 255.255.255.0，如图 7-58 所示。

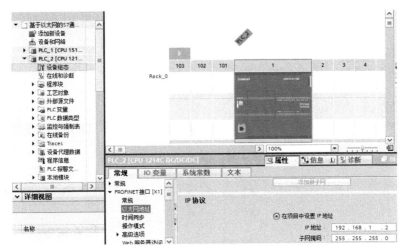

图 7-58 设置 S7-1214 CPU 的 IP 地址

单击"项目树"→"PLC_1［CPU1515-2PN］"，双击"设备组态"打开网络视图，单击"连接"选择 S7-连接，将 S7-1500 与 S7-1200 PLC 进行 S7 通信的网络连接，如图 7-59 所示。

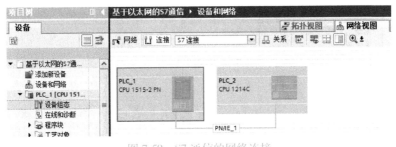

图 7-59 S7 通信的网络连接

设置完成后的 S7 通信网络连接，如图 7-60 所示。

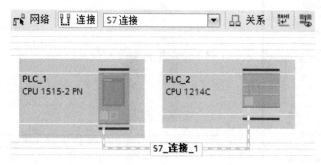

图 7-60　设置完成后的 S7 通信网络连接

单击"项目树"→"PLC_1［CPU1515-2PN］"，双击"设备组态"可以见到 CPU 模块，单击信息窗口中的"属性"→"防护与安全"→"连接机制"，勾选"允许来自远程对象的 PUT/GET 通信访问"，如图 7-61 所示。

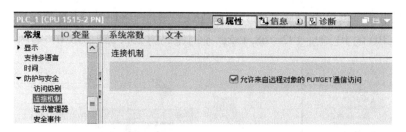

图 7-61　S7-1515 CPU 允许访问的设施

单击信息窗口中的"属性"→"系统和时钟存储器"，勾选"启用时钟存储器字节"，如图 7-62 所示。

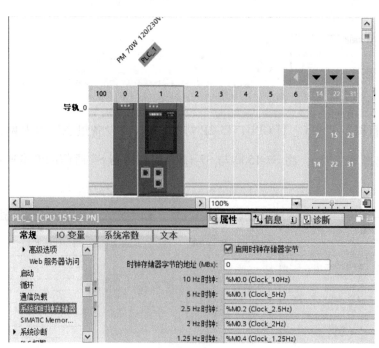

图 7-62　S7-1515 CPU 启用时钟存储器字节

单击"项目树"→"PLC_1［CPU1214C DC/DC/DC］",双击"设备组态"可以见到CPU模块,单击信息窗口中"属性"→"防护与安全"→"连接机制",勾选"允许来自远程对象的PUT/GET通信访问",如图7-63所示。

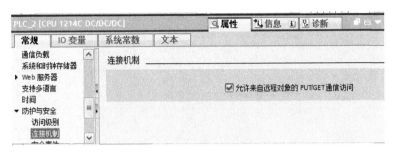

图7-63 S7-1214 CPU 允许访问的设施

单击信息窗口中的"属性"→"系统和时钟存储器",勾选"启用时钟存储器字节",如图7-64所示。

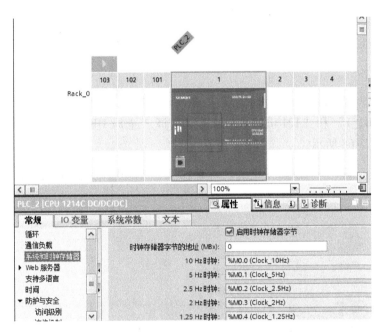

图7-64 S7-1214 CPU 启用时钟存储器字节

7.5.4 调用 GET 和 PUT 通信指令块

单击"项目树"→"PLC_1［CPU1515-2PN］"→"程序块",双击"添加新块"→"数据块",名称设置为"1515DB_1",类型选择"全局DB",编号选择"3",选择"手动",创建数据块1515DB_1,如图7-65所示。

在PLC_1中还要创建一个接收S7-1200的数据的数据块,名称设置为"1515DB_2",类型选择"全局DB",编号选择"4",选择手动,如图7-66所示。

数据块1515DB_1和1515DB_2分别为DB3和DB4,如图7-67所示。

用同样的方法在S7-1214中添加两个全局数据块,即DB1和DB2,方法是单击"项目

195

图 7-65　创建数据块 1515DB_1

树"→"PLC_2［CPU1214C DC/DC/DC］"，双击"程序块"→"添加新块"→"数据块"，名称设置为"1214DB1_1"和"1214DB1_2"，类型选择"全局 DB"，编号选择"1"和"2"，选择手动，如图 7-68 所示。

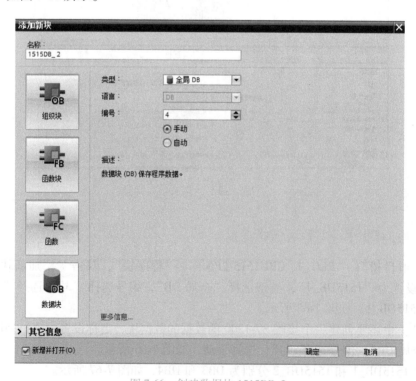

图 7-66　创建数据块 1515DB_2

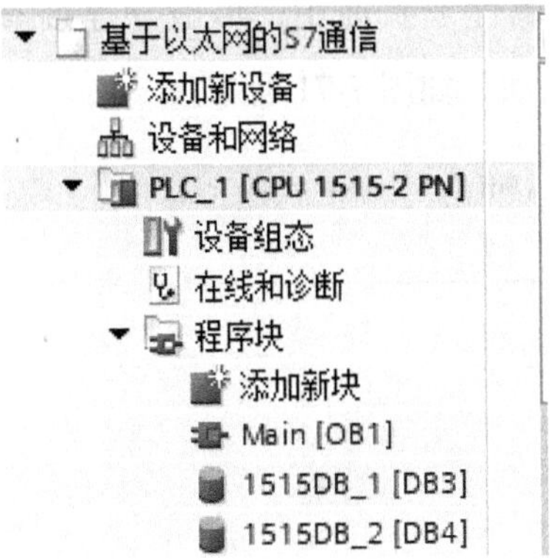

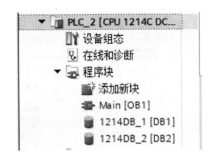

图 7-67 S7-1515 CPU 添加完成后的数据块   图 7-68 S7-1214 CPU 添加完成后的数据块

为 PLC_1 和 PLC_2 中的 DB1/DB2/DB3/DB4 建立数据，这里创建数组范围是 0~7，以 DB3 为例，它的数值创建如图 7-69 所示。

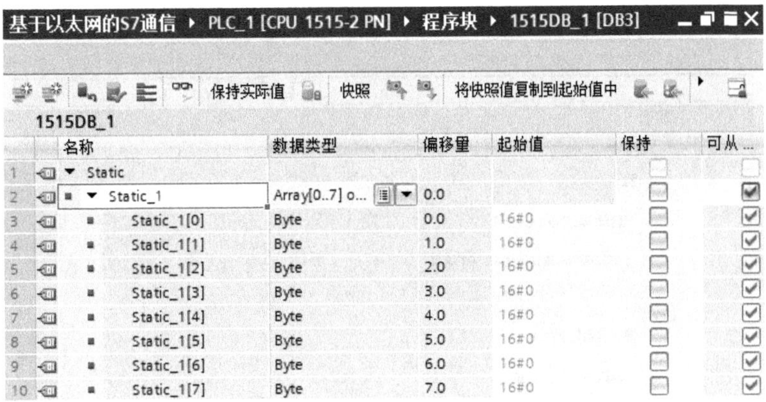

		名称	数据类型	偏移量	起始值	保持	可从...
		1515DB_1					
1	◀	▼ Static					
2	◀ ■	▼ Static_1	Array[0..7] o...	0.0			☑
3	◀	■ Static_1[0]	Byte	0.0	16#0		☑
4	◀	■ Static_1[1]	Byte	1.0	16#0		☑
5	◀	■ Static_1[2]	Byte	2.0	16#0		☑
6	◀	■ Static_1[3]	Byte	3.0	16#0		☑
7	◀	■ Static_1[4]	Byte	4.0	16#0		☑
8	◀	■ Static_1[5]	Byte	5.0	16#0		☑
9	◀	■ Static_1[6]	Byte	6.0	16#0		☑
10	◀	■ Static_1[7]	Byte	7.0	16#0		☑

图 7-69 DB3 的数值创建

西门子公司的 S7 通信是单边协议，是西门子公司产品之间通信的最简单的方法，S7 通信只需要在主站中编写在 PLC_1（CPU1515_2PN）下的 Main〔OB1〕主程序块中，单击"指令"→"通信"→"S7 通信"，将 S7 通信下的"GET"拖放到编程的水平条上，TIA Portal V15 会自动弹出"调用选项"对话框，为这个指令 GET 添加背景数据块 GET_DB，单击"确定"按钮完成指令 GET 的添加，如图 7-70 所示。

图 7-70 指令 GET 的添加

197

单击 GET_DB 的组态按钮  添加伙伴，在"属性"页面中，单击"连接参数"，在"伙伴"下选中 PLC_2，接口和子网等参数会自动添加，如图 7-71 所示。

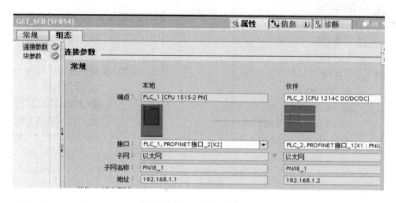

图 7-71　添加伙伴

单击"属性"→"块参数"，设置 REQ 为%M0.5，读取 PLC_2 中 DB2 的数据，长度为 8B，GET 指令块的 I/O 引脚参数如图 7-72 所示。

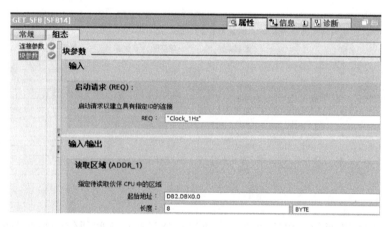

图 7-72　GET 指令块的 I/O 引脚参数

设置 GET 指令块存储区域（RD_1）引脚的参数，如图 7-73 所示。

图 7-73　GET 指令块存储区域（RD_1）的引脚参数

由于不允许在具有优先访问的块中对数据进行绝对寻址，所以 TIA Portal V15 会报错，如图 7-74 所示。

单击"项目树"→"PLC_1［CPU1515-2PN］"→"程序块"，右击"1515DB_2［DB4］"，在右键菜单中选择"属性"，将"优化的块访问"的勾选取消。此时将弹出确认对话框，单击"确定"按钮即可，若仍报错，重新设置 GET 指令块存储区域（RD_1）引脚的参数即

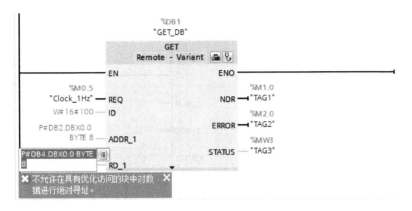

图 7-74　数据块的应用报错

可，每个 DB 块都需要将"优化的块访问"的勾选取消，如图 7-75 所示。

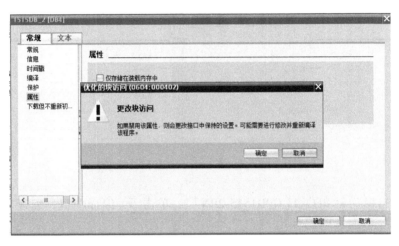

图 7-75　取消优化的块访问

7.5.5　S7 通信的程序编制

在程序中调用远程通信指令 GET 后，输入通信数据块的请求完成信号、错误信号、错误信息，从远程 CPU 读取数据的程序，如图 7-76 所示。

GET 指令块的引脚定义：①REQ：系统时钟 1s 脉冲；②ID：连接号，要与连接配置中一致，创建连接时的本地连接号；③ADDR_1：读取通信伙伴数据区的地址；④RD_1：本地接收数据区；⑤NDR：为 1 时表示接收到新数据；⑥ERROR：为 1 时表示有故障发生；⑦STATUS：状态代码；⑧EN：使能输入端；⑨ENO：使能输出端。

以同样的方法调用向远程 CPU 写入数据的 PUT 通信功能块，并配置参数。向远程 CPU 写入数据的程序如图 7-77 所示。

PUT 指令块的引脚定义：①REQ：系统时钟 1s 脉冲；②ID 连接号，要与连接配置中一致，创建连接时的本地连接号；③ADDR_1：发送到通信伙伴数据区的地址；④SD_1：本地发送数据区；⑤DONE：为 1 时表示发送完成；⑥ERROR：为 1 时表示有故障发生；⑦STA-TUS：状态代码；⑧EN：使能输入端；⑨ENO：使能输出端。

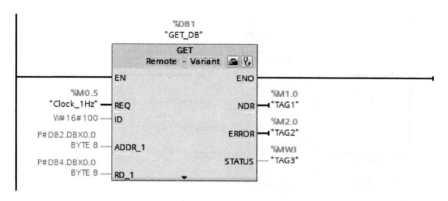

图 7-76 从远程 CPU 读取数据的程序

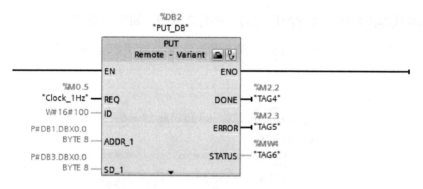

图 7-77 向远程 CPU 写入数据的程序

单击"项目树"→"PLC_1［CPU1515-2PN］"，单击 🔲 编译项目，编译窗口如图 7-78
所示。

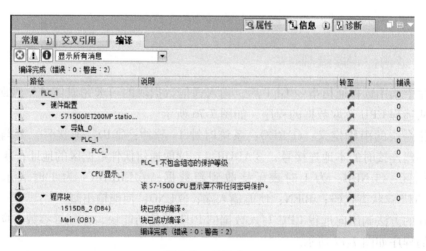

图 7-78 编译窗口

通信时，将要通信的数据写入全局数据块 DB1、DB2、DB3 和 DB4 当中，CPU1515 作
为客户端创建 S7 连接，将数据块 DB3 中的 8B 发送到 CPU1214 的数据块 DB1 中，同时，读

取 CPU1214 数据块 DB2 中的 8B 存储到 CPU 的数据块 DB4 中。发送和接收多少字节可以根据需要进行调整，但不能超过 DB 创建的数组的最大值，本案例的最大值设置的是 200B。

7.5.6　S7 通信的监控与仿真

单击"项目树"→"PLC_1［CPU1515-2PN］"，双击"设备组态"打开网络视图，单击"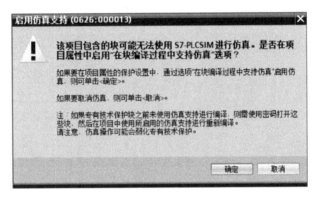启用仿真，在启用仿真支持对话框中选择"确定"按钮，对 S7-1515 CPU 进行仿真，如图 7-79 所示。

图 7-79　启用仿真支持

选择"接口/子网的连接"为"插槽 1 X1 处的方向"，单击"开始搜索"按钮，搜索到设备后，单击"下载"按钮，如图 7-80 所示。

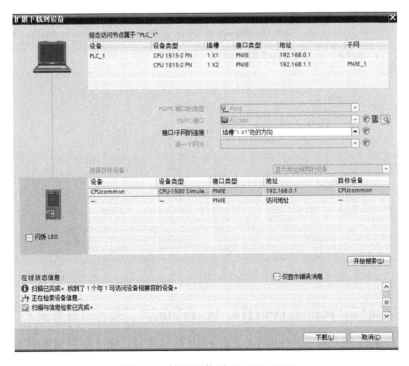

图 7-80　扩展下载到 S7-1515 CPU

单击"装载"按钮，如图 7-81 所示。

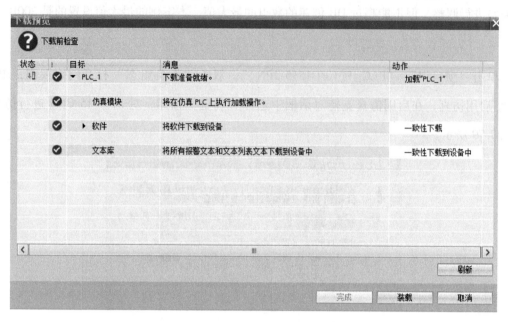

图 7-81　装载程序至 S7-1515 CPU

单击"完成"按钮，如图 7-82 所示。

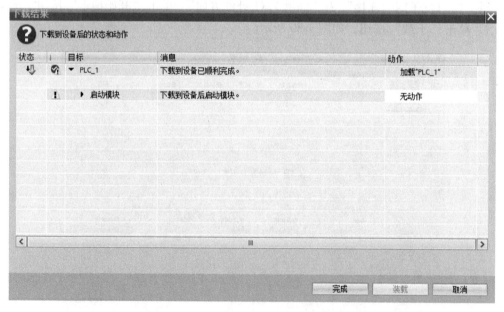

图 7-82　完成程序装载至 S7-1515 CPU

单击"项目树"→"PLC_2［CPU1214C DC/DC/DC］"，双击"设备组态"打开网络视图，单击 █ 启用仿真，对 S7-1214 CPU 进行仿真，选择"接口/子网的连接"为"插槽1 X1处的方向"，单击"开始搜索"按钮，搜索到设备后，单击"下载"按钮，如图 7-83所示。

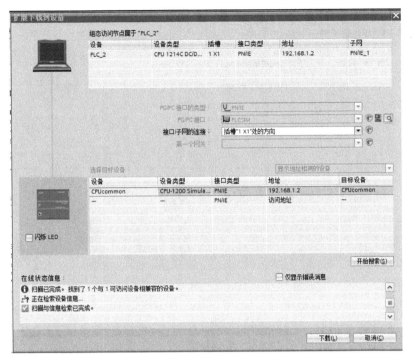

图 7-83 扩展下载到 S7-1214 CPU

单击"装载"按钮，如图 7-84 所示。

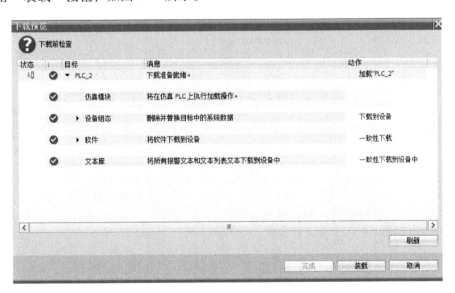

图 7-84 装载程序至 S7-1214 CPU

单击"完成"按钮，如图 7-85 所示。

单击 转至在线转至在线，在弹出的"选择设备以便打开在线连接"对话框中，勾选 PLC_1 和 PLC_2 后，单击"转至在线"按钮，如图 7-86 所示。

转至在线成功后的界面如图 7-87 所示。

203

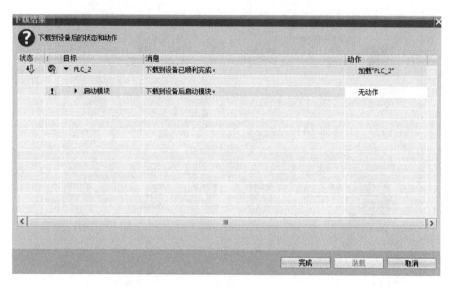

图 7-85　完成程序装载至 S7-1214 CPU

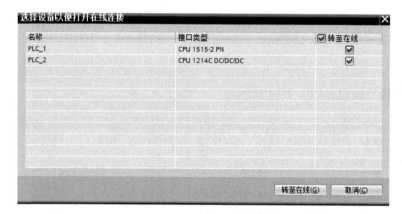

图 7-86　转至在线操作

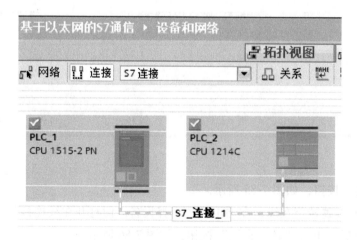

图 7-87　转至在线成功后的界面

单击“项目树”→“PLC_1[CPU1515-2 PN]”→“监控与强制表”，双击“添加新监控表”添加新监控表，编写新监控表，如图 7-88 所示。

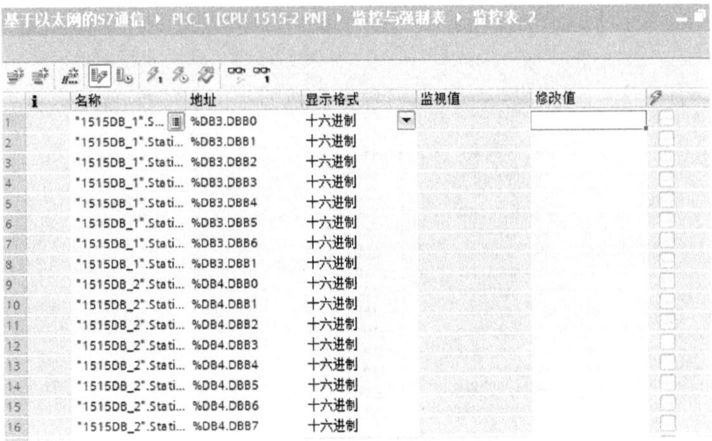
基于以太网的S7通信 ▸ PLC_1 [CPU 1515-2 PN] ▸ 监控与强制表 ▸ 监控表_2

	i	名称	地址	显示格式	监视值	修改值
1		"1515DB_1".S...	%DB3.DBB0	十六进制		
2		"1515DB_1".Stati...	%DB3.DBB1	十六进制		
3		"1515DB_1".Stati...	%DB3.DBB2	十六进制		
4		"1515DB_1".Stati...	%DB3.DBB3	十六进制		
5		"1515DB_1".Stati...	%DB3.DBB4	十六进制		
6		"1515DB_1".Stati...	%DB3.DBB5	十六进制		
7		"1515DB_1".Stati...	%DB3.DBB6	十六进制		
8		"1515DB_1".Stati...	%DB3.DBB1	十六进制		
9		"1515DB_2".Stati...	%DB4.DBB0	十六进制		
10		"1515DB_2".Stati...	%DB4.DBB1	十六进制		
11		"1515DB_2".Stati...	%DB4.DBB2	十六进制		
12		"1515DB_2".Stati...	%DB4.DBB3	十六进制		
13		"1515DB_2".Stati...	%DB4.DBB4	十六进制		
14		"1515DB_2".Stati...	%DB4.DBB5	十六进制		
15		"1515DB_2".Stati...	%DB4.DBB6	十六进制		
16		"1515DB_2".Stati...	%DB4.DBB7	十六进制		

图 7-88　S7-1515 CPU 监控表

单击“全部监视”，可以看到监视值为 16#00，如图 7-89 所示。

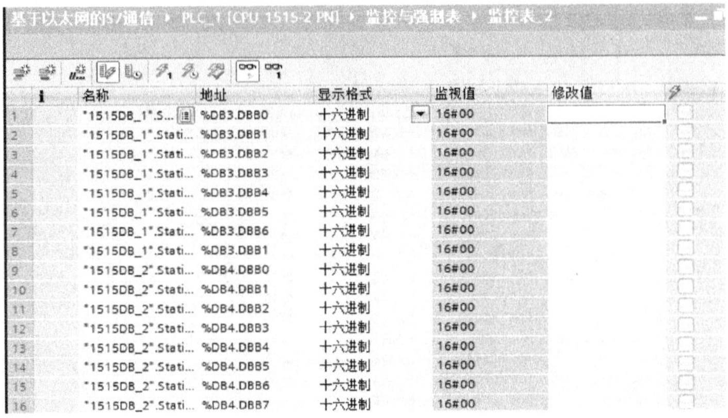
基于以太网的S7通信 ▸ PLC_1 [CPU 1515-2 PN] ▸ 监控与强制表 ▸ 监控表_2

	i	名称	地址	显示格式	监视值	修改值
1		"1515DB_1".S...	%DB3.DBB0	十六进制	16#00	
2		"1515DB_1".Stati...	%DB3.DBB1	十六进制	16#00	
3		"1515DB_1".Stati...	%DB3.DBB2	十六进制	16#00	
4		"1515DB_1".Stati...	%DB3.DBB3	十六进制	16#00	
5		"1515DB_1".Stati...	%DB3.DBB4	十六进制	16#00	
6		"1515DB_1".Stati...	%DB3.DBB5	十六进制	16#00	
7		"1515DB_1".Stati...	%DB3.DBB6	十六进制	16#00	
8		"1515DB_1".Stati...	%DB3.DBB1	十六进制	16#00	
9		"1515DB_2".Stati...	%DB4.DBB0	十六进制	16#00	
10		"1515DB_2".Stati...	%DB4.DBB1	十六进制	16#00	
11		"1515DB_2".Stati...	%DB4.DBB2	十六进制	16#00	
12		"1515DB_2".Stati...	%DB4.DBB3	十六进制	16#00	
13		"1515DB_2".Stati...	%DB4.DBB4	十六进制	16#00	
14		"1515DB_2".Stati...	%DB4.DBB5	十六进制	16#00	
15		"1515DB_2".Stati...	%DB4.DBB6	十六进制	16#00	
16		"1515DB_2".Stati...	%DB4.DBB7	十六进制	16#00	

图 7-89　S7-1515 CPU 监视值

单击“在线”→“扩展模式”，可以打开监控表的扩展模式，如图 7-90 所示。

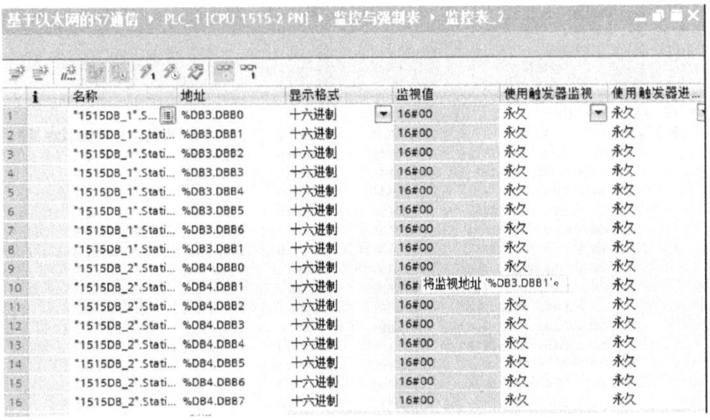
基于以太网的S7通信 ▸ PLC_1 [CPU 1515-2 PN] ▸ 监控与强制表 ▸ 监控表_2

	i	名称	地址	显示格式	监视值	使用触发器监视	使用触发器进...
1		"1515DB_1".S...	%DB3.DBB0	十六进制	16#00	永久	永久
2		"1515DB_1".Stati...	%DB3.DBB1	十六进制	16#00	永久	永久
3		"1515DB_1".Stati...	%DB3.DBB2	十六进制	16#00	永久	永久
4		"1515DB_1".Stati...	%DB3.DBB3	十六进制	16#00	永久	永久
5		"1515DB_1".Stati...	%DB3.DBB4	十六进制	16#00	永久	永久
6		"1515DB_1".Stati...	%DB3.DBB5	十六进制	16#00	永久	永久
7		"1515DB_1".Stati...	%DB3.DBB6	十六进制	16#00	永久	永久
8		"1515DB_1".Stati...	%DB3.DBB1	十六进制	16#00	永久	永久
9		"1515DB_2".Stati...	%DB4.DBB0	十六进制	16#00	永久	永久
10		"1515DB_2".Stati...	%DB4.DBB1	十六进制	16# 将监视地址 '%DB3.DBB1'。		永久
11		"1515DB_2".Stati...	%DB4.DBB2	十六进制	16#00	永久	永久
12		"1515DB_2".Stati...	%DB4.DBB3	十六进制	16#00	永久	永久
13		"1515DB_2".Stati...	%DB4.DBB4	十六进制	16#00	永久	永久
14		"1515DB_2".Stati...	%DB4.DBB5	十六进制	16#00	永久	永久
15		"1515DB_2".Stati...	%DB4.DBB6	十六进制	16#00	永久	永久
16		"1515DB_2".Stati...	%DB4.DBB7	十六进制	16#00	永久	永久

图 7-90　打开扩展模式

单击"项目树"→"PLC_2［CPU1214C DC/DC/DC］"→"监控与强制表"，双击"添加新监控表"添加新监控表，编写新监控表，如图7-91所示。

图 7-91　S7-1214 CPU 监控表

单击 全部监视，可以看到监视值为 16#00，如图 7-92 所示。

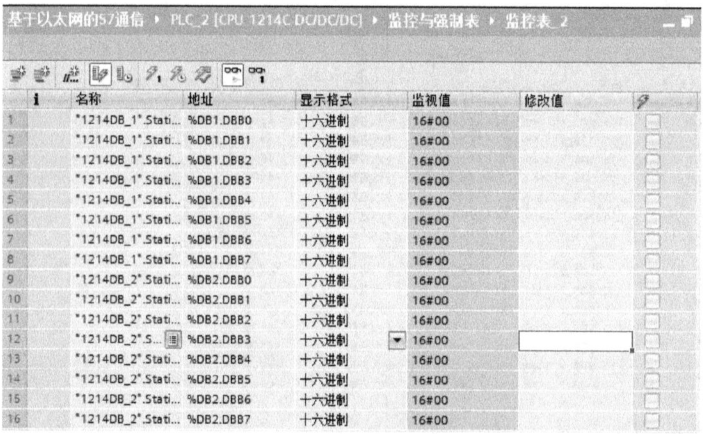

图 7-92　S7-1214 CPU 监视值

单击"在线"→"扩展模式"，可以打开监控表的扩展模式，如图 7-93 所示。

图 7-93　打开扩展模式

在地址栏为 DB2 与 DB3 所在的修改值处输入要设定的值，以 DB2 为例，如图 7-94 所示。

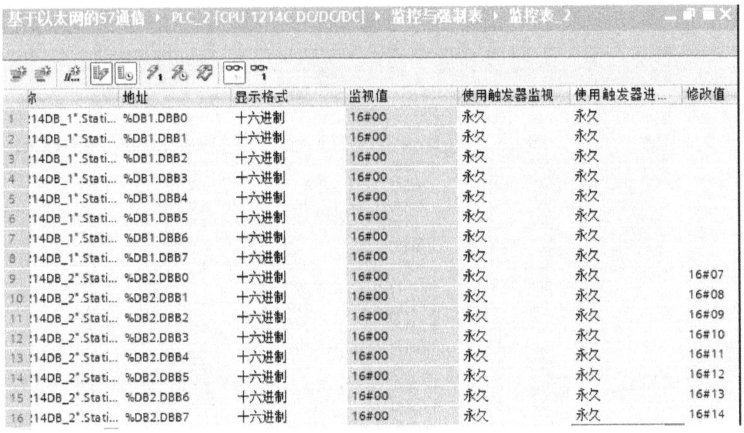

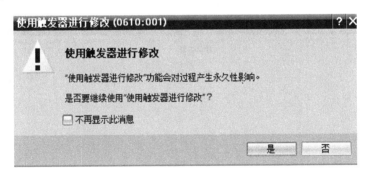

图 7-94 输入修改值

单击"在线"→"修改"→"使用触发器进行修改"，在"使用触发器进行修改"对话框中选择"是"，对 DB2 中的数据进行修改，如图 7-95 所示。注意，要在 RUN 模式下修改，如图 7-96 所示。

使用触发器进行修改 (0610:001)

⚠ **使用触发器进行修改**

"使用触发器进行修改"功能会对过程产生永久性影响。

是否要继续使用"使用触发器进行修改"？

☐ 不再显示此消息

[是] [否]

图 7-95 使用触发器进行修改

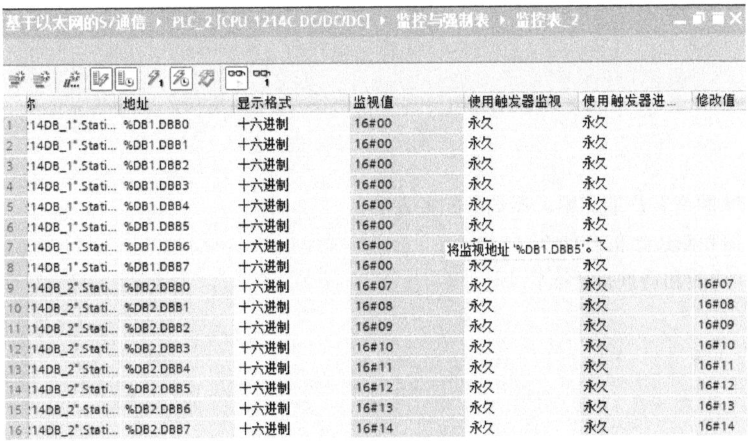

207

图 7-96 使用触发器修改

如果不使用"扩展模式",将不能使用"使用触发器修改"。此时调出地址栏为 DB4 所在监控表,会发现地址栏为 DB4 中所有监视值与修改后的地址栏为 DB2 中监视值一致,如图 7-97 所示。

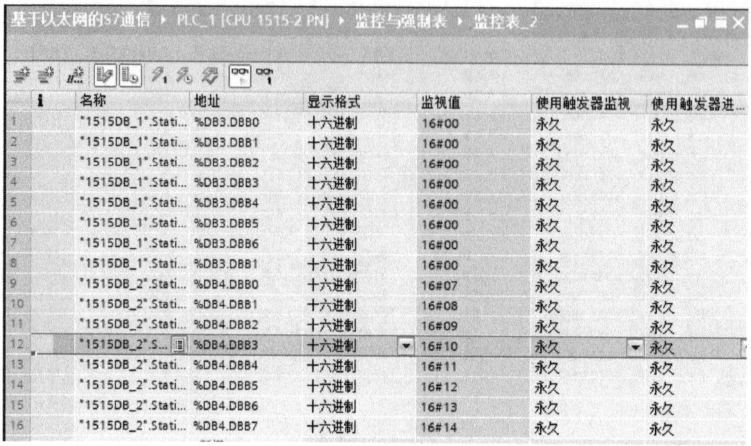

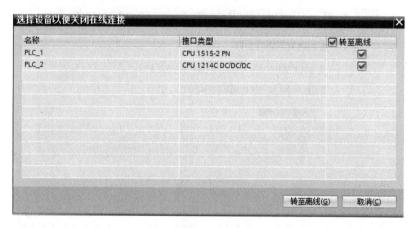

图 7-97　地址栏为 DB4 中监视值改变

单击 ![转至离线图标] **转至离线** 转至离线,在弹出的"选择设备以便关闭在线连接"对话框中,勾选 PLC_1 和 PLC_2 后,单击"转至离线"按钮,如图 7-98 所示。

图 7-98　转至离线操作

习　题

7.1　简述 C/S 网络客户端和服务器端的配置方法。

7.2　单边通信和双边通信有什么区别?

7.3　S7-1500 功能和特点是什么?

第 8 章

西门子公司OPC技术

8.1 OPC 简介

8.1.1 OPC 概念

OLE（Object Linking and Embedding，对象连接与嵌入）是微软公司为 Windows 系统、应用程序间的数据交换而开发的技术。OPC（OLE for Process Control，用于过程控制的 OLE）是嵌入式过程控制标准，规范以 OLE/DCOM 为技术基础，是用于服务器/客户端连接的统一而开放的接口标准和技术规范。

在 OPC 之前，需要使用软件应用程序控制不同供应商的硬件。存在多种不同的系统和协议，用户必须为每一家供应商和每一种协议订购特殊的软件，才能存取具体的接口和驱动程序。因此，用户程序取决于供应商、协议或系统。OPC 具有统一和非专有的软件接口，在自动化工程中具有强大的数据交换功能。

OPC 是从数据来源提供数据并以标准方式将数据传输至任何客户端应用程序的机制。目前供应商开发出一种可重新使用、高度优化的服务器，与数据来源通信，并保持从数据来源/设备有效地存取数据的机制，为服务器提供 OPC 接口允许任何客户端存取设备。

OPC 将数据来源提供的数据以标准方式传输至任何客户端应用程序。OPC 是一种开放式系统接口标准，可允许在自动化/PLC 应用、现场设备和基于 PC 的应用程序（例如 HMI 或办公室应用程序）之间进行简单的标准化数据交换。定义工业环境中各种不同应用程序的信息交换，它工作于应用程序的下方。用户可以在 PC 上监控、调用和处理 PLC 的数据和事件。

8.1.2 服务器与客户端的概念

OPC 数据项是 OPC 服务器与数据来源的连接，所有与 OPC 数据项的读写存取均通过包含 OPC 项目的 OPC 群组目标进行。同一个 OPC 项目可包含在几个群组中。当某个变量被查询时，对应的数值会从最新进程数据中获取并被返回，这些数值可以是传感器、控制参数、状态信息或网络连接状态的数值。OPC 的结构由 3 类对象组成：服务器、组和数据项。

1）OPC 服务器：提供数据的 OPC 元件被称为 OPC 服务器。OPC 服务器向下对设备数据进行采集，向上与 OPC 客户端应用程序通信完成数据交换。

2）OPC 客户端：使用 OPC 服务器作为数据源的 OPC 元件称为 OPC 客户端。

8.1.3 OPC 数据访问

OPC 服务器支持两种类型的数据读取：同步读写（Synchronous read/write）和异步读写（Asynchronous read/write）。

同步读写：OPC 的客户端向服务器发出一个读/写请求，然后不再继续执行，一直等待直到收到服务器发给客户端的返回值，OPC 客户端才会继续执行下面的程序。

异步读写：OPC 的客户端向服务器发出一个读/写请求，在等待返回值的过程中，可以继续执行下面的程序，直到服务器数据准备好后，向客户端发出一个返回值，在回调函数中客户端处理返回数值，然后结束此次读/写过程。

同步读/写数据存取速度快、编程简单、无需回调，但需要等待返回结果。异步读写无需等待返回值，可以同时处理多个请求。

8.2 基于以太网的 OPC 通信

8.2.1 TIA Portal 组态 PC station 与 S7-1200 基于以太网的 S7 通信

附录 8.2.1 TIA Portal 组态 PC station 与 S7-1200 基于以太网的 S7 通信实例

下面我们进行 PC station 与 S7-1200 基于以太网的 S7 通信实例。此实例组态见附录 8.2.1。

1. 在 TIA V15 中组态 PC station 与 S7-1200 PLC

在 TIA Portal V15 中创建新项目"基于以太网的 OPC 通信"，单击"创建"按钮，如图 8-1 所示。

单击"新手上路"→"创建 PLC 程序"，进入 PLC 的编程界面，如图 8-2 所示。

在"PLC 编程"中添加设备，单击 添加项目中的 PLC，如图 8-3 所示。

图 8-1 创建新项目

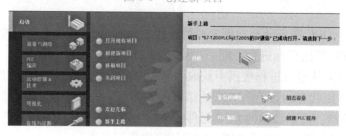

图 8-2 创建 PLC 程序

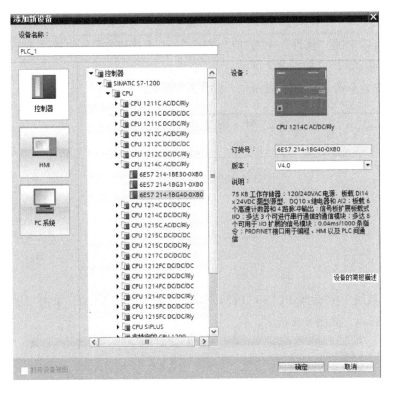

图 8-3　在 PLC 编程中添加设备

单击"控制器"→"SIMATIC S7-1200"→"CPU"→"CPU1214C AC/DC/Rly"→"6ES7 214-1BG40-0XB0",版本号选择 V4.0,单击"确定"按钮,添加 S7-1200 PLC,如图 8-4 所示。

图 8-4　添加 S7-1200 PLC

双击 Main 的图标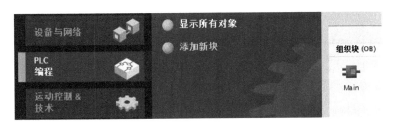,进入 TIA Portal V15 的"项目视图",如图 8-5 所示。

211

图 8-5　双击 Main 图标

单击"项目树"→"PLC_1〔CPU1214C AC/DC/Rly〕",双击"设备组态",可以见到 CPU 模块,单击信息窗口中的"属性"→"PROFINET 接口〔X1〕",设置 S7-1214 CPU 的 IP 地址为 192.168.0.1,子网掩码为 255.255.255.0,添加一个新子网 PN/IE_1,如图 8-6 所示。

单击"项目树"→"PLC_1〔CPU1214C AC/DC/Rly〕",双击"设备组态",选择 CPU 模

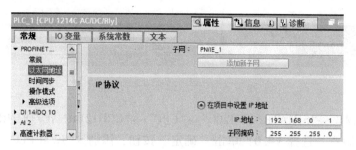

图 8-6 设置 S7-1214 CPU 的 IP 地址并添加新子网

块，单击信息窗口中的"属性"→"防护与安全"→"连接机制"，勾选"允许来自远程对象的 PUT/GET 通信访问"，如图 8-7 所示。

在项目树中，双击"添加新设备"，如图 8-8 所示。

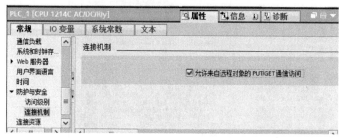

图 8-7 S7-1214 CPU 允许访问的设施　　　　　图 8-8 双击"添加新设备"

单击"PC 系统"→"常规 PC"→"PC station"，版本选择 V1.0。单击"确定"按钮，添加新设备 PC station，如图 8-9 所示。

图 8-9 添加新设备 PC station

单击"项目树"→"PC station［SIMATIC PC station］"，双击"设备组态"，单击"硬件目录"→"用户应用程序"，双击"OPC 服务器"添加 OPC server_1，单击"硬件目录"→"通信模块"→"PROFINET/Ethernet"，双击"常规 IE"添加 IE general_1，如图 8-10 所示。

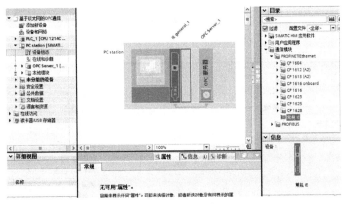

图 8-10　添加 OPC server_1 与 IE general_1

单击"项目树"→"PC station［SIMATIC PC station］"，双击"设备组态"，单击"IE general_1"，出现信息窗口，单击信息窗口中的"属性"→"PROFINET 接口［X1］"，设置 IE general_1 的 IP 地址为 192.168.0.100，子网掩码为 255.255.255.0，并添加一个新子网 PN/IE_1，如图 8-11 所示。

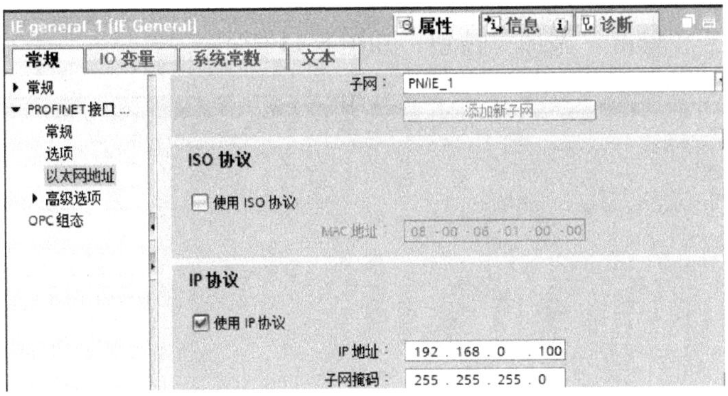

图 8-11　设置 IE general_1 的 IP 地址并添加新子网

单击"项目树"→"PC station［SIMATIC PC station］"，双击"设备组态"打开网络视图，单击 ,"选择"S7 连接"，如图 8-12 所示。

图 8-12　S7 通信的网络连接

右击"OPC Server",选择"添加新连接",如图 8-13 所示。

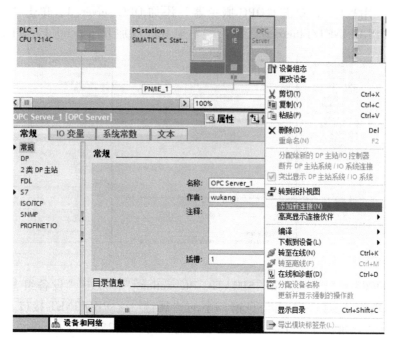

图 8-13　添加新连接

单击"未指定",单击"添加"按钮,如图 8-14 所示。

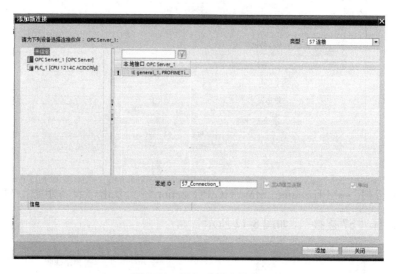

图 8-14　添加未指定伙伴

添加完成后单击"关闭"按钮,单击"S7_Connection_1",单击信息窗口中的"属性"→"常规",输入伙伴的 IP 地址 192. 168. 0. 1,如图 8-15 所示。

单击"S7_Connection_1",单击信息窗口中的"属性"→"地址详细信息",设置伙伴的 TSAP 为 03. 00 或 03. 01,这里以 03. 00 为例,如图 8-16 所示。

单击"项目树"→"PC station［SIMATIC PC station］",双击"设备组态",单击"PC station",出现信息窗口,单击信息窗口中的"属性"→"SIMATIC PC station",勾选"生成

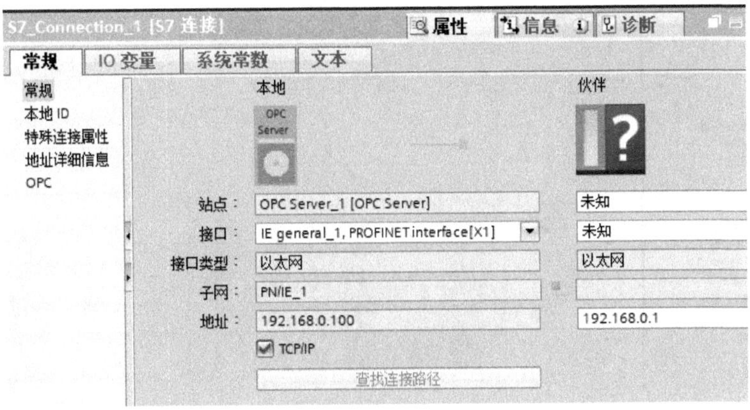

图 8-15　设置伙伴 IP 地址

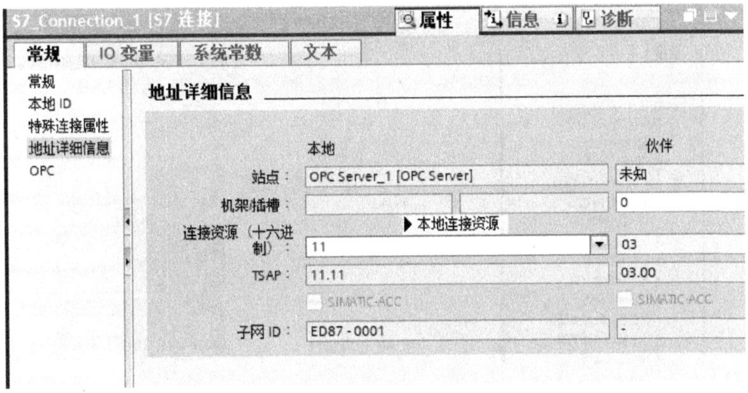

图 8-16　设置伙伴的 TSAP

XDB 文件"，XDB 文件路径自定义（建议生成在桌面），如图 8-17 所示。

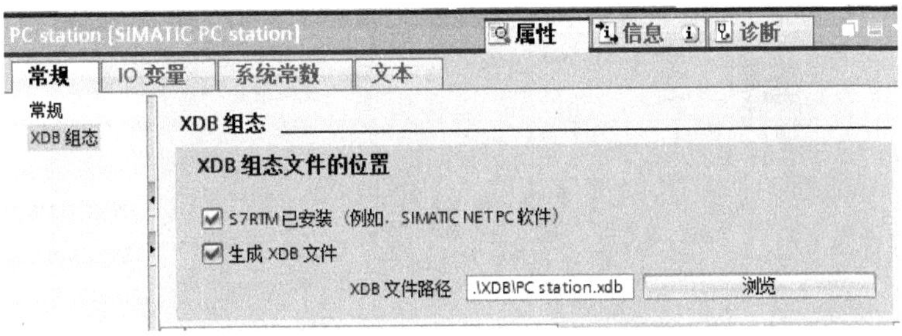

图 8-17　生成 XDB 文件

单击"项目树"→"PC station［SIMATIC PC station］"→"PC station"，单击⬛编译，如图 8-18 所示。

编译完成后，会在所选路径处生成一个 XDB 文件，如图 8-19 所示。

单击"项目树"→"PLC_1［CPU1214C AC/DC/Rly］"，双击"设备组态"，单击⬛下载，把 S7-1214 CPU 程序下载至对应的 PLC，如图 8-20 所示。

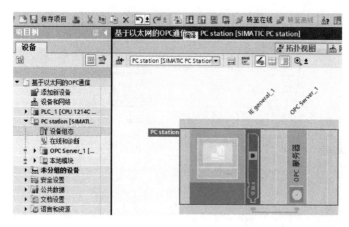

图 8-18　编译 PC station

图 8-19　生成的 XDB 文件

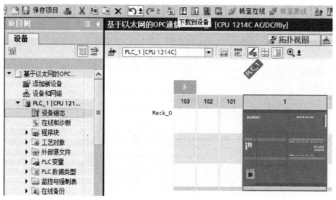

图 8-20　下载 S7-1214 CPU 程序至对应的 PLC

选择"接口/子网的连接"为"插槽 1 X1 处的方向",单击"开始搜索"按钮,搜索到设备后,单击"下载"按钮,如图 8-21 所示。

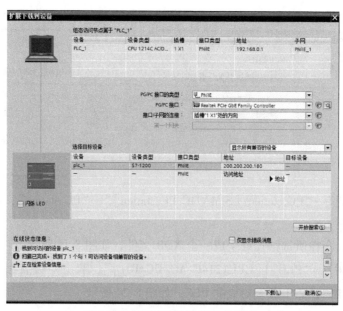

图 8-21　搜索 S7-1214 PLC 并下载

单击"装载"按钮，如图 8-22 所示。

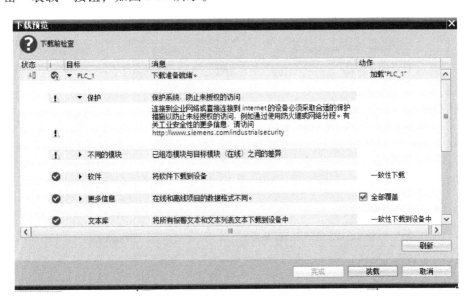

图 8-22 装载程序至 S7-1214 PLC

单击"完成"按钮，如图 8-23 所示。

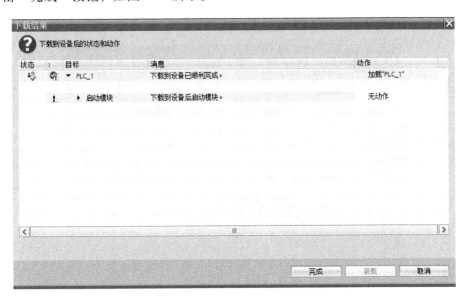

图 8-23 完成程序装载至 S7-1214 PLC

2. 创建一个虚拟的 PC station 硬件机架

通过"Station Configuration Editor"创建一个虚拟的 PC station 硬件机架，以便在 TIA V15 中组态的 PC station 下载到这个虚拟的 PC station 硬件机架中去。

设置本地 IP 地址为 192.168.0.100，子网掩码为 255.255.255.0，与前面组态的 PC station 的 IE general_1 地址一致。

双击桌面上的图标，进入 PC station 硬件机架组态界面，如图 8-24 所示。

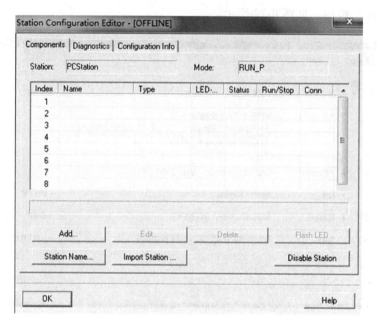

图 8-24　PC station 硬件机架组态界面

单击下方"Import Station"按钮，在弹出的对话框中选择"Yes"按钮，如图 8-25 所示。

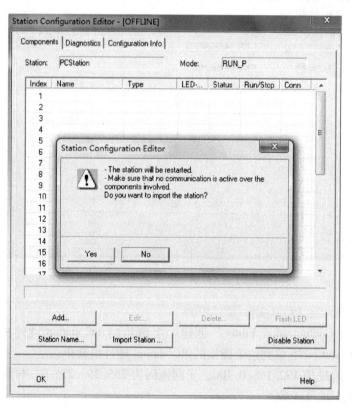

图 8-25　载入 PC station

选择之前生成的 XDB 文件，单击"打开"按钮，如图 8-26 所示。

图 8-26 选择 XDB 文件

在弹出的对话框中单击"OK"按钮，导入 XDB 文件，如图 8-27 所示。

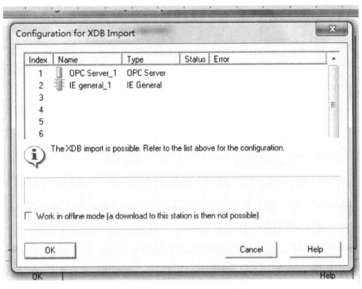

图 8-27 导入 XDB 文件

导入后的 Station Configuration Editor 如图 8-28 所示，█图标表明组件已配置下载，显示为 █，表明组件可运行，█图标表示连接已组态下载。

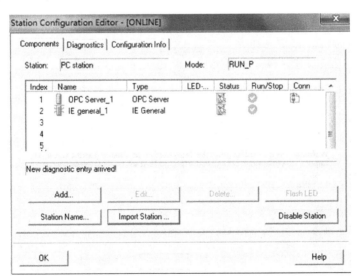

图 8-28 导入后的 Station Configuration Editor

3. 使用 OPC Scout V10 测试 S7 OPC Server

SIMATIC NET 自带 OPC Client 端软件 OPC Scout，可以使用这个软件测试所组态的 OPC Server。通过单击左下角的 "开始"→"Siemens Automation"→"SIMATIC NET"→"OPC Scout V10" 启动进行测试。

单击 "COM server"→"Local COM server"→"OPC.SimaticNET"→"S7_Connection_1"→ "objects"→"M"，双击 "New Definition"，添加一个新的 M 变量，如图 8-29 所示。

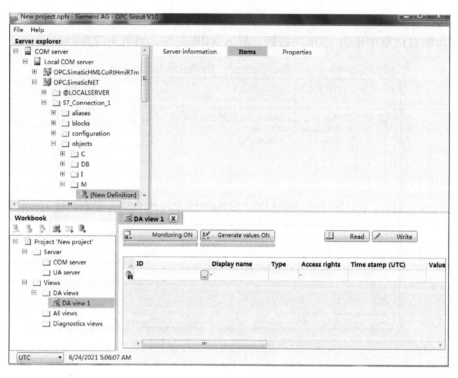

图 8-29　添加一个新的 M 变量

为变量选择数据类型、起始地址、数据长度，完成后单击 "OK" 按钮，如图 8-30 所示。

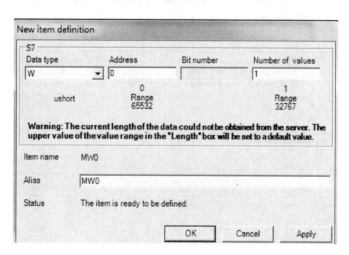

图 8-30　选择数据类型、起始地址、数据长度

按住新建的变量MW0，拖拽至DA view1工作本中，单击"Monitoring ON"按钮，可以看到通信质量为"good"，说明所有组态正确，OPC通信成功，如图8-31所示。

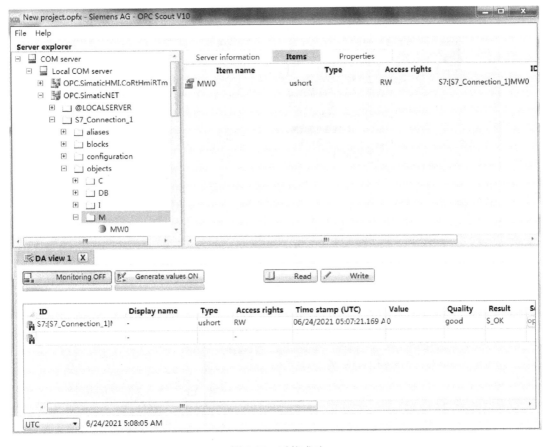

图8-31　通信成功

如果通信质量为"bad"，则说明通信失败，需要检查软件组态及硬件连接是否正确。

8.2.2　SIMATIC NET 与 S7-200 SMART OPC 通信

该实例主要实现的是SIMATIC NET与S7-200 SMART进行OPC通信，所需硬件为一台S7-200 SMART和一台带网卡的计算机，所需软件为STEP 7-Micro/WIN SMART V2. 1、STEP 7 Professional（TIA Portal V13 SP1 Upd 9）和SIMATIC NET V13 SP2，计算机操作系统为Windows 7 Professional 64位。此实例组态见附录8.2.2。

附录8.2.2　SIMATIC NET 与 S7-200 SMART OPC 通信实例

1.　在 TIA Portal 平台中配置 PC station

进入"项目视图"，在"项目树"下双击"添加新设备"，在对话框中选择"PC系统"→"常规PC"，命名为PC station，如图8-32所示。

进入"设备视图"→硬件"目录"→"用户应用程序"→"OPC服务器"，双击添加OPC服务器，如图8-33所示，进入"设备视图"→硬件"目录"→"通信模块"→"PROFINET/Ethernet"→"常规IE"，双击添加常规IE卡、添加子网、设置IP地址，如图8-34所示。

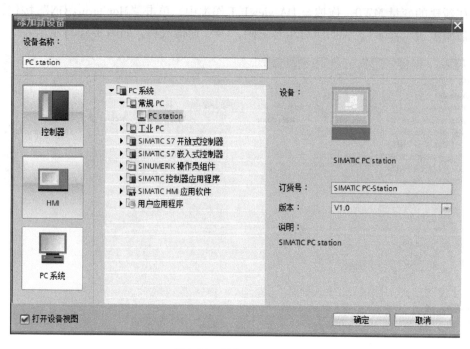

图 8-32 添加 PC station

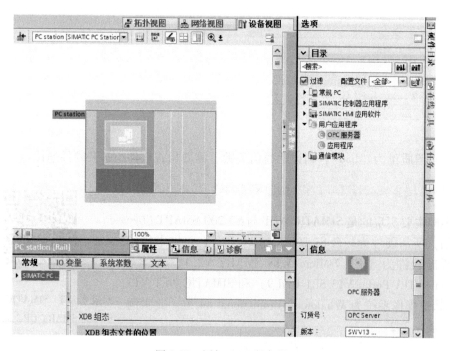

图 8-33 添加 OPC 服务器

　　打开网络视图，单击连接，选择 S7 连接，默认连接为 HMI 连接，需要修改；单击 OPC Server，右键添加新连接，如图 8-35 所示；创建新连接对话框选择未指定，本地接口选择 IE general，单击添加；选择"属性"→"常规"→"常规"，伙伴站点及接口设置为未知；伙伴 IP 地址设置为 192. 168. 0. 22（为 S7-200 SMART 集成以太网口的 IP 地址），如图 8-36 所示；

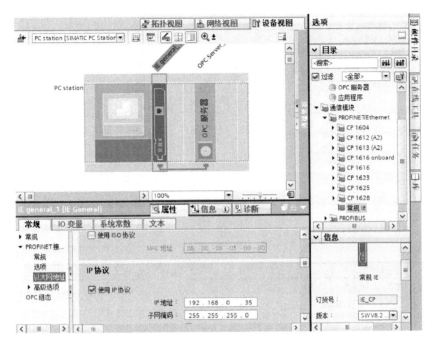

图 8-34　设置 IP 地址

选择"属性"→"常规"→"地址详细信息"，伙伴 TSAP 设置为 03.00，如图 8-37 所示。

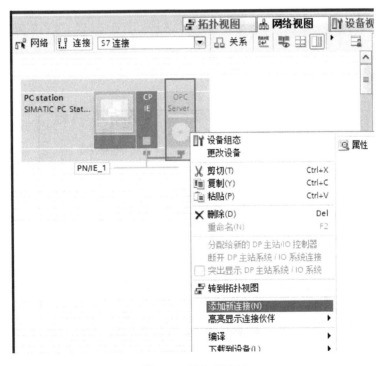

图 8-35　添加新连接

网络视图中，单击 PC station 站点，选择"属性"→"XDB 组态"，勾选"生成 XDB 文件"，然后将项目进行编译，如图 8-38 所示。

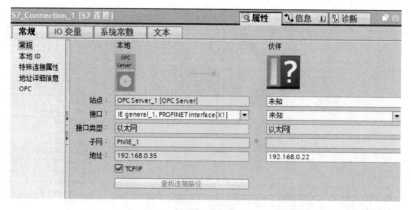

图 8-36　伙伴站点 IP 设置

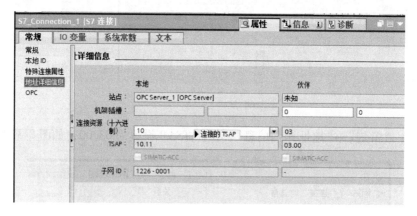

图 8-37　伙伴站点 TSAP 设置

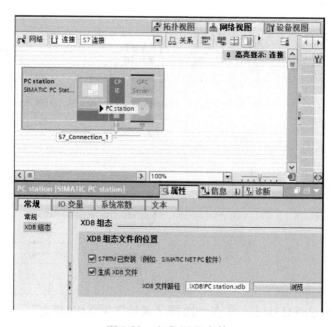

图 8-38　生成 XDB 文件

2. Station Configurator 中导入 XDB 组态文件

在计算机"开始"菜单中，搜索，输入关键字 Station Configurator，双击找到的软件；在打开的 Station Configuration Editor 中单击"Import Station"按钮，选择 XDB 存储路径导入，导入过程及结果如图 8-39 所示。

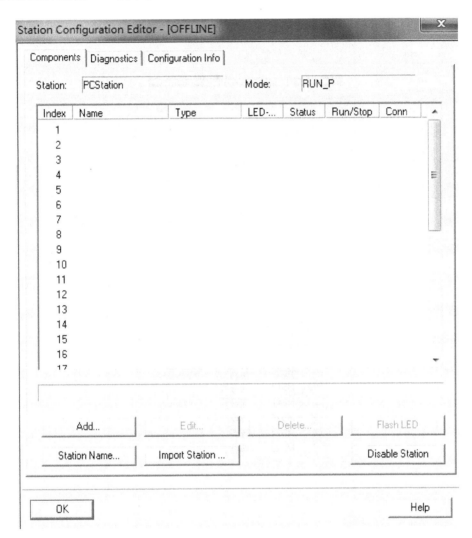

图 8-39 导入 XDB 文件

3. S7-200 SMART 侧设置 IP 地址

设置 S7-200 SMART PLC 的 IP 地址为 192.168.22，使用网线连接 PLC 的以太网口和计算机的以太网口。

4. 使用 OPC SCOUT 测试

在计算机"开始"菜单中，搜索 SIMATIC NET 的 OPC Scout V10，双击打开，建立变量：MB10、MB11、MD20、MD24 和 MD28，如图 8-40 所示。打开 STEP 7-Micro/WIN SMART，在状态表中赋值，如图 8-41 所示。

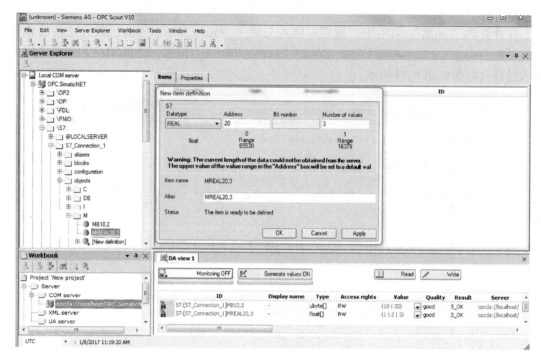

图 8-40　建立变量

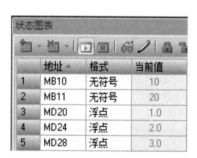

图 8-41　状态表赋值

习　　题

8.1　什么是 OPC 技术？OPC 支持哪几种数据类型的读取？

8.2　简述基于 PROFIBUS 的 OPC 服务器的建立。

8.3　试创建一个基于以太网的 OPC 通信项目工程。

第 **9** 章

西门子公司人机界面技术

9.1 人机界面简介

9.1.1 人机界面的基本概念

人机界面（Human-Machine Interface，HMI）是操作人员与 PLC 之间进行人机对话和相互作用的接口设备。近年来，HMI 的价格大幅下降，应用越来越广泛，已经成为现代工业控制系统不可缺少的设备之一。

过去用按钮、开关和指示灯等作 HMI 装置，它们提供的信息量少，而且操作困难，需要熟练的操作人员来操作。如用七段数字显示器来显示数字，用拨码开关来输入参数，占用的 PLC 的 I/O 点数多，硬件成本高，有时还需要自制印制电路板。

HMI 是操作人员通过输入单元（如触摸屏、键盘、鼠标等）写入工作参数或输入操作命令，与控制系统之间进行对话和相互作用的数字设备。HMI 装置是操作人员与 PLC 之间双向沟通的桥梁，很多工业被控对象要求控制系统具有很强的 HMI 功能，用来实现操作人员与计算机控制系统之间的对话和相互作用。HMI 装置用来显示 PLC 的 I/O 状态和各种系统信息、接收操作人员发出的各种命令和设置的参数，并将它们传送到 PLC。HMI 装置一般安装在控制屏上，能够适应恶劣的现场环境，可靠性好。在环境条件较好的控制室内可以用计算机作为 HMI 装置。

9.1.2 人机界面的分类

HMI 由硬件和软件共同组成：

1）HMI 硬件：一般分为运行组态软件程序的工控机（或 PC）和触摸屏两大类。

2）HMI 软件：运行于 PC Windows 操作系统下的组态软件，例如德国西门子公司的组态软件 WinCC，美国 WonderWare 公司的组态软件 InTouch；运行于西门子公司触摸屏中的组态软件 WinCC Flexible。

9.1.3 人机界面的功能

HMI 最基本的功能是显示现场设备（通常是 PLC）中开关量的状态和寄存器中数字变量的值，用监控画面向 PLC 发出命令，并修改 PLC 寄存器中的参数。

1）过程可视化（设备工作状态显示，如指示灯、按钮、文字、图形、曲线等）。

2）操作人员对过程的控制（数据、文字输入操作，打印输出）。

3）显示报警。

4）记录设备生产数据记录。

5）脚本（简单的逻辑和数值运算）。

6）通信（可连接多种工业控制设备组网）频率高的场合。

图 9-1 所示为一个具有集中功能的 HMI 监控系统，最上层是管理级的工控机，承担中心管理功能，它通过工业以太网与触摸屏相连。触摸屏处于现场级，主要完成现场控制功能，控制级的 PLC 通过 PROFIBUS 与触摸屏相连。

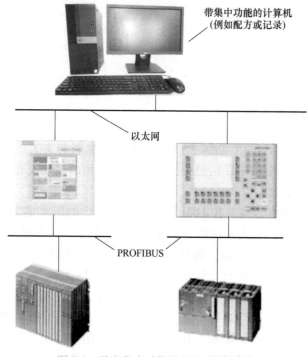

图 9-1　具有集中功能的 HMI 监控系统

图 9-2 所示为远程访问 HMI 设备系统。在 WinCC Flexible 中使用 Sm@ rtService 选件，可以通过网络（互联网、LAN）在地球的另一端从管理级工作站连接至 HMI 设备。

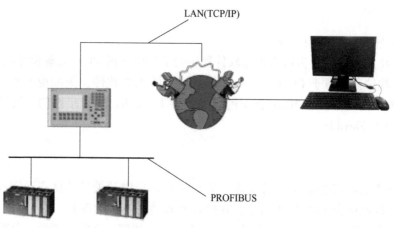

图 9-2　远程访问 HMI 设备系统

9.2　基于触摸屏的监控网络

9.2.1　触摸屏简介

1. 简介

触摸屏作为一种新型计算机输入设备，它是目前最简单、方便、自然的一种人机交互方式。它赋予了多媒体崭新的面貌，是极富吸引力的全新多媒体交互设备。触摸屏输入是靠触摸显示器的屏幕来输入数据的一种新颖的输入技术。它操作方式简单，使用者无须再通过键盘和鼠标，仅用手指触摸屏幕上的图形、表格或提示标志，便可从屏幕上得到所需的多种信息。它的优点是操作简便直观、图像清晰、坚固耐用及节省空间，它可配用于一切电子显示器，并可与显示器制成一体，人机交互性好、操作方便、使用灵活、效率高及输入速度快。

2. 原理和分类

触摸屏系统一般包括两个部分：触摸检测装置和触摸屏控制器。触摸检测装置安装在显示器屏幕前面，用于检测用户触摸位置，接收后送触摸屏控制器。触摸屏控制器的主要作用是从触摸点检测装置上接收触摸信息，并将它转换成触点坐标，再送给 CPU，它同时能接收 CPU 发来的命令并加以执行。

目前主要有以下类型的触摸屏，它们分别是电阻式（双层）、表面电容式、感应电容式、表面声波式、红外式、弯曲波式、有源数字转换器式和光学成像式。它们又可以分为两类：一类需要 ITO（铟锡氧化物），比如前 3 种触摸屏；另一类不需要 ITO，比如后几种屏。目前市场上，使用 ITO 材料的电阻式触摸屏和电容式触摸屏应用最广泛。ITO 是一种透明的导电体，通过调整铟和锡的比例、沉积方法、氧化程度以及晶粒的大小可以调整这种物质的性能。

3. 应用

触摸屏技术方便了人们对计算机的操作使用，是一种极有发展前途的交互式输入技术。世界各国对此普遍给予重视，并投入大量的人力、物力进行研发，新型触摸屏不断涌现。触摸屏在我国的应用范围非常广阔，主要是公共信息的查询，如电信局、税务局、银行、电力等部门的业务查询，城市街头的信息查询，此外应用于办公、工业控制、军事指挥、电子游戏、点歌点菜、多媒体教学、房地产预售等。

触摸屏的发展呈现专业化、多媒体化、立体化和大屏幕化等趋势。随着信息社会的发展，人们需要获得各种各样的公共信息。以触摸屏技术为交互窗口的公共信息传输系统，通过采用先进的计算机技术，运用文字、图像、音乐、解说、动画、录像等多种形式，直观、形象地把各种信息介绍给人们，给人们带来极大的方便。随着触摸屏技术的迅速发展，触摸屏的应用领域会越来越广，性能会越来越好。

4. 使用基础

图 9-3 所示为项目的组态阶段和运行阶段网络示意图。在项目组态阶段，通过组态计算机（PC），在组态软件 WinCC Flexible 平台上创建项目和编辑项目。WinCC Flexible 还提供了模拟运行系统，可以实现离线测试项目，即没有实际的触摸屏也可以完成功能测试。这个模拟仿真功能大大方便了开发人员。

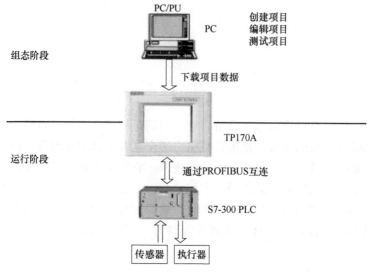

图 9-3　网络示意图

　　将组态好的项目下载到触摸屏中。以 TP170A 为例，给触摸屏上电后，自动转到"Loader"（装载）对话框，打开装载对话框（见图 9-4）。单击"Config"（设置）按钮，打开"Transfer Settings"（传送设置）对话框（见图 9-5），设置下载项目所用的协议，默认为串口传送，直接通过串行电缆下载项目，串行电缆引脚连接图如图 9-6 所示。

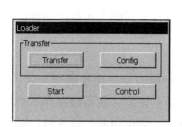

图 9-4　装载对话框

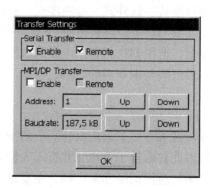

图 9-5　传送设置对话框

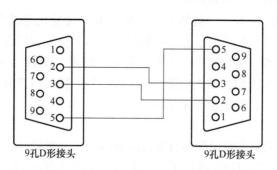

图 9-6　串行电缆引脚连接图

下载方式也可以选用"MPI/DP Transfer"（MPI/DP 传送），则必须在组态计算机中插有通信卡（例如 CP5611），传送设置对话框如图 9-7 所示。在"Address"项中设置触摸屏的地址，一般默认为 1。传输速度一般为 187.5kbit/s，在"Baudrate"中设置，这个速度要与组态计算机中设置的下载速度一致。单击"OK"按钮，完成传送设置。

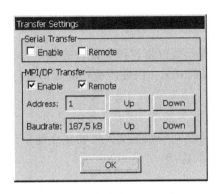

图 9-7 传送设置对话框

在项目运行阶段，触摸屏 TP170A 与 PLC 通过 RS485 通信口连接。利用 PROFIBUS 电缆连接，实现与 PLC 通信。通过 PLC 完成数据采集和设备控制，并将系统设备的实时状态在触摸屏上显示出来。

9.2.2 组态软件 WinCC Flexible 基础

1. WinCC Flexible 简介

WinCC Flexible 组态软件适用于从单用户、多用户到基于网络的工厂自动化控制和监视。几乎所有的西门子公司触摸屏都可使用。ProTool 适用于单用户系统，逐渐被 WinCC Flexible 取代。WinCC Flexible 简单、灵活、高效、易于上手，用于面向机器和过程的应用，并能实现满足不同级别和性能的设备的操作与运行。WinCC Flexible 使自动化过程更加透明，组态更加简单，反应更加迅速，同时减少了现场的操作人员。即使在复杂的工作环境下，HMI 也能确保可靠的信息交换。

2. WinCC Flexible 的系统组成与功能

通过使用 WinCC Flexible，可以实现个性化人机界面，应用于不同的行业、不同的用户。一次创建画面模块，可以多次重复使用，同时使用各种智能工具，可以使开发组态更加容易。也可以通过使用 Visual Basic 脚本来动态显示对象，方便访问文本、图形或条形图等屏幕对象属性。WinCC Flexible 提供的单独接口，如 OPC 和用于过程控制的 OLE，可用于集成自动化解决方案到具有不同设备的工厂中或办公环境中。Sm@ rtAccess 选件提供系统对过程数据直接访问的支持。另外，还可以在中央管理控制中心集中分析归档过程值数据或从操作员站观察机器设备状态。Sm@ rtService 选件允许通过 Web 进行控制、诊断和服务，通过 Email 或文本短信发送重要的报警给维护人员，这样通过 HMI 实现远程的信息交换。

HMI 系统承担下列任务：

1）过程可视化：过程显示在 HMI 设备上，HMI 设备上的画面可根据过程变化动态更新。

2）操作人员对过程的控制：操作人员可以通过 GUI（图形用户界面）来控制过程。例如，操作人员可以预置控件的参考数值或者起动电动机。

3）显示报警：当超出设定值时，会自动触发报警。

4）归档过程值和报警：可以记录报警和过程值，该功能使用户记录过程顺序，并检索以前的生产数据。

5）过程值和报警记录：可以输出报警和过程值报表。例如，用户可以在某一轮班结束时打印输出生产数据。

6）过程和设备的参数管理：可以将过程和设备的参数存储在配方中。例如，可以一次性将这些参数从 HMI 设备下载到 PLC，以便改变产品版本进行生产。

9.2.3　WinCC Flexible 过程通信

WinCC Flexible 与自动化层之间的数据交换需要建立通信连接才能进行。在集成的项目中，可以创建与下列应用程序的连接。

1. WinCC Flexible

在 WinCC Flexible 软件中，可以创建新的通信连接或编辑现有的通信连接。可以使用许多预先安装的通信驱动程序，根据连接的 PLC 类型的不同，选择合适的驱动程序。图 9-8 所示是通信连接示意图，与触摸屏相连的有 3 个 PLC、1 个 S7-300 和 2 个 S7-200，分别对应不同的通信驱动程序。

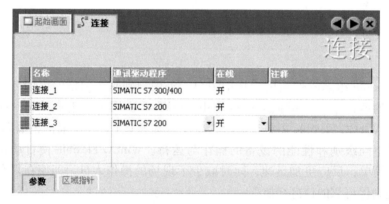

图 9-8　通信连接示意图

在与 S7 集成的项目中，编辑器中还包含"站""伙伴"和"节点"的列以用于连接组态。创建连接时，从选择列表中选择站、伙伴和连接节点。在 STEP 7 中自动接收所需的连接参数。组态完成后，必须保存项目。在 WinCC Flexible 中组态的连接将不会传送给 NetPro，只能使用 WinCC Flexible 进行编辑。

如图 9-8 所示，单击"连接_3"，打开通信参数设置界面（见图 9-9），选择触摸屏 TP 270 的"IF1B"接口，此接口遵循 RS485 协议，可以连接 MPI 网络或 PROFIBUS 网络。具体的设置和修改通信参数可以在参数框部分完成，如图 9-9 所示，设置 IF1B 接口以及 HMI 的波特率、PLC 地址和网络类型等。

也可以选择触摸屏 TP 270 的 ETHERNET 接口，如图 9-10 所示，选择触摸屏和 PLC 的 IP 地址。此接口用于连接工业以太网。

2. NetPro

对于较大的项目，建议使用 NetPro。NetPro 是 STEP 7 中的一个组件，用于组态和设置

图 9-9 通信参数设置（一）

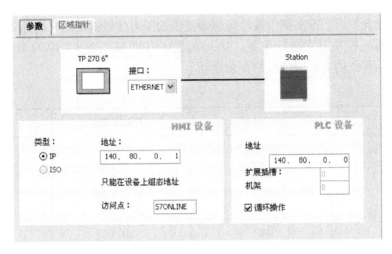

图 9-10 通信参数设置（二）

网络连接，支持在图形的界面上组态连接。启动 NetPro 时，将显示 STEP 7 项目中的设备和子网。NetPro 具有一个网络对象目录，可用来插入附加设备或子网。在 S7 集成的项目中，该目录还包含 SIMATIC HMI 站对象。使用拖放操作将对象从目录插入 NetPro 的工作区域中。使用拖放操作将各个站连接至子网。使用属性对话框组态节点和子网的连接参数，然后在 NetPro 中保存组态，以便更新 WinCC Flexible 项目中的数据管理。使用 NetPro 所组态的连接将只能在 WinCC Flexible 中读取。在 WinCC Flexible 中，将只能对连接进行重新命名或输入连接的注释以及将连接设置为"在线"。对连接本身进行编辑只能专门使用 NetPro 来进行。

9.2.4 应用举例

　　本节以一个小型项目为例，创建一个包括触摸屏和 PLC 的自动化项目，进一步熟悉使用 WinCC Flexible 软件的基本方法，以及 PLC 与触摸屏的通信设置。

　　此项目的组态见附录 9.24。

1. 项目要求

利用 TP170A 和西门子公司 S7-300 实现对某储油罐的控制，储油罐高为 100m，有 1 个

附录 9.2.4　创建一个包括触摸屏和 PLC 的自动化项目实例

进油阀和 1 个排油阀，油罐内部安装有液位传感器，用来采集实际油位。要求在触摸屏上实现下述控制功能：

1）在触摸屏上设置手动和自动转换开关。

2）在手动情况下，可分别控制进油阀和排油阀的开启与关闭，并可以读取储油罐实时液位值。

3）在自动情况下，当任意设定油位高度（小于 90m）后，且实际油位小于设定油位时，进油阀自动打开，开始给油罐进油。当实际油位值等于或大于设定油位值时，进油阀自动关闭。

2. 建立变量

根据项目的具体情况，设计需要的变量及意义，见表 9-1，其中包括了系统的 PLC 变量和 HMI 变量。表 9-1 中只列出了系统的过程变量，即与 PLC 进行数据交换的变量，在 PLC 中均有实际的地址，它的值随 PLC 程序的执行而改变。另外还有一些系统工作过程中的间接变量并没有在此罗列。本实例中液位传感器提供的压力信号输出的电流是 4～20mA，利用 PLC 的模拟量输入模块对它进行采集，I/O 地址为 PIW256。表 9-1 中的 MD4 变量是经过 PLC 程序运算后得出的实际液位值的存放地址。

表 9-1　系统变量表

序号	PLC 变量	HMI 变量	意义
1	PIW256	MD4	实际液位值
2	Q0.0	M1.0	开阀门 1
3	M1.1	M1.1	关阀门 1
4	Q0.1	M1.2	开阀门 2
5	M1.3	M1.3	关阀门 2
6	MD8	MD8	设定液位值
7	M1.7	M1.7	手动/自动转换开关

3. 在 WinCC Flexible 中组态项目

（1）新建变量

在"项目视图"中，双击"变量"，打开"变量编辑器"。根据表 9-1 创建 HMI 变量。

（2）制作画面并连接变量

建立两个画面，分别命名为"欢迎画面"和"油罐监控画面"。在画面中，设置可以在两个画面中互相切换的按钮。主要的组态工作都在"油罐监控画面"中，画面设置如图 9-11 所示。

在"油罐监控画面"中，需要生成多个组态元素。插入两个 IO 域，如图 9-12 所示是属性视图的常规项，设置模式为输入，分别与"设定液位值"变量和"实际液位值"变量相关联。插入 4 个按钮，分别命名为"开进油阀""关进油阀""开排油阀"和"关排油阀"。插入一个棒图，用于模拟显示储油罐。具体属性设置比较简单，在此省略。

另外，图 9-11 右上角的手动/自动转换开关来自工具库，目录为 button＿and＿switches/Monochrom（单色）/Rotary＿switches。图 9-11 中的阀门和连接管图形也来自工具库，具体目录是图形项中的 WinCC Flexible 图像文件夹 \ Symbol Factory Graphics \ Symbol-Factory 4 colors \ Pipes 和 Vavels。

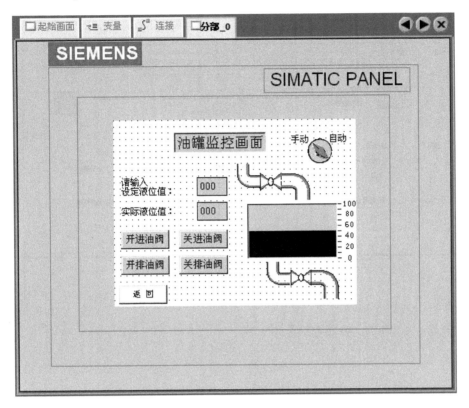

图 9-11 油罐监控画面

图 9-12 IO 域属性视图的常规项

235

（3）设置通信连接

需要设置 TP 170A 与 PLC 之间的通信连接。在"项目视图"中，双击"连接"，可打开相应的画面，如图 9-13 所示。新建连接，名称为"连接＿1"。在下面的"参数"选项中可以设置 HMI 设备、网络和 PLC 设备的具体参数。设置 HMI 设备的波特率为 187500bit/s，地址为 1，PLC 的 MPI 地址为 2（需要在 STEP 7 中做同样的设置），两者之间通过 MPI 网络互相通信。其他参数均使用默认值即可。

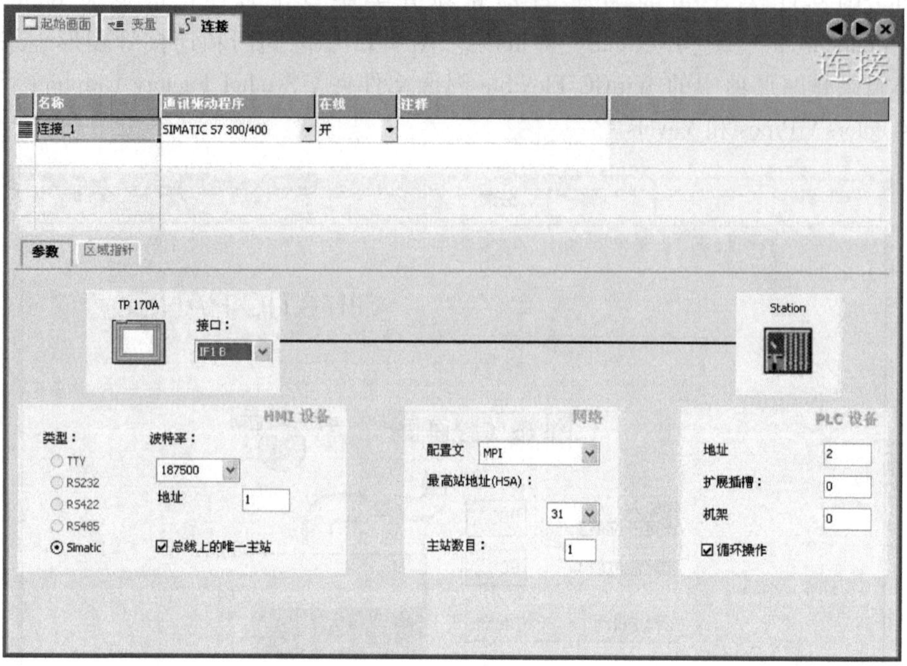

图 9-13 通信连接设置

9.3 基于 PC 的工业监控网络

9.3.1 工控机简介

随着大规模集成电路制造技术的高度发展，PC 硬件结构做得越来越小，CPU 的运行速度越来越高，存储容量越来越大。PC 大批量生产，成本大大降低，可靠性不断提高。因 PC 硬件和软件资源丰富、产量大、价格低，为广大技术人员所熟悉和认可。

目前，PC 占通用计算机 95% 以上，这是工控机的基础。工控领域的专家和技术人员自然想赋予 PC 总线更高的使命，希望让它在过程控制、制造自动化、楼宇自动化等方面扮演重要角色。工控机能在恶劣环境下（如高温、潮湿和振动等）长期可靠工作。台式工控机平均无故障时间（MTBF）为 10000~15000h。

尤其是在我国，作为与 DCS、PLC 成鼎足之势的工业 PC 市场在逐渐扩大。随着实时操作系统、编程语言等的较好解决，工业 PC 将得到更好发展。各大 PLC 制造厂家，如西门子公司、Rockwell Automation 公司、GE Fanuc 公司、三菱电机公司均已推出各自品牌的工业 PC 产品。权威人士指出"PLC 时代肯定已经过去"，虽然 PLC 的功能依然保留，但形式可能已变化。

9.3.2 组态软件 WinCC 基础

1. WinCC 简介

WinCC 是 Windows Control Center 的简称，是西门子公司和微软公司合作开发的监控系统软件。WinCC 是目前最常用的三大 SCADA（Supervisory Control And Data Acquisition，数据

采集与监视控制）系统之一。目前，世界上公认的三大 SCADA 系统是指 WinCC、iFix 和 In-Touch。

与所有 SCADA 系统一样，WinCC 是以计算机为基础的生产过程与调度自动化系统。它可以对现场的运行设备进行监视和控制，以实现数据采集、设备控制、测量、参数调节以及各类信号报警等功能。

SIMATIC WinCC 是第一个使用 32 位技术的过程监视系统，具有良好的开放性和灵活性。WinCC 是 SCADA 系统最新水平的体现，反映了 SCADA 技术的发展趋势。另一方面，WinCC 技术上的继承性，可以最大限度地保护用户的投资利益。目前 WinCC 已发展成为欧洲监控技术的领导者，甚至成为业界遵循的标准。使用 WinCC 可以最大限度地提高工厂的可用性和生产效率。

现场总线系统是工厂的底层控制网络，它可以把现场设备的运行参数、状态以及故障信息等发送给上层监控系统。

2. WinCC 系统的组成与功能

WinCC 系统由资源管理器、编程接口、图形系统、消息系统、归档系统、报表系统、脚本处理系统、过程通信系统和 Windows 操作系统标准接口等部分组成，如图 9-14 所示。所有部分协调工作，构成一个大系统。

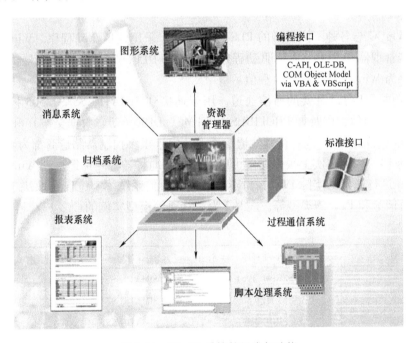

图 9-14　WinCC 系统的组成与功能

WinCC 的图形编辑器是面向对象的，并且具有友好的界面。WinCC 还内置了内容广泛、全面的程序库。WinCC 采用了组态的一些新技术，包括模块化技术、在线快速组态、用于海量数据的组态工具以及提高访问透明性的交叉索引列表等。完善的组态功能显著地降低了工程和培训所需要的时间与精力，提高了效率。

WinCC 中集成了 SCADA 系统的所有功能。强大的 SCADA 系统功能是系统的基本特性。在 WinCC 中，采用全图形化的方式显示过程和状态，用来生成报表和确认事件、归档测量

237

值和消息、记录过程和归档数据以及管理用户的访问。系统可连续记录与质量有关的顺序和事件，使系统能够始终如一地确保质量。

3. WinCC 的应用

基于 PC 的操作人员控制和监视系统目前正处于快速发展阶段。WinCC 集生产和过程自动化于一体，实现了两者之间的整合。正是由于 WinCC 的上述特点，WinCC 在不同工业领域中得到了广泛的应用。WinCC 的主要应用领域有：①汽车生产和零配件供应；②化学和制药工业；③能源供应和分配；④塑料和橡胶工业；⑤冶金工业；⑥食品、饮料和烟草工业；⑦钢铁工业；⑧水处理和污水净化；⑨运输行业等。

9.3.3 WinCC 过程通信

1. 数据管理器

WinCC 数据管理器管理整个项目的数据。这个数据管理器不为用户所见。它处理 WinCC 项目运行过程中产生的所有数据和存储在项目数据库中的数据。

在运行期间，它管理 WinCC 变量。WinCC 的所有应用程序必须以 WinCC 变量的形式从数据管理器中访问数据。这些应用程序包括图形运行系统、报警记录运行系统和变量记录运行系统等。

2. 通信驱动程序

为了使 WinCC 与各种不同类型的 PLC 进行通信，采用通信驱动程序。WinCC 通信驱动程序连接数据管理器和 PLC。通信驱动程序包括 C++DLL，它与数据管理器的接口进行通信。通信程序为 WinCC 变量提供过程值。

WinCC 提供了所有最重要的通信通道，用于连接到 SIMATIC S5/S7/505 控制器（如通过 S7 协议集）的通信，以及如 PROFIBUS-DP/FMS、DDE（动态数据交换）和 OPC 等非专用通道，亦能以附加件的形式获得其他通信通道。由于很多控制器制造商都为硬件提供了相应的 OPC 服务器，因而事实上很多时候可以不受限制地将各种硬件连接到 WinCC。

与 WinCC 进行通信的实际 PLC 数量不仅取决于通信系统本身，而且取决于通信驱动程序、使用的通信卡和 PLC 的类型等。表 9-2 为一些通信模型实例的最多 PLC 通信站数量。

表 9-2　不同通信驱动程序下所带的 PLC 数量

通信类型	通信驱动程序	PLC	数量
串行	S5 SERIAL 3964	SIMATIC S5	2
MPI	S7 MPI	SIMATIC S7	29
PROFIBUS	S5 PROFIBUS	SIMATIC S5	24
PROFIBUS	PROFIBUS FMS	SIMATIC S5 SIMATIC S7	32
PROFIBUS	S7 PROFIBUS	SIMATIC S7-400	32
PROFIBUS	S7 PROFIBUS	SIMATIC S7-300	118
PROFIBUS	PROFIBUS DP	PROFIBUS DP 从站	126
工业以太网	S5 以太网 TF	SIMATIC S5	30
工业以太网	S5 以太网第 4 层	SIMATIC S5	60
工业以太网	S7 工业以太网	SIMATIC S7	60

3. 通信结构

WinCC 数据管理器管理运行时的 WinCC 变量。各种 WinCC 应用程序从数据管理器中访问变量值。

图 9-15 所示为 WinCC 的通信结构。数据管理器的任务是从过程中取出请求的变量值。它通过集成在 WinCC 项目中的通信驱动程序完成该过程。通信驱动程序利用通道单元构成 WinCC 和过程处理之间的接口。在大多数情况下，基于硬件的连接利用通信处理卡实现。WinCC 驱动程序使用通信处理卡向 PLC 发送请求消息。然后，通信处理卡将相应回答消息中的请求的过程值发回 WinCC。

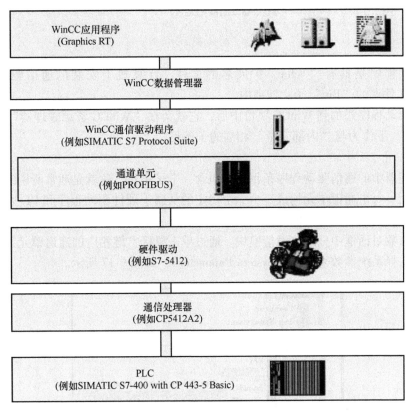

图 9-15 WinCC 通信结构

9.3.4 WinCC 通信组态

下面说明在 WinCC 中建立与 PLC 的通信连接所必需的组态步骤。

1. 添加通信驱动程序

WinCC 中的通信通过使用各种通信驱动程序来完成。对于不同总线系统上不同 PLC 的连接，有许多通信驱动程序可用。

将通信驱动程序添加到 WinCC 资源管理器内的 WinCC 项目中。在此处，将通信驱动程序添加到变量管理器中。如图 9-16 所示，在资源管理器中，右键单击 "Tag Management"，从弹出式菜单中选择 "Add New Driver" 来完成该添加过程。每个通信驱动程序只能被添加到 WinCC 项目一次。

图 9-16　添加通信驱动程序

通信驱动程序是具有 ".chn" 扩展名的文件。计算机上安装的通信驱动程序位于 WinCC 安装文件夹的 "Bin" 子文件夹内。

将通信驱动程序添加到 WinCC 项目中后，它就会在 "WinCC 资源管理器" 中列出，在 "变量管理器" 下作为与 "内部变量" 相邻的子条目。

2. 通道单元

变量管理器中的通信驱动程序条目至少包含一个子条目，这就是通常所说的通信驱动程序的通道单元。每个通道单元构成至少一个确定的从属于硬件驱动程序和 PC 通信模块的接口。必须定义由通道单元寻址的通信模块。

在系统参数对话框中分配该通信模块。通过单击鼠标右键相应的通道单元条目，并从弹出式菜单中选择系统参数来打开 "System Parameter"，如图 9-17 所示。

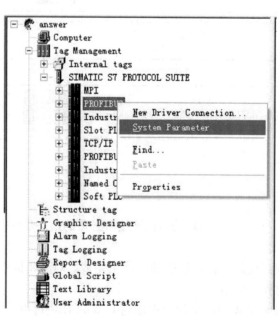

图 9-17　添加系统参数示意图

该对话框的外观取决于所选择的通信驱动程序。通常，在此处指定通道单元使用的模块。然而，可能也需要指定附加的通信参数。图 9-18 所示为 PROFIBUS 的连接参数设置对话框。

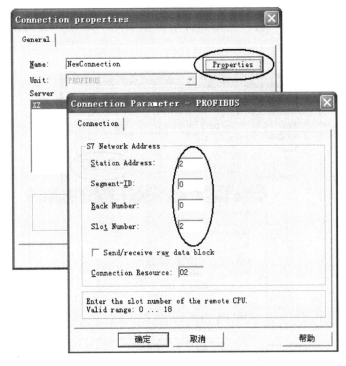

图 9-18　PROFIBUS 的连接参数设置

3. 连接

通道单元要读写 PLC 的过程值，必须建立与该 PLC 的连接。通过单击鼠标右键相应的通道单元条目，并从弹出式菜单中选择"新驱动程序的连接"来建立新的连接，如图 9-19 所示。要设置的连接参数取决于所选择的驱动程序。必须为连接分配一个在该项目中唯一的名称。附加的参数通常指定可到达的通信伙伴。

图 9-19　新建 PROFIBUS 协议的驱动连接

4. WinCC 变量

要获得 PLC 中的某个数据，必须组态 WinCC 变量。相对于没有进行驱动程序连接的内部变量，它们也被称为外部变量。要创建 WinCC 变量，可以右击相应的连接条目，并从弹出式菜单中选择"New Tag"。打开变量属性对话框如图 9-20 所示，可以定义变量的名称、地址和数据类型等属性。

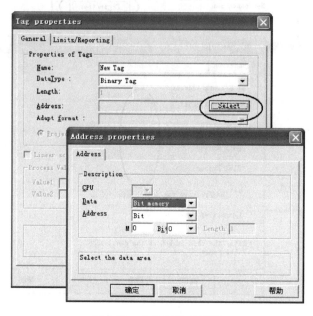

图 9-20　变量属性对话框

5. 通信检测

检测 WinCC 和 PLC 之间的通信是否正常。在图 9-21 中单击"Diagnostics"按钮，打开诊断对话框如图 9-21 所示；单击"Test"和"Read"按钮，若在图 9-21 的"Bus Nodes"相应区域中出现"√"，则表示相应的站点通信正常。

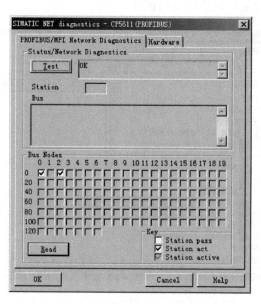

图 9-21　诊断

习　题

9.1　什么是人机界面？人机界面主要由哪几部分构成？

9.2　触摸屏目前可分为哪几种类型？应用领域有哪些？

9.3　常用的组态软件有哪些？各有什么特点？

9.4　简述 WinCC 的系统组成及应用领域。

9.5　试建立一个人机界面与 PLC 进行通信的工程。

第 **10** 章

现场总线应用系统设计

10.1 现场总线应用系统设计简介

10.1.1 现场总线应用系统设计的一般方法

所谓现场总线应用系统，是指使用现场总线技术的控制系统。现场总线应用系统的设计过程与一般的控制系统类似，不同的是，要考虑网络设计的问题。

1. 分析被控对象并提出控制要求

深入了解和分析被控对象的工艺条件及工作过程，提出被控对象的控制要求，然后确定控制方案，拟定设计任务书。被控对象是指被控的机电设备或生产过程，控制要求主要是指控制的方式、控制的动作、工作循环的组成以及系统保护等。对较复杂的控制系统可以将控制要求分解成多个部分，这样有利于结构化编程和系统调试。

2. 配置 I/O 设备

根据系统的控制要求，配置系统所需的输入设备和输出设备。

常用的输入设备为各种传感器，用户需要分析现有的传感器是否为智能传感器，或决定是否配置智能传感器。智能传感器是指带有通信接口的传感器，可以通过现场总线，将采集到的现场信号直接传输给控制器。若为一般传感器，就需要通过模拟量模块等将信号传输给控制器。在同一系统中，所有的智能传感器和控制器应支持同样的通信接口。常见的输入设备还有按钮、选择开关和行程开关等数字量输入设备，它们直接接控制器的输入端，或接远程 I/O 的输入端，然后通过现场总线将信号传输给控制器。

常用的输出设备为各种执行器。现在工业上常用的变频器、驱动器和软启动器等均带有网络接口，称为智能执行器。控制器通过现场总线将数据传输给智能执行器，可以直接控制运行。常见的执行器还有继电器、接触器、信号指示灯、电磁阀等数字量输出设备，它们可以直接连接在控制器的输出端，也可以连接在远程 I/O 的输出端上。

确定了输入设备和输出设备就可以确定控制器和现场总线上传输数据的数量与类型，并建立变量表。

3. 控制器、现场总线和人机界面的选择

控制器是控制系统的核心。工业上最常用的控制器为可编程序逻辑控制器（PLC）。在 PLC 的选择上要考虑 PLC 的机型、容量、I/O 模块和电源等，在现场总线应用系统中，一定要考虑 PLC 中的网络接口。根据应用的需要，必须考虑通信接口的类型和数量。没有通信

接口的 PLC 是不能正常使用的，现代 PLC 的通信功能已经成为编程和应用的基本功能，这一点在现场总线应用系统中尤为关键。对于 PLC 的机型，应优先选择中小型 PLC，并选择主流机型，主流机型一般支持主流的 PLC 技术，并且符合 IEC 61131 的相关规定，为整个系统的设计奠定了良好的基础。此外，存储容量、I/O 响应时间和 PLC 封装形式也是选择 PLC 时需要考虑的因素。

现场总线的选择是现场总线应用系统的关键。现场总线的应用规划和系统设计应符合一些原则，下面将具体介绍。选择合适的现场总线，需要综合考虑各方面的因素，并根据具体的应用环境来做综合的选择。

现场总线应用系统中，经常需要人机界面（HMI）。常见的 HMI 分为触摸屏和上位机数据采集与监控（SCADA）系统。触摸屏是用于现场监控的人机接口设备，经常用于控制器的周边，监视控制器中的数据，也可以对一些参数进行设置。触摸屏系统的选择一般与控制器相配套。SCADA 系统的选择相对容易，一般 SCADA 系统都具备常见现场总线的连接接口（在硬件基础上），根据需要可以选择 WinCC 和 InTouch 等软件。目前，国内的 SCADA 系统软件也很常用，例如组态王等。

在控制器、现场总线和 HMI 确定之后，在变量表基础上，建立变量对应表。变量对应表是表示不同现场设备间的变量对应关系的表。建立了变量对应表，对于网络组态和程序编写很有利，可以避免变量之间关系的混乱。

4. 网络组态与程序设计

根据现场总线系统的具体应用要求，通过组态软件对网络系统进行组态。根据变量对应表确定网络中的数据对应关系。

根据系统的控制要求，选择合适的程序设计方法来设计控制器程序。程序要以满足系统控制要求为目标，实现要求的控制功能。在控制要求不是特别复杂的情况下，经验法是常用的编程方法，而在控制要求相对复杂的场合，顺序控制法是比较常用的编程方法。

5. 硬件实施

硬件实施方面主要是进行控制柜等硬件的设计及现场施工。主要内容有设计控制柜和操作台等部分的电气布置图及安装接线图、设计系统各部分之间的电气连接图。根据施工图样进行现场接线。

6. 现场调试

现场调试是完成整个控制系统的重要环节。任何系统的设计都需要经过现场调试。只有通过现场调试才能发现控制回路和控制程序的不足之处，并进行最后的调试，以适应控制系统的要求。全部调试完毕后，交付试运行。

7. 编写技术文档

技术文档包括设计说明书、硬件原理图、安装接线图、电气元器件明细表、PLC 程序以及使用说明书等。

10.1.2　现场总线系统网络选择和系统设计的原则

1. 功能性

通信的目的是交换数据。现场总线系统通过网络通信，实现不同现场设备间的数据交换。在选择网络时，首先考察网络的功能性，包括网络的通信距离、节点数量、最大波特率和数据长度等。

因为现场总线的功能限制，用户不能进行更改，所以只能选择符合要求的现场总线网络。例如 PPI 通信在无中继的情况下距离为 50m，用户若想使用 PPI 网络，必须满足它的距离要求，不能改变 PPI 网络的功能限制。

2. 集成性

现场总线应用系统的基本应用是系统的集成。选择现场总线，必须满足集成性的要求。所有的现场设备，包括控制器、传感器、执行器和 HMI，都必须支持统一的通信协议，这样才能将所有现场设备集成到一个系统中。

在较大的应用系统中，可能用到多个不同的现场总线，它们之间需要使用耦合器进行转换。例如，可以在现场层使用 PROFIBUS-DP 网络，在控制层使用 PROFINET 网络，它们之间就需要用 DP/IE 耦合器进行转换。

广义地讲，集成性要求使用者选择的不是某个具体设备，而是一个完整的解决方案。从现场设备到控制器，再到控制层和管理层，需要统一的集成方案。

西门子公司的自动化系统提出了全集成自动化（TIA）的概念，从现场层到控制层，再到管理层，从自动化设备到驱动系统，都可以集成到一个系统中。

3. 适应性

应用场合千差万别，应根据具体要求选择合适的现场总线，即需要满足适应性的要求。现场总线在应用中不是功能越强越好，而是满足使用要求就好。例如在西门子公司的设备之间应优先考虑使用 PPI 和 MPI 通信方式，因为这样不需要增加额外的通信模块。

4. 经济性

通信模块的价格都很高，带有通信功能的控制系统成本会增加很多。在选择现场总线网络时，应该考虑网络的经济性。选择和规划合理的网络体系，可以提高系统的经济性。选用带有通信接口的控制器也可以适当降低系统的成本。

10.1.3 现场总线技术应用与开发简介

1. 系统集成与工程应用

系统集成是现场总线技术最常见的应用方式。简单地说，就是将现场总线技术应用于具体的工程项目。

用户进行此类应用时，主要是要选择好总体解决方案。按照上述网络选取的原则，选择合适的现场总线。在总体方案确定后，在组态软件中完成程序设计和网络配置的工作。

2. 智能节点和网络设备的开发

现场总线将现场设备进行连接，使得所有现场设备之间可以进行通信。只有带有现场总线通信接口的设备才能连接到现场总线上。

开发现场设备的通信接口是设备供应商的基础性工作。例如，设备供应商希望自己的设备可以连接到 PROFIBUS 网络，则需要开发 PROFIBUS 接口。一般使用 ASIC（专用集成电路）芯片进行从站的开发。ASIC 芯片 SPC3 是一种用于从站的智能通信芯片，支持 PROFIBUS-DP 协议。

由于现场总线技术的发展，越来越多的设备需要支持现场总线的通信，智能节点的开发是现场总线技术应用中的一个基础性工作。

3. 工控软件的开发

在现场总线的基础上，进行组态软件开发，也是现场总线应用与开发的重要工作。IEC

61158 的国际标准是公开的，可以基于此标准开发工控软件。目前，国内工控软件的开发技术发展很快，在工控领域已占有非常重要的地位。

10.1.4 应用举例说明

本章 10.2 节和 10.3 节将以 MPS（模块化生产系统）工作站的远程控制和除湿系统的远程控制为例，讲解现场总线应用系统设计的一般方法。

本章后续内容是对控制案例的简单说明，具体设计项目请参考附录 10.2 和附录 10.3 上的相关资料。

10.2 MPS 工作站的远程控制系统设计

此完整项目见附录 10.2。

附录 10.2 MPS 工作站的
远程控制系统设计项目

10.2.1 MPS 工作站分析

1. MPS 介绍

MPS 是德国 FESTO 公司出品的教学设备，它是一套机电一体化的模拟生产设备，很多高校都有该设备。MPS 将机械技术、电工电子技术、微电子技术、信息技术、传感测试技术、接口技术、信号变换技术等多种技术进行了有机地结合，比较真实地模拟了实际的生产线。MPS 整体系统共分为机械系统、控制系统和气动系统。MPS 工作站采用现代气动技术、传感器技术以及 PLC 控制技术，对生产线进行了模块化及标准化设计，由标准化 MPS 气动元件组成大型的加工装配生产线。整套设备包括供料站、检测站、加工站、提取站和分类站，如图 10-1 所示。

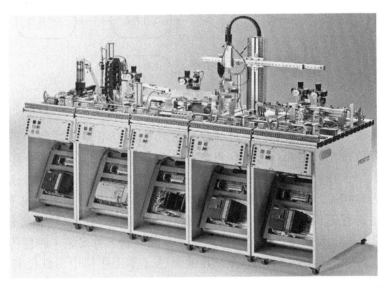

图 10-1 MPS 生产线上的多个工作站

每个站的基本功能分别如下：供料站从料仓中分离工件，为下一道工序准备工件；检测站确定待测工件的材料特征和工件高度，剔除废品或将合格品送至下一站；加工站对工件进行加工，如打磨、打孔等，并检测工件加工精度；提取站从加工站移走工件，并将合格的工件与不合格的工件加以分类，同时将合格工件传送至下一站，并将不合格工件送至废品滑道；分类站按工件的属性分拣工件，予以归类。

2. 加工站

加工站是 FESTO 公司模拟生产线的第 3 个工作站，是典型的工位控制系统，如图 10-2 所示。该站综合运用了传感器、PLC、机械传动技术等，主要实现对工件的检测、打孔、推出等功能。加工站接收来自检测站的工件，通过传感器检测工件，然后通过执行装置对工件进行加工：检测、打孔和推出。图 10-3 所示为加工站的工作流程。

图 10-2　加工站实物图

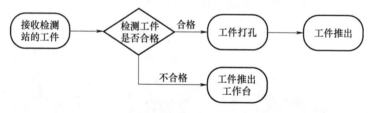

图 10-3　加工站工作流程

加工站的大致工作流程如下：通过 "复位成功中间继电器" 检测是否复位，如果没有复位，按下复位按钮，则相应的 I/O 被复位，复位成功则进入下一个环节。如果工作站在初始位置，则工作站准备好运行。按下开始按钮后，当检测到加工站上有工件后，经过安全的延迟时间后，转盘转过 60°，工件将到达检测位置，由电动机 M1 完成对工件的检测。检测是否有工件是通过传感器实现的，一旦从前一检测站有工件到达此位置，I0.0 被置 1，说明站上有工件。值得注意的是，在此位置下方安装了颜色传感器，只有检测到金属色的工件，即确认为合格工件，其他颜色（本工作站中为红色和黑色）的工件均视为不合格工件。

这里还要说明的一点是，加工站的检测、打孔与推出是同时进行的，所以在检测工件的同时，加工站上可能又有新的工件，转盘转过 60°，第二个工件转到检测位置，经过检测的工件转到打孔位置，打孔工作由电动机 M2 完成。无论工件合格与否，对工件的打孔都是无条件的。

3. 加工站的远程控制

MPS 工作站可以由本地控制器控制，也可以由远程控制器实现远程控制。实现远程控制的优点在于可以通过网络，对多个工作站实现集中控制。

下面将以加工站为例，介绍通过远程 I/O 的方式，对 MPS 工作站实施远程控制。

10.2.2　加工站远程控制的总体方案设计

对加工站进行远程控制，必须通过现场总线或工业以太网，使得控制器通过远程 I/O，对被控对象进行控制。

现场总线或工业以太网可以选择 PROFIBUS 或 PROFINET，控制器可以选择西门子公司的 S7-300/400 PLC，远程 I/O 选择与通信接口相匹配的远程 I/O 接口模块。远程 I/O 与加工站之间通过各种数字量的 I/O 信号进行连接。方案示意图如图 10-4 所示。

图 10-4　加工站远程控制总体方案示意图

10.2.3　加工站远程控制的硬件系统设计与组态

本例中，选择 PROFINET 作为通信网络，控制器选择 CPU315-2 PN/DP，远程 I/O 选择 IM151-3PN。

加工站远程控制网络的硬件组态如图 10-5 所示，CPU315-2 PN/DP 通过 PN 通信接口与 IM151 连接。

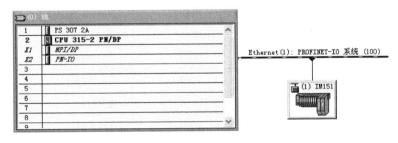

图 10-5　加工站远程控制的硬件组态

在远程 I/O 中，对输入与输出进行组态。通过组态，将远程 I/O 中的物理端口与 S7-300 PLC 中的变量进行关联，如图 10-6 所示。通过远程 I/O 的地址组态，对于 S7-300 PLC 来说，远程 I/O 就能和本地 I/O 一样使用。

249

10.2.4　加工站远程控制的软件系统设计

经过硬件组态，将远程 I/O 的输入、输出与 PLC 的变量进行关联。对 PLC 来说，控制远程 I/O 就像控制本地 I/O。

加工站输入与输出端口分配见表 10-1。

插..	模块	订购号	I 地址	Q 地址	诊断地址	注释
0	IM151-3PN	6ES7 151-3AA00-0AB0			2044*	
1	PM-E DC 24V	6ES7 138-4CA00-0AA0			2043*	
2	2DI DC 24V ST	6ES7 131-4BB00-0AA0	0			
3	2DI DC 24V ST	6ES7 131-4BB00-0AA0	1			
4	2DI DC 24V ST	6ES7 131-4BB00-0AA0	2			
5	2DI DC 24V ST	6ES7 131-4BB00-0AA0	3			
6	2DI DC 24V ST	6ES7 131-4BB00-0AA0	4			
7	2DO DC 24V/0.5A ST	6ES7 132-4BB00-0AA0		0		
8	2DO DC 24V/0.5A ST	6ES7 132-4BB00-0AA0		1		
9	2DO DC 24V/0.5A ST	6ES7 132-4BB00-0AA0		2		
10	2DO DC 24V/0.5A ST	6ES7 132-4BB00-0AA0		3		
11	2DO DC 24V/0.5A ST	6ES7 132-4BB00-0AA0		4		
12	2AI U ST	6ES7 134-4FB00-0AB0	256…259			
13	2AO U ST	6ES7 135-4FB00-0AB0		280…283		
14	1 COUNT 24V/100 kHz C	6ES7 138-4DA03-0AB0	260…267	256…263		
15	1 STEP 5V/204kHz	6ES7 138-4DC00-0AB0	272…279	264…271		
16	2 PULSE	6ES7 138-4DD00-0AB0	280…287	272…279		
17	2DI DC 24V ST	6ES7 131-4BB00-0AA0	5			
18	2DI DC 24V ST	6ES7 131-4BB00-0AA0	6			
19	2DO DC 24V/0.5A ST	6ES7 132-4BB00-0AA0		5		
20	2DO DC 24V/0.5A ST	6ES7 132-4BB00-0AA0		6		

图 10-6 远程 I/O 的地址组态

表 10-1 加工站输入与输出端口分配

符号	地址	类型	注释
Part_AV	I0.0	BOOL	站上已有工件
B1	I0.1	BOOL	工件在打孔位置
B2	I1.0	BOOL	工件在检测位置
1B1	I1.1	BOOL	钻头在上位
1B2	I2.0	BOOL	钻头在下位
B3	I2.1	BOOL	转盘在初始位
B4	I3.0	BOOL	检测器到位
IP_FI	I3.1	BOOL	下一站已准备好
S3	I5.0	BOOL	自动/手动开关
S2	I5.1	BOOL	停止按钮
S1	I6.0	BOOL	开始按钮
S4	I6.1	BOOL	复位按钮
Em_Stop	I7.0	BOOL	急停按钮
K1	Q0.0	BOOL	钻头起动
K2	Q0.1	BOOL	转盘起动
Y1	Q0.4	BOOL	夹紧工件
Y2	Q0.5	BOOL	检测工件是否合格
Y3	Q0.6	BOOL	工件被推出
K3	Q1.0	BOOL	钻头向下
K4	Q1.1	BOOL	钻头向上
H3	Q1.2	BOOL	工件坏_灯

（续）

符号	地址	类型	注释
IP_N_FO	Q3.1	BOOL	本站已有工件
H1	Q10.0	BOOL	开始_灯
H2	Q10.1	BOOL	复位_灯
OBStat	QB3	BYTE	站的输出
OBPan	QB10	BYTE	控制面板的输出

加工站的 PLC 控制程序流程如图 10-7 所示，相关的 PLC 程序设计请参考项目文件。

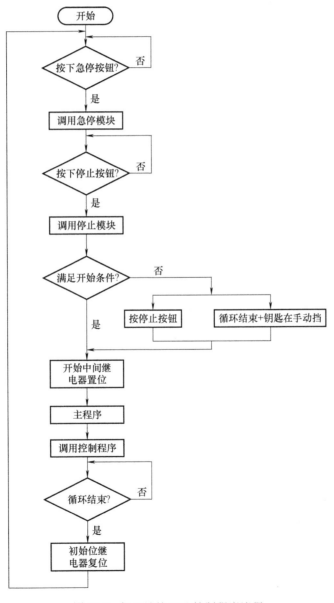

图 10-7 加工站的 PLC 控制程序流程

10.3 多节点除湿机监控系统的设计

此完整项目见附录 10.3。

附录 10.3 多节点除湿机监控系统的设计项目

10.3.1 除湿机控制对象分析

中小型除湿机广泛应用于地下室、人防工程和舰船等高湿度空间的除湿。随着工业技术的发展，对中小型除湿机提出了新的技术要求，要求其具备更好的可靠性和远程监控功能。多节点除湿机监控系统，在传统单机工作的基础上，增加了网络通信和远程监控等主要功能，特别适用于多空间除湿的集中监控与管理。

本节的系统设计要求为控制 3 组除湿机，每组数量最多为 48 台。每组除湿机在空间分布上的距离不大于 1000m，每组除湿机的组间距离为 100m，监控室与每组的距离不小于 800m。要求每台除湿机可以单机独立工作，完成传统的控制任务，同时要求每台除湿机可以被上层设备监控。

除湿机通信与监控系统是多节点的现场通信，在通信上要求高可靠性和一定的实时性，系统应达到工业级的等级。

10.3.2 除湿机监控系统总体方案设计

传统的中小型除湿机均采用单片机控制板进行控制，难以保证控制的可靠性，并不具有现场总线的接口。因此在这里可以使用小型 PLC 作为控制器，既保证了控制器的可靠性，又便于构筑现场总线通信系统。每台 PLC 要求能够完成单机控制，也能够与上层设备交换数据。对于每台除湿机中的 PLC 程序编写，本书不做介绍，请读者参考相关资料。

根据对上述控制对象的分析，要求系统能够监控 3 组最多 144 台除湿机的运行。经初步分析后，确定将整个系统分为组内和组间两个层次，每组最多 48 台除湿机通过组内总线连接，组间通过组间总线连接。

组内总线连接的最多是 48 台单机，数量大。虽然每台设备的物理地址很近，但布完电缆后，电缆长度可能达到 1000m，初步决定采用串行现场总线的通信方式。

而组间总线连接 3 个协议转换网关和监控计算机，初步决定采用以太网进行连接。

除湿机监控系统的总体方案如图 10-8 所示。

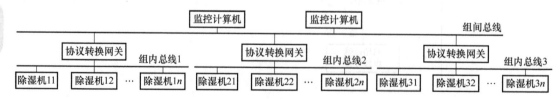

图 10-8 除湿机监控系统的总体方案

10.3.3　除湿机监控系统的硬件系统设计与组态

硬件系统的设计分为两部分：一部分是组内总线的设计；另一部分是组间总线的设计。

组内总线的网络结构如图 10-9 所示。所有的 S7-200 PLC 与总线的连接均采用 EIA485 的方式。组内要求电缆长度达到 1000m，因此所有站点的 EIA485 接口与总线必须隔离。PPI 总线虽然可以节省模块，但是由于 PLC 的 CPU 模块自带的 PPI 与总线是非隔离的，每个网段的长度不能大于 50m，因此 PPI 网络不符合要求，只能选择 PROFIBUS 网络。

组内总线采用 PROFIBUS 网络，则所有的 S7-200 PLC 均需要配置 EM277 模块，在波特率小于 187.5kbit/s 时，电缆长度可以达到 1000m。当站点数量大于 32 时，要将整个网络分为多个网段，网段之间用中继器连接，如图 10-9 所示。

图 10-9 中的 S7-300 PLC 是个特殊的站点，它起两方面的作用：一方面是作为组内总线的主站，负责对所有组内总线上的 S7-200 PLC 进行控制；另一方面，它的 PN 接口使得该设备连接在以太网上，起网管的作用。这里没有使用 DP/IE 耦合器，使用耦合器可以使所有数据映射到以太网中，但站点太多，不便于管理。

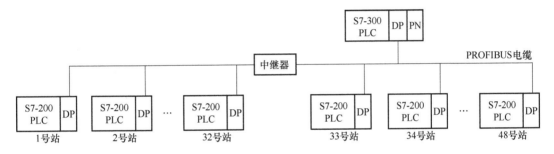

图 10-9　除湿机监控系统组内总线的网络结构

组内总线的硬件组态如图 10-10 所示。48 台设备均连接在 PROFIBUS 总线上，网络的波特率设为 187.5kbit/s，所有 EM277 与 CPU315 之间的数据交换均为 64B，包括 32B 读和 32B 写。

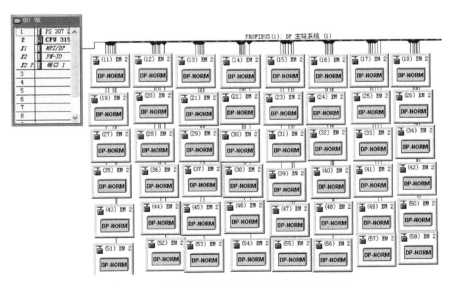

图 10-10　除湿机监控系统组内总线的硬件组态

253

经过 S7-300 PLC 的控制，所有站点的状态数据被集中在 S7-300 PLC 中，便于 WinCC 的监控，同时上位机的控制命令发给 S7-300 PLC，再由 S7-300 PLC 发给各个 S7-200 PLC。

组间总线的网络结构如图 10-11 所示。使用工业以太网连接 3 个 S7-300 PLC 和监控计算机。在监控计算机中，通过 WinCC 对 3 个 S7-300 PLC 实施监控。在这里不需要进行网络的组态。需要注意的是，工业以太网采用工业交换机进行交换，若距离长，则根据需要选择光交换机或电交换机。

监控计算机与 S7-300 PLC 的网络连接在 WinCC 中进行设定。

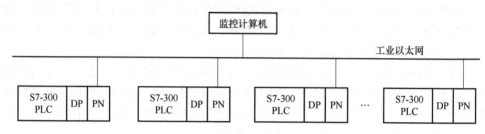

图 10-11　除湿机监控系统组间总线的网络结构

10.3.4　除湿机监控系统的软件设计

除湿机监控系统中，通信程序主要集中在 S7-300 PLC 中。除湿机监控系统的变量表见表 10-2。表中第一列为 S7-300 PLC 的符号，与 S7-200PLC 中的变量相对应。在 S7-300PLC 中，用 48 个程序块与每个 S7-200PLC 相对应，如图 10-12 所示。

表 10-2　除湿机监控系统变量表

符号	变量	数据类型	注释
VW400	DB.DBW0	WORD	组号与机号设定
VW402	DB.DBW2	WORD	控制字
VW404	DB.DBW4	WORD	湿度设定
VW406	DB.DBW6	WORD	温度设定
VW408	DB.DBW8	WORD	湿差设定
VW410	DB.DBW10	WORD	温差设定
VW412	DB.DBW12	WORD	开机延时
VW414~VW430	DB.DBW14~DB.DBW30	WORD	保留
VW432	DB.DBW32	WORD	组号与机号
VW434	DB.DBW34	WORD	状态字
VW436	DB.DBW36	WORD	湿度
VW438	DB.DBW38	WORD	温度
VW440	DB.DBW40	WORD	蒸发器温度
VW442~VW454	DB.DBW42~DB.DBW54	WORD	保留
VW456	DB.DBW56	WORD	随机数（S7-200 每个扫描周期更新一次）
VW458~VW462	DB.DBW58~DB.DBW62	WORD	保留
WinCCSet	DB.DBX28.0	BOOL	上位机设定标志（包含在 MW28 中）

程序块 DB100 是个特殊的程序块，专门用于 HMI 和 WinCC 对某个 S7-200 PLC 的设定。

在 S7-300 PLC 的程序块中，OB1 和 OB100 分别为主循环和初始化程序，OB82 和 OB86 为异步故障组织块；FC1 为故障判断子程序；FC2 为触摸屏状态读取子程序；FC3 为触摸屏和 WinCC 设定子程序；FC5 为机号分配子程序；FC6 和 FC7 为通信控制子程序；FC10 和 FC11 为站点是否在线判定子程序。

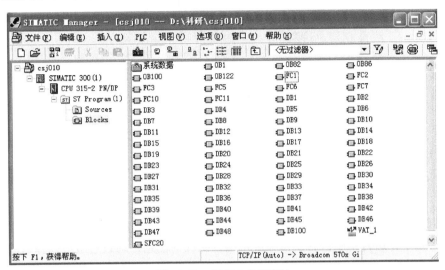

图 10-12　S7-300 的程序块

10.3.5　除湿机监控系统的触摸屏与 WinCC 监控

触摸屏连接在组内总线上，通过 PROFIBUS 网络与 S7-300 PLC 进行关联。读取组内总线上所有除湿机的状态，并可对所有除湿机的运行进行设置。

除湿机的触摸屏监控主界面如图 10-13 所示。当对应的除湿机有故障时，对应的按钮会变成红色。

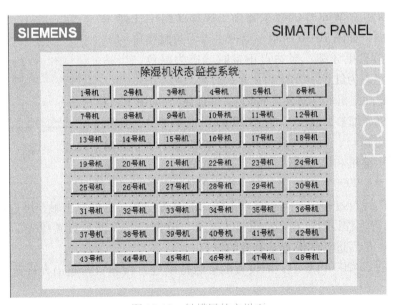

图 10-13　触摸屏的主界面

255

单击任何一个按钮，将进入该按钮所对应的详情与设置窗口，如图 10-14 所示。

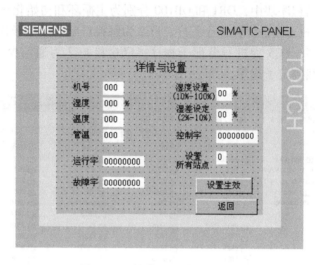

图 10-14　触摸屏的详情与设置

在图 10-14 所示的详情与设置窗口中，可以观察机号、湿度、温度、管温以及运行字和故障字等。其中，运行字中包含了该除湿机运行状况的信息，通过它就可以知道除湿机当前的实时运行状态了。故障字是包含故障信息的字节，当有故障发生时，可以通过该故障字判断具体的故障。

在图 10-14 中，还可以对除湿机的运行进行设置。可以对湿度、湿差和控制字等进行设置。在设置中，还可以选择设置所有站点，这时设置的参数将可以发送到所有组内除湿机中。

触摸屏与总线，作为整个系统的人机监控界面。要在远程对除湿机进行监控，则需要使用 WinCC。监控的上位机是连接在组间总线上的，通过以太网对 S7-300 PLC 进行监控。一台监控上位机可以监控 3 台甚至更多台 S7-300 PLC。

图 10-15 所示为 WinCC 的登录界面。选择 3 组中任何一组，进入主界面，如图 10-16 所示。监控主界面与触摸屏的界面类似，只是信息更详细。当站点正常时状态为绿色，当站点有故障时，状态为红色。

当单击任意除湿机的"查看"按钮后，可以看到如图 10-17 所示的"除湿机详细参数显示"。在图 10-17 的右半部分，为除湿机的参数设定窗口，可以对特定机号的除湿机进行参数设置，也可以对压缩机和风机的运行状态进行设置。

图 10-15　WinCC 的登录界面

当机号设为"9999"时，表示对该组内的所有除湿机进行设置。

在除湿机的运行过程中，运行可以由默认的设置控制，也可以由触摸屏进行设置，还可以由 WinCC 进行远程设置。在多种设置方式下，除湿机是按照后设置优先的原则进行工作的。简单地说，最后进行的设置是有效的设置。

在除湿机的 S7-200 PLC 中，对设置的参数范围进行检验，若超出允许范围，则取允许的极限值。

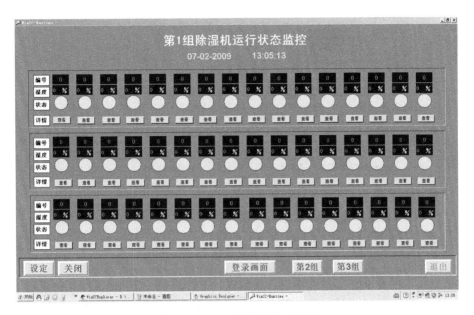

图 10-16　WinCC 监控的主界面

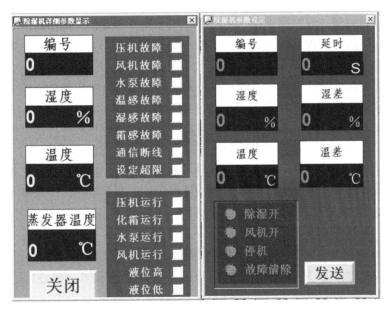

图 10-17　WinCC 中除湿机详细参数显示与参数设定

习　题

10.1　简述现场总线应用系统设计的一般步骤。

10.2　现场总线应用系统网络选择和系统设计的原则是什么?

10.3　什么是全集成自动化? 其优点是什么?

10.4　模块化生产加工系统 (MPS) 一般由哪几部分构成?

10.5　简述加工站远程控制的硬件系统设计与组态过程。

10.6　试设计一个三水箱液位监测系统。

257

第 11 章

工业互联网

11.1　工业互联网发展历程

随着信息技术的发展，移动互联网、大数据、云计算机、工业可编程序控制器的创新应用，推动了制造业发展模式的变更，传统制造业开始向智能制造业发展。2012 年，美国通用电气（GE）公司首先提出了工业互联网概念，提倡使用智能化的设备采集海量数据，再利用智能系统进行数据分析处理，形成可作为管理者的判断决策，优化制造流程。2013 年，德国为了保持领先的制造业强国地位，提出了"工业 4.0"概念，把物联网和互联网技术应用在制造业中，即信息物理系统（Cyber-Physical System，CPS）。这被认为是新一轮工业革命的开始，利用 CPS，通过传感器物联网技术实现物物相连、万物相连，使得产品的设计、开发、生产等有关数据能传输到终端计算机进行分析，形成自主决策的智能化生产系统，进而实现"智能工厂"。2014 年 4 月，美国的工业巨头 AT&T 公司、思科公司、通用电气公司、IBM 公司和英特尔公司组成了工业互联网联盟，提出利用互联网技术，使制造业中的数据信息、软件、硬件实现交互，采用大数据分析工具进行数据挖掘，形成"智能决策"，为生产提供实时判断，达到生产—决策相互优化。2015 年美国通用电气公司正式推出 Predix 工业互联网平台，该平台可以连接工业设备，采集和分析工业数据，实现基于数据的设备管理与设备预测性维护等。2017 年德国西门子公司的 Mind Sphere 工业互联网平台开放了 API，并可以接入第三方开发者，大大加速了发展。

2015 年 3 月，我国提出实施"中国制造 2025"及"互联网+"战略，将工业互联网作为制造业和互联网融合的"新四基"（自动控制与感知关键技术、核心软硬件、工业互联网、工业云与智能服务平台）之一，通过系统构建网络、平台、安全三大功能体系，将云计算、大数据、物联网等新一代通信技术应用在制造业中，打造人、物全面互连的新型网络，形成智能化的制造业，打造特色鲜明的"中国制造 2025"，努力实现无人车间、智能工厂等。2016 年 8 月、2017 年 9 月，工业互联网产业联盟（AII）、中国电子技术标准化研究院相继发布了《工业互联网体系架构（版本 1.0)》《工业互联网平台白皮书》《工业物联网白皮书》。无论从技术、应用等方面还是从产业和商业等方面都分析了工业互联网发展的最新情况，并对未来发展方向做了预判，为厂商、政府、投资者等提供了参考。2017 年 11 月 27 日，国务院发布了《国务院关于深化"互联网+先进制造业"发展工业互联网的指导意见》，它的主要目的是夯实网络基础、打造平台体系、加强产业支撑、促进融合应用、完善生态体系、强化安全保障、推动开放合作。2020 年工业和信息化部办公厅印发《工业和信息化部办公厅关于推动工业互联网加快发展的通知》，通知明确指出要求改造升级工业互联网内外网络、增强完善工业互联网标识体系、提升工业互联网平台核心能力、建设工业互联网大数据中心，并指出一定要加快拓展融合创新研究、完善产业链布局等。随着近几年我国政策的大力引导，工业互联网在我国快速发展起来，目前青岛正在打造世界工业互联网之都，海尔卡奥斯的工业互联网模式已经走在了世界的前列。

11.2 工业互联网概念及体系结构

工业互联网是融合发展的技术，物联网、云计算、大数据、人工智能等新一代信息技术与制造业深度融合产生的新型技术形态。工业互联网是"工业4.0"背景下实现工业制造业转型升级的重要助力，能够实现数字化生产、智能化管理、产业链协同等应用价值，构建起全要素、全产业链、全价值链、全面连接的新型工业生产制造和服务体系。

2016年我国AII对工业互联网产业做出了定义：工业互联网是新一代信息技术与工业系统全方位深度融合所形成的产业和应用生态，是工业智能化发展的关键综合信息基础设施。它的本质是以机器、原材料、控制系统、信息系统、产品以及人之间的网络互连为基础，通过对工业数据的全面深度感知、实时传输交换、快速计算处理和高级建模分析，实现智能控制、运营优化和生产组织变革。网络、数据及安全构成了工业互联网三大体系，其中网络是基础，数据是核心，安全是保障。

通过工业资源的网络互连、数据互通和系统互操作，实现制造原料的灵活配置、制造过程的按需执行、制造工艺的合理优化和制造环境的快速适应，达到资源的高效利用，从而构建服务驱动型的新工业生态体系。

工业互联网平台是面向制造业数字化、网络化、智能化需求，构建基于海量数据采集、汇聚、分析的服务体系，支撑制造资源泛在连接、弹性供给、高效配置的工业云平台，体系架构主要包括边缘层、平台层（工业PaaS）应用层（工业SaaS）三大核心层级，如图11-1所示。

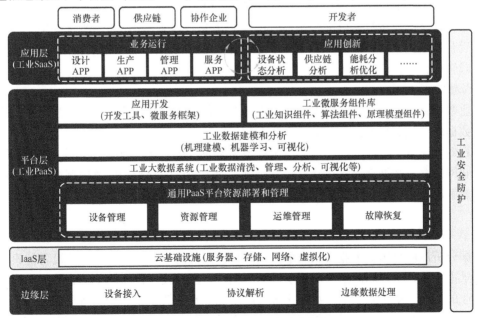

图11-1 工业互联网平台功能架构

边缘层主要解决数据采集集成的问题，通过不同的设备采集海量数据，兼容各类协议，实现数据归一化和集成，最后利用边缘计算设备实现数据的汇聚处理，实现数据向云端平台的集成并完成数据的预处理和实时分析。

平台层主要是基于通用 PaaS 叠加大数据处理、工业数据处理、工业微服务创新功能构建可扩展的开放式云操作系统。该层主要解决工业数据处理和知识积累沉淀问题，形成开发环境，实现工业知识的封装和复用，工业大数据建模和分析形成智能，促进工业应用的创新开发，构建应用开发环境，借助微服务组件和工业应用开发工具，帮助用户快速构建定制化的工业 APP。

应用层是解决不同行业在不同场景中的 SaaS 和 APP 问题，提高工业互联网的设计、生产、管理环节的质量，推动 APP 的创新发展。

11.3　工业互联网关键技术

工业互联网平台需要解决多类工业设备接入、多源工业数据集成、海量数据管理与处理、工业数据建模分析、工业应用创新与集成、工业知识积累迭代实现等一系列问题，主要涉及 5 大类关键技术。

1. 网络层

网络层主要包含工业无线网络、工业以太网和主干网。工业无线网络层主要位于底层，用于采集和传输设备的数据，是数据采集、传输的基础。工业以太网是在以太网技术和 TCP/IP 技术的基础上发展起来的工业网络。具有速度快、稳定性高、抗噪声能力强、互连互换性好等优点，可以满足工业领域对实时性的需求，可用于控制数据和生产数据的传输，支持设备级的互连、协作和集成。主干网除了保持低延时、低误码率，还需拥有自适应路由与速度传输动态调整的功能。

2. 数据集成及预处理

由于接入不同的设备及通信协议，需要对数据格式转换成统一的格式，实现数据的集成。如果将采集的海量数据全部传输到后台终端处理，不仅会给网络层带来拥堵，还有可能会导致后台系统崩溃，因此有必要在网络前端对数据进行预处理，提取有用数据，防止网络堵塞，减轻后台负担。

3. 数据管理技术

工业数据管理在工业大数据中处于核心环节，前端连接工业数据的采集和存储，后端是工业大数据的分析和价值挖掘基础。工业大数据对数据质量和精确度的要求以及数据读写处理和计算效率需求，已经远远超出了传统关系型数据库的能力，如果没有高效的管理技术，工业互联网的海量数据就无法正常处理，后续工业大数据的分析和价值挖掘更无从谈起。所以必须要解决工业互联网的数据管理问题，即高效和无限制存储，以及快速读写处理和计算等。

4. 数据分析技术

数据分析深度是影响工业互联网平台应用价值高低的主要因素。国内外设备健康管理类应用场景占比高，主要原因是该应用场景的数据分析深度较高，降低了企业的运维成本，提高了企业的效益。由于我国工业数字化水平起步晚、水平低，工业互联网平台数据采集能力弱，数字化模型相对较小，严重制约了工业数据的分析深度。与世界主流的工业协议相比，我国只相当于国外的 50%，和国外存在很大的差距。因此我国工业互联网平台需不断提升设备接入能力，丰富数字化模型，以实现海量数据的汇聚与深度分析，才能为企业节省成本、提高收益，体现出工业互联网的优势。

5. 安全技术

工业互联网由于需要采集众多的设备数据、企业经营信息甚至个人信息，面临诸多的安全风险，导致针对工业互联网各种实体的攻击途径与方法会明显增多。一旦出现安全事件，轻则信息泄露，重则出现机毁人亡的重大损失。因此在数据接入端可以采用工业防火墙技术、工业网闸技术等，在平台中采取入侵实时检测、恶意代码防护等主动安全措施，同时可以建立权限访问制度，不同的权限对应不同的资源库访问，防止非法访问和恶意删除数据。

11.4　工业互联网平台应用场景

随着工业互联网平台在工业系统中的应用，覆盖范围不断增大，从单一设备、单个场景的应用逐步向整个生产系统过渡，由单点智能向全局智能、由状态监测向复杂分析预判发展。

在生产要求不高的行业中已经实现了工艺流程优化、故障预判、智能决策等新型模式。但在较复杂的生产与运营系统中，由于工艺复杂、数据量大等特点，还无法实现全局的协同设计与制造等应用，工业互联网平台应用阶段视图如图 11-2 所示。

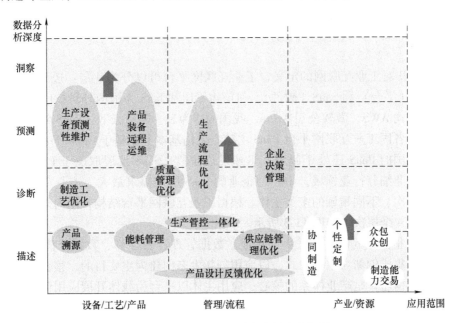

图 11-2　工业互联网平台应用阶段视图

总体来看，平台应用还处于初级阶段，以"设备物联+分析"或"业务系统互连+分析"的简单场景优化应用为主。未来随着数据量不断扩大，算法能力不断加强，为人工智能（AI）在工业互联网平台的应用提供了有利条件。尤其是 AI 应用在设备层、边缘层、平台层、应用层等场景中，使传统的生产模式向实时感知、动态分析、科学决策、提前预判的智能化生产模式转变，为工业转型升级提供了强大的推动作用。目前主要应用场景包括以下

4个方面：

1. 面向工业现场的生产过程优化

工业互联网平台能够有效采集和汇聚设备运行数据、工艺参数、质量检测数据、物料配送数据和进度管理数据等生产现场数据，通过数据分析和反馈在制造工艺、生产流程、质量管理、设备维护和能耗管理等具体场景中实现优化应用。

2. 面向企业运营的管理决策优化

借助工业互联网平台可打通生产现场数据、企业管理数据和供应链数据，提升决策效率，实现更加精准与透明的企业管理。具体场景包括供应链管理优化、生产管控一体化、企业决策管理等。

3. 面向社会化生产的资源优化配置与协同

工业互联网平台可实现制造企业与外部用户需求、创新资源、生产能力的全面对接，推动设计、制造、供应和服务环节的并行组织与协同优化。具体场景包括协同制造、制造能力交易与个性定制等。

4. 面向产品全生命周期的管理与服务

工业互联网平台可以将产品设计、生产、运行和服务数据进行全面集成，以全生命周期可追溯为基础，在设计环节实现可制造性预测，在使用环节实现健康管理，并通过生产与使用数据的反馈改进产品设计。当前具体场景主要有产品溯源、产品/装备远程预测性维护、产品设计反馈优化等。

11.5 常见工业互联网平台介绍

依照我国 AII 对工业互联网的定义，工业互联网平台可以分为 4 层：边缘层、IaaS（基础设施）、PaaS（平台）和 SaaS（软件）。目前边缘层和 IaaS 为国内外科技巨头所垄断，如美国的亚马逊公司 AWS，微软公司 Azure，我国的华为云、阿里云等。PaaS 领域，美国优势相对较大，全球各国工业互联网平台 PaaS 主核心架构基本上是基于 Cloud Foundry 和 Docker 等开源技术，我国的 PaaS 还处于起步并迅速发展阶段。SaaS 发展取决于 PaaS，现在 SaaS 正逐步深入制造业细分行业领域，中小型企业的 SaaS 应用需求最大。工业互联网平台产业发展涉及多个层次、不同领域的多类主体。根据工业互联网平台结构，国内外主要有以下企业服务于平台的 4 个层次，如图 11-3 所示。

信息技术企业主要负责数据采集与集成、数据管理、云计算、数据分析以及边缘计算等；平台企业以集成创新为主要模式，以应用创新生态构建为主要目的，整合各类产业和技术要素实现平台构建，是产业体系的核心；应用主体以平台为载体开展应用创新，实现平台价值提升，行业用户在平台使用过程中结合本领域工业知识、机理和经验开展应用创新，第三方开发者能够依托平台快速创建应用服务。国内外典型工业互联网平台主要如下：

1. 海尔公司——COSMOPlat 平台

COSMOPlat 平台是海尔公司推出的具有我国自主知识产权、全球首家引入用户全流程参与体验的工业互联网平台。可以让用户全流程参与产品设计研发、生产制造、物流配送、迭代升级等环节，形成以用户为中心的大规模定制化生产模式，实现需求实时响应、全程实时可视和资源无缝对接，它的平台架构如图 11-4 所示，海尔公司 COSMOPlat 平台牵头制定大规模定制模式国际标准，这是首个我国企业主导制定的制造模式类国际标准。

图 11-3　工业互联网平台产业体系

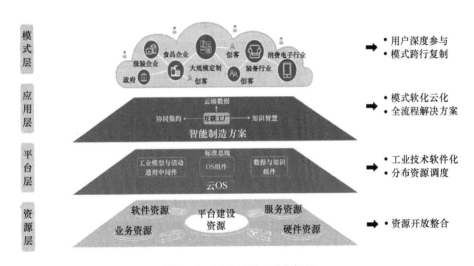

图 11-4　COSMOPlat 平台架构

2. 东方国信公司——BIOP 平台

东方国信公司基于软硬件相结合的端到端工业大数据解决方案，推出 BIOP 工业互联网平台，架构如图 11-5 所示。平台核心层主要包含边缘层、PaaS 层、SaaS 层 3 个部分。边缘层包含 BIOP-EG 智能网关接入设备和 BIOP 的接入接口软件，支持各类数据的接入。工业PaaS 层集成了工业微服务、大数据分析、应用开发等功能。工业 SaaS 层面向工业各环节场景向平台内租户提供工业领域通用、专用以及基于大数据分析的云化、智能化工业应用及解决方案服务。

东方国信公司在 Cloudiip 创效成果的基础上，汇聚海量数据和产业需求，集成开发大量微服务、微应用，突破单一企业构建大数据平台的局限，面向整个行业提供开放、云化的软件环境，鼓励行业共享知识成果，快速搭建工业模型，提升产业活力。当前，Cloudiip 具备近 200 个可复用的微服务，包括高铁云、工业锅炉云、冶金云、水电云、风电云、空压云、能源管理云、资产管理云、热网云等 10 个工业互联网子平台，形成工业 APP 超过 300 个。

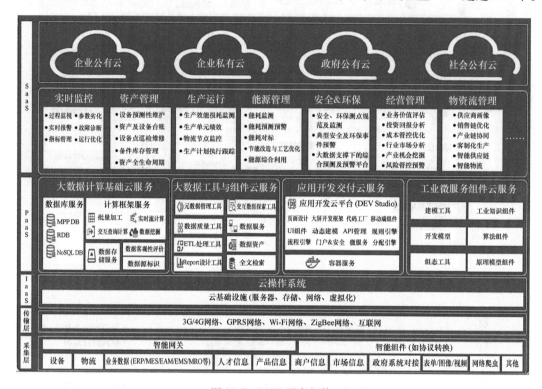

图 11-5　BIOP 平台架构

3. 浪潮集团——浪潮云工业互联网

浪潮集团是以服务器、软件为核心产品的解决方案服务商。2017 年正式推出浪潮集团 M81 平台。浪潮集团 M81 平台架构分为 4 层，包括数据采集层、云支撑平台层、大数据处理与应用开发平台层、应用服务层，系统架构如图 11-6 所示。

图 11-6　浪潮云工业互联网平台架构

浪潮云工业互联网平台依托云平台支撑能力、企业信息化支撑能力、先进制造业模式经验三大能力，以工业互联为基础、产业链匹配为关键、规模化服务为核心、标准为引领，推出工业互联网公共服务平台，将产品、能力场景化、服务化，通过区块链网间网打造工业互联网的基础设施，满足用户按需使用产品与服务的需求。浪潮云工业互联网平台已在通用装备制造业、专用装备制造业、汽车制造业、电子设备制造业、冶金业、储备业、化工业、电力热力燃气生产与供应业 8 个行业构建了设计仿真、生产管理、工艺质量管理、供应链管理、设备远程管理、产品生命周期管理、运营管理、其他 8 个领域的解决方案，设备连接数达到数百万，云化软件和工业 APP 过 300 个。

4. 美国通用电气公司——Predix 平台

美国通用电气（GE）公司是世界上最大的装备与技术服务企业之一，业务范围涵盖航空、能源、医疗、交通等多个领域。美国通用电气公司于 2013 年推出 Predix 平台，探索将数字技术与它在航空、能源、医疗和交通等领域的专业优势结合，向全球领先的工业互联网公司转型，系统架构如图 11-7 所示。Predix 平台的主要功能是将各类数据按照统一的标准进行规范化梳理，并提供随时调取和分析的能力。

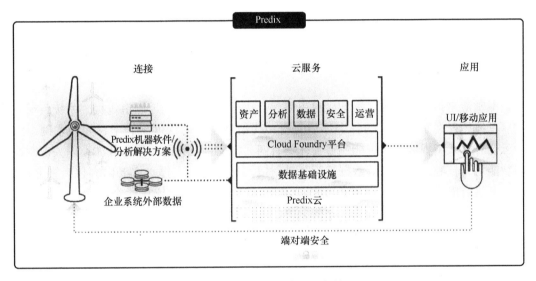

图 11-7　Predix 平台系统架构

美国通用电气公司目前已基于 Predix 平台开发部署计划和物流、互连产品、智能环境、现场人力管理、工业分析、资产绩效管理、运营优化等多类工业 APP。

5. 西门子公司——MindSphere 平台

MindSphere 平台是西门子公司于 2016 年推出的、基于云 Cloud Foundry™ 而构建的开放式物联网操作系统。该平台采用基于云的开放物联网架构，将传感器、控制器以及各种信息系统收集的工业现场设备数据，通过安全通道实时传输到云端，并在云端为企业提供大数据分析挖掘、工业 APP 开发以及智能应用增值等服务。并可以部署在公有云上，如 Amazon Web Services、Microsoft Azure、SAP Cloud 平台和 Atos Canopy；也可以部署在专为某个企业构建的私有云上，系统架构如图 11-8 所示。MindSphere 平台可以为设备和企业提供广泛的数据连接选项、丰富的应用程序、先进的数据分析能力，以及基于数字化双胞胎的闭环创新。部署于阿里云的 MindSphere 平台将为我国企业提供强有力的服务，以帮助它们利用先进的工业解决方案进行创新。

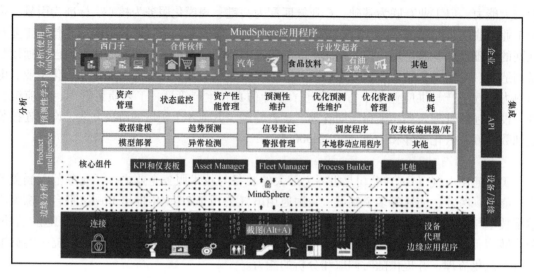

图 11-8　MindSphere 平台系统架构

11.6　工业互联网与智能制造

智能制造是指具有信息自感知、自决策、自执行等功能的先进制造过程、系统与模式的总称。具体体现在制造过程的各个环节与新一代信息技术的深度融合上，如物联网、大数据、云计算、人工智能等。智能制造大体具有四大特征：以智能工厂为载体；以关键制造环节的智能化为核心；以端到端数据流为基础；以网通互连为支撑。主要内容包括智能产品、智能生产、智能工厂、智能物流等。根据定义，智能制造主要依托两个方面：工业制造技术（先进装备、先进材料和先进工艺等）；工业互联网（即基于物联网、互联网、云计算与大数据、人工智能等新一代信息技术）。两者相互配合充分发挥装备、工艺和材料最大潜能，提高生产效率。因此工业互联网是智能制造实现的基础，智能制造则是全球工业的最终目标。

11.7　工业互联网的机遇与挑战

近年来我国中央和地方政府出台了一系列的政策，支持制造业转型发展，工业互联网平台的建设已经上升到国家战略层面，这些为我国工业互联网的发展提供了强大的驱动力。另外随着我国 5G 技术的发展，能够更好满足工业互联网传输海量数据、低延时精准控制的高要求，5G 与工业互联网的融合将加速数字中国、智慧社会建设，加速我国新型工业化进程，为我国经济及世界经济创造新的发展机遇。

海量数据采集对传感器的种类、稳定性以及数据传输网络的实时性、高带宽提出了更高的要求；不同设备的通信协议的异构性以及数据异构性，对工业互联网的融合性将是一个大的考验；数据处理能力尤其是边缘计算能力，不同行业的算法和模型库优化是工业物联网急需解决的一个问题；工业互联网数据的采集、传输、应用、共享过程中都存在一定的安全隐患，因此数据的安全性问题已日益严峻。

习　　题

11.1　什么是工业互联网？简述其发展历程。

11.2　工业互联网体系架构主要包括哪些？

11.3　工业互联网主要涉及哪几类关键技术？

11.4　工业互联网主要应用场景有哪些？

11.5　目前代表性的工业互联网平台有哪些？

11.6　什么是智能制造？其主要特征是什么？

11.7　工业互联网面临的机遇及挑战是什么？

参 考 文 献

［1］ 李正军，李潇然. 现场总线及其应用技术［M］. 2版. 北京：机械工业出版社，2016.

［2］ 贺贵明. 通信原理概论［M］. 武汉：华中理工大学出版社，2000.

［3］ 吴国新，吉逸. 计算机网络［M］. 南京：东南大学出版社，2003.

［4］ 谢希仁. 计算机网络［M］. 8版. 大连：大连理工大学出版社，2021.

［5］ PIGAN R MOTTOR M. 西门子 PROFINET 工业通信指南［M］. 汤亚锋，等译. 北京：人民邮电出版社，2007.

［6］ 崔坚. 西门子工业网络通信指南［M］. 北京：机械工业出版社，2004.

［7］ 胡学林. 可编程控制器教程：基础篇［M］. 北京：电子工业出版社，2005.

［8］ 胡学林. 可编程控制器教程：提高篇［M］. 北京：电子工业出版社，2005.

［9］ 廖常初. 西门子人机界面（触摸屏）组态与应用技术［M］. 3版. 北京：机械工业出版社，2018.

［10］ 西门子（中国）有限公司自动化与驱动集团. 深入浅出西门子 WinCC V6［M］. 北京：北京航空航天大学出版社，2006.

［11］ 王海. 工业控制网络［M］. 北京：化学工业出版社，2018.

［12］ 崔坚. TIA 博途软件：STEP7 V11 编程指南［M］. 北京：机械工业出版社，2018.

［13］ 王喜文. 工业互联网：中美德制造业三国演义［M］. 北京：人民邮电出版社，2015.

［14］ 工业互联网产业联盟. 工业互联网平台白皮书［Z］. 2017.